电气工程中的核心理论及其发展研究

程 鹏 著

中国水利水电出版社
www.waterpub.com.cn

内容提要

本书共分7章,具体包括:电气工程概论、电力系统负荷、电力系统的稳态分析、电力系统的短路计算、电力系统继电保护与安全自动装置、电气设计与设备选择和电气工程发展。

本书采用的体系结构合理,内容组织方法新颖。既注重知识结构的系统性与完整性,也注重内容的启发性,文字表达深入浅出,简明易懂。本书可作为电气工程相关专业的参考用书,也可供相关科研人员和电气工程技术人员使用。

图书在版编目(CIP)数据

电气工程中的核心理论及其发展研究/程鹏著. --北京:中国水利水电出版社,2015.7(2022.9重印)
ISBN 978-7-5170-3652-4

Ⅰ.①电… Ⅱ.①程… Ⅲ.①电气工程—研究 Ⅳ.①TM

中国版本图书馆 CIP 数据核字(2015)第 219698 号

策划编辑:杨庆川　责任编辑:陈　洁　封面设计:马静静

书　　名	**电气工程中的核心理论及其发展研究**
作　　者	程　鹏　著
出版发行	中国水利水电出版社
	(北京市海淀区玉渊潭南路1号D座 100038)
	网址:www.waterpub.com.cn
	E-mail:mchannel@263.net(万水)
	sales@mwr.gov.cn
	电话:(010)68545888(营销中心)、82562819(万水)
经　　售	北京科水图书销售有限公司
	电话:(010)63202643、68545874
	全国各地新华书店和相关出版物销售网点
排　　版	北京厚诚则铭印刷科技有限公司
印　　刷	天津光之彩印刷有限公司
规　　格	170mm×240mm　16开本　17印张　220千字
版　　次	2016年1月第1版　2022年9月第2次印刷
印　　数	1501—2500册
定　　价	52.00元

凡购买我社图书,如有缺页、倒页、脱页的,本社发行部负责调换

版权所有·侵权必究

前 言

能源是国民经济发展的重要基础,而电力是最重要能源之一,电力工业的超前发展是保证国民经济高速发展的重要条件之一。最近30年来,伴随着国民经济的快速增长以及科学技术的发展,电气工程已形成了一门理论基础比较完善的技术科学,我国电力工业也得到很大发展。近年来,电气工程学科在吸收其他新兴学科的成就并促进自身的不断开拓创新的同时,又不断向其他学科渗透生长出新的交叉学科。

电气工程是依据电工科学中的理论基础而形成的工程技术。其中电力技术是研究能量与电磁场运动的科学技术,而有关的电子技术是研究信息与电磁场运动的科学技术。现代科学技术的迅猛发展使电气工程的知识体系有了很大的扩展,除了传统的电磁、电路、电子理论外,把计算机技术、通信技术、网络技术融入电力系统的测量、控制和保护中,实现了电力系统的全面自动化。

本书共分7章,具体包括:电气工程概论、电力系统负荷、电力系统的稳态分析、电力系统的短路计算、电力系统继电保护与安全自动装置、电气设计与设备选择和电气工程发展。

本书具有以下特点:

(1)注重知识结构的系统性与完整性,也注重内容的启发性,文字表达深入浅出,简明易懂,不涉及复杂的数学公式,并附有大量精美生动的图片,容易引起读者的学习兴趣。

(2)采用的体系结构合理,内容组织方法新颖。作者重视展示本书内容和更广阔的信息资源之间的开放性联系。

(3)取材广泛,涉及技术领域宽广,内容覆盖面宽,既考虑了电气工程学科本身的科学性与系统性,同时也考虑到不同类型的行业背景。应用领域涉及电力系统、电工装备制造、工业电气自动化、建筑、军事、生活等领域,较好地兼顾到了电气工程人才培养的传统与特点,因此具有较强的通用性。

本书在撰写过程中得到了以下这些项目的资助,这里向诸位专家、领导一并表示感谢。这些项目分别是:

中央高校基本科研业务费专项资金资助,项目编号:HEUCFX41401;

高技术船舶科研项目"(采用飞轮储能技术)太阳能在油船上的应用技术研究";

科技部国际科技合作计划项目"200kW 级飞轮储能系统关键技术的合作研究",项目编号:2013DFR60510。

限于作者的能力和水平,书中不够完善乃至缺点和错误之处,敬请使用本书的师生和广大读者批评指正。

作 者

2015 年 7 月

目 录

前言

第 1 章 电气工程概论 ………………………………… 1
    1.1 电气工程的地位和作用 ……………………… 1
    1.2 电力系统 ……………………………………… 21
    1.3 发电系统 ……………………………………… 33

第 2 章 电力系统负荷 ………………………………… 48
    2.1 电力系统负荷与负荷曲线 …………………… 48
    2.2 确定计算负荷的方法 ………………………… 56
    2.3 尖峰电流的计算 ……………………………… 66
    2.4 无功功率补偿 ………………………………… 67
    2.5 电力系统负荷特性及模型 …………………… 71

第 3 章 电力系统的稳态分析 ………………………… 79
    3.1 输电线路的参数计算与等值电路 …………… 79
    3.2 变压器的参数计算与等值电路 ……………… 94
    3.3 电压和功率分布计算 ………………………… 101
    3.4 电力网络的潮流计算 ………………………… 107
    3.5 输电线路导线截面的选择 …………………… 121

第 4 章 电力系统的短路计算 ………………………… 125
    4.1 短路故障 ……………………………………… 125
    4.2 标幺制 ………………………………………… 127

4.3 无限大功率电源供电网的三相短路电流计算 …… 135
4.4 有限容量电力网三相短路电流的实用计算 ……… 141
4.5 电力系统各元件的负序与零序参数 …………… 148
4.6 电力系统各序网络的建立 ……………………… 154
4.7 简单不对称短路的计算 ………………………… 158
4.8 电力网短路电流的效应 ………………………… 160

第 5 章 电力系统继电保护与安全自动装置 ……… 166
5.1 继电保护概述 …………………………………… 166
5.2 电流保护 ………………………………………… 172
5.3 电力变压器保护 ………………………………… 184
5.4 电动机保护 ……………………………………… 195
5.5 距离保护 ………………………………………… 200
5.6 安全自动装置 …………………………………… 204

第 6 章 电气设计与设备选择 ……………………… 209
6.1 载流导体的发热和电动力 ……………………… 209
6.2 主变压器和主接线的选择 ……………………… 220
6.3 电气主接线中的设备配置 ……………………… 236
6.4 电气设备选择 …………………………………… 238

第 7 章 电气工程发展 ……………………………… 249
7.1 我国电力工业发展概况及前景 ………………… 249
7.2 21 世纪电力发展的目标与策略 ………………… 255
7.3 电气工程新技术 ………………………………… 257

参考文献 …………………………………………… 264

第1章 电气工程概论

电能对人类非常重要。电能是现代社会文明的基础。它为现代工业、现代农业、现代科学技术和现代国防提供必不可少的动力。

1.1 电气工程的地位和作用

1.1.1 电气工程在国民经济中的地位

电气工程(Electrical Engineering,EE)是与电能生产和应用相关的技术,包括发电工程、输配电工程和用电工程。能源是社会生产力的重要基础。人类对能源的需求量越来越大,在品种及其构成上也越来越多样化。电能是最清洁的能源,它是由蕴藏于自然界中的煤、石油、天然气、水力、核燃料、风能和太阳能等一次能源转换而来的。把一次能源转换成电能供人们直接使用的产业即是电力工业。

同时,电能可以很方便地转换成其他形式的能量,电气工程是为国民经济发展提供电力能源及其装备的战略性产业,是国家在世界经济发展中保持自主地位的关键产业之一。电气工程既是国民经济的一些基础工业所依靠的技术科学,又是另一些基础工业必不可少的支持技术,更是一些高新技术的主要科技的组成部分。在一些综合性高科技成果中,也必须有电气工程的新技术和新产品。

电气工程与土木工程、机械工程、化学工程及管理工程并称现代社会五大工程。

电气工程的理论基础是电气科学。电气科学与电气工程所涉及的领域十分宽广，研究的内容十分丰富，国家自然科学基金委员会划分的电气科学与工程的领域和子领域见表1-1。

表1-1　电气科学与工程学科分类

1.电磁学与电路理论	电磁场分布与传播
	电磁与物质相互作用
	电磁场分析
	电磁场与其他场的耦合
	物理电磁学
	高频电磁学
	化学电磁学
	环境电磁学
	电磁测量学
	电网络分析与综合
	静电学理论及应用
2.电机电器学	电接触与电弧
	电机与电器分析、运行与控制
	新型电机
	微机电系统
	新型电器
3.电力系统	电力系统分析
	电力系统运行与优化
	电力系统保护与控制
	新型输配电系统
	直流输电系统
	电力系统自动化
	电力系统远动与通信
	电能质量
	电力市场
	电力系统信息集成与安全

续表

4.电工材料学	材料的介电特性与介电理论 介电材料的性能测试、结构表征与应用 导电材料及其特性 磁性材料及其特性 电工半导体 能量转换材料 表面和薄膜电磁学 纳米电磁材料
5.高电压与绝缘	高电压的生成与控制 高电压设备的绝缘诊断与监测 过电压及其防护 高电压测量技术 绝缘的老化和击穿 超常环境下的绝缘特性与理论
6.电力电子学	电力电子元器件及集成 电力电子变流技术 电力电子控制技术 电力电子系统
7.脉冲功率技术	脉冲功率储能技术与器件 脉冲功率开关技术与器件 脉冲功率的形成与控制 脉冲功率能量转换及应用
8.放电理论与放电等离子体	气体放电特征与理论 特殊条件下的放电 非平衡等离子体的产生和应用 热电离等离子体的产生和应用 等离子体诊断
9.超导电工学	超导材料电磁特性 超导电磁器件与应用 超导与电力系统
10.生物电磁学	电磁成像技术 生物细胞、神经及器官电工学 生物电磁信息检测、分析、处理及应用 电磁场生物效应机理 仿生电磁学 生物医学中的电工技术

续表

11.电磁兼容	电磁兼容性分析与预测 电磁兼容性试验技术 电磁环境污染及控制
12.新能源与新发电技术	可再生能源发电 新发电原理与技术 节电新技术 电能储存新技术 分布式电源系统与独立电力系统

1.1.2 电气科学的萌芽与理论形成

人类最初是从自然界的雷电现象和天然磁石中开始注意电磁现象的。公元前1100—前771年，中国的青铜器上就出现了篆文的"电"字。战国时期，出现了用磁石指示方向的仪器——司南，成为中国古代四大发明之一。图1-1是后人根据书中的描述复制的司南模型。到了宋代，用磁铁制成的指南针已经得到广泛应用。

图 1-1 司南模型

近代电磁学的研究，可以认为开始于英国的 W. 吉尔伯特（William Gilbert，1544—1603年）。1600年，他用拉丁文发表了《论磁石》(De Magnete，英语译为 On the Magnet)一书（如图1-2所示），系统地讨论了地球的磁性，认为地球是个大磁石，还提出可以用磁倾角判断地球上各处的纬度。现代英语中 Electricity（电）这个字就是他根据"琥珀"的希腊文字和拉丁文字（electrum）创造的。

图 1-2　吉尔伯特和他的著作《论磁石》

在吉尔伯特之后，1745 年荷兰莱顿大学的克里斯特与莫什布鲁克发现电可以存储在装有铜丝或水银的玻璃瓶里，格鲁斯拉根据这一发现制成莱顿瓶，也就是电容器的前身。图 1-3 所示为一台 19 世纪制造的带有莱顿瓶的摩擦起电机。

图 1-3　带有莱顿瓶的摩擦起电机

1752 年，美国人本杰明·富兰克林（Benjamin Franklin，1706—1790 年）通过著名的风筝实验得出闪电等同于电的结论，并首次将正、负号用于电学中。随后，普里斯特里、泊松、库伦、卡文迪许等一批杰出的科学家对电学的理论做出了重要贡献。图1-4所示为库仑与他发明的扭力天平。

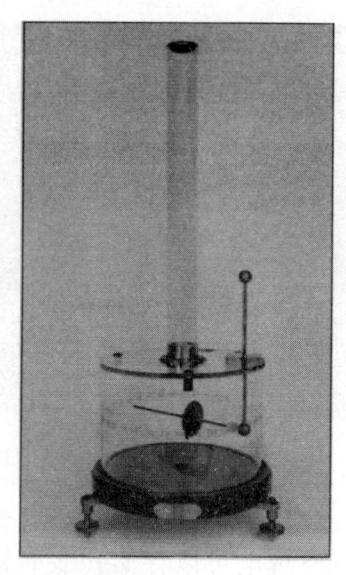

图1-4 库仑与他发明的扭力天平

1800年，意大利科学家伏特（Alessandro Volta，1745—1827年）发明了伏打电池，从而使化学能可以转化为源源不断输出的电能，伏打电池被称为电学的一个重要里程碑。图1-5所示为伏特与伏打电池。

图1-5 伏特与伏打电池

安培提出的载流导线之间的相互作用力定律后来被称为安培定律(图1-6)，成为电动力学的基础。1827年，德国科学家欧姆(Ceorg Simon Ohm，1789—1854年)用公式描述了电流、电压、电阻之间的关系，创立了电学中最基本的定律——欧姆定律，如图1-7所示为欧姆与他的实验装置。

图1-6 安培与他的实验装置

图1-7 欧姆与他的实验装置

1831年8月29日，英国科学家法拉第(Michael Faraday，1791—1867年)成功地进行了"电磁感应"实验，发现了磁可以转化为电的现象。在此基础上,法拉第创立了电磁感应定律。1831年10月,法拉第创制了世界上第一部感应发电机模型——法拉第盘(图1-8)。

图1-8 法拉第与最早的发电机——法拉第盘

19世纪初提出的电磁理论,导致了物理学的一次革命。从奥斯特、安培发现电流的磁效应开始,到法拉第对电磁学进行实验研究和完善,直至电磁学理论的建立,经历了半个世纪的历程。19世纪中期,有一大批科学家为电气科学与电气工程做出了杰出贡献。他们中间有韦伯(Wilhelm Eduard Weber,1804—1891年)、亨利(Andrew Henry,1797—1878年)、赫尔姆霍兹(Hermann Ludwig Ferdinand von Helmholtz,1821—1894年)、基尔霍夫(Gustav Kirchhoff,1824—1887年)等。而最终用数理科学方法使电磁学理论体系建立起来的,是英国物理学家麦克斯韦(James Clerk Maxwell,1831—1879年)。1864年,他在《电磁场的动力学理论》中,利用数学进行分析与综合,在前人的研究成果基础上进一步把光与电磁的关系统一起来,建立了麦克斯韦方程。1873年他完成了划时代的科学理论著作——《电磁通论》(图1-9)。麦克斯韦方程是现代电磁学最重要的理论基础,成为20世纪科学技术迅猛发展最主要的动力之一。

在1881年巴黎博览会上,电气科学家与工程师统一了电学单位，一致同意采用早期为电气科学与工程做出贡献的科学家的姓作为电学单位名称，从而使电气工程成为在全世界范围内传播的一门新兴学科。

图 1-9　麦克斯韦与他所著的《电磁通论》

1.1.3　电气科学进入实用阶段

发电机的发明和电动机的发明是交叉进行的。早期的用电设备只能由伏打电池供电，不仅成本非常高，功率也不大，因此人们开始研究实用的发电机。初始阶段的发电机是永磁式发电机，1832年，法国科学家皮克斯（Hippolyte Pixii，1808—1835年）在法拉第的影响下发明了世界上第一台实用的直流发电机，这台发电机能够发出直流电的关键部件——换向器参考了安培的建议，如图 1-10 所示。

1845年，英国物理学家惠斯通（Charles Wheatstone，1802—1875年）制成了第一台电磁铁发电机。1866年德国科学家西门子（Ernst Wemer von Siemens，1816—1892年）制成第一台自激式发电机（图 1-11）。西门子发电机的成功标志着制造大容量发电机技术的突破,因此,西门子发电机在电学发展史上具有划时代的意义。

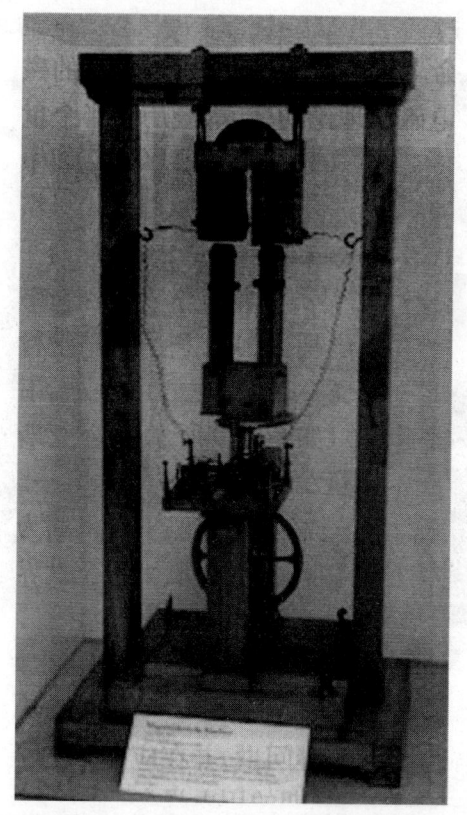

图 1-10 皮克斯发明的直流发电机

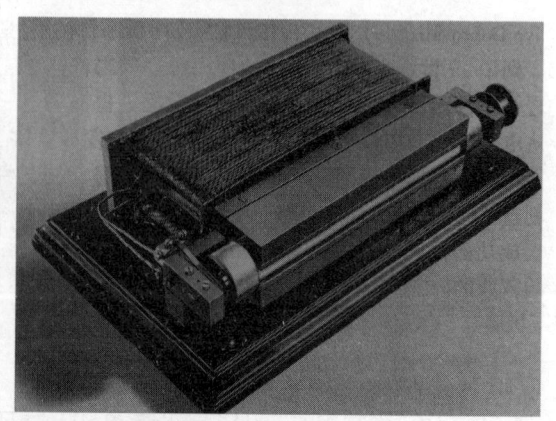

图 1-11 西门子与他的自激式发电机

1834年，德籍俄国物理学家雅可比(Moritz Hermann von Jacohi,1801—1874年)发明的功率为15W的棒状铁心电动机被公认为是世界上第一台实用的电动机(图1-12)。1839年，雅可比在涅瓦河上做了用电动机驱动船舶的实验。1886年美国的尼古拉·特斯拉(Nikola Tesla,1856—1943年)也独立地研制出两相异步电动机(图1-13)。1888年，俄国工程师多利沃·多勃罗沃利斯基(Mikhail OsipoVich Dolivo Dobrovoliskii,1861—1919年)研制成功第一台实用的三相交流单笼型异步电动机。

图1-12 雅可比发明的世界首台电动机模型(左)与实用电动机(右,复制品)

图1-13 特斯拉与他发明的两相异步电动机

进入 19 世纪后期，电动机的应用已经相当普遍。电锯、车床、起重机、压缩机、磨面机、凿岩钻等都已由电动机驱动，牙钻、吸尘器等也都用上了电动机。电动机驱动的电力机车、有轨电车、电动汽车也在这一时期得到了快速发展。1873 年，英国人罗伯特·戴维森研制成第一辆用蓄电池驱动的电动汽车。1879 年 5 月，发明了自激发电机的德国科学家西门子设计制造了一台能乘坐 18 人的三节敞开式车厢小型电力驱动列车，这是世界上电力驱动列车首次成功的试验，如图 1-14 所示。世界上最早的电气化铁路是在 4 年后的 1883 年在英国开始营业的。

图 1-14 德国 1879 年制造的世界上第一列电力驱动列车

1.1.4 电气科学走进人类日常生活

当电能在世界上刚刚开始应用的时候，它的主要作用就是照明。1809 年，英国著名化学家戴维（Humphry Davy）用 2000 个伏打电池供电，通过调整木炭电极间的距离使之产生放电而发出强光，这就是电用于照明的开始。1862 年，电弧灯首次用于英国肯特郡海岸的灯塔，后来很快用于街道照明。这些电弧灯是用两根有间隙的炭精棒通电产生电弧发光，光线既不稳定又刺眼，还需

第1章 电气工程概论

要不断调整放电间隙,而且电弧燃烧时会产生呛人的烟气,不适合室内照明。因此,当时有很多科学家致力于研制利用电流热效应发光的电灯。1840年,英国科学家格罗夫(William Robert Grove,1811—1896年)对密封玻璃罩内的铂丝通以电流,达到炽热而发光,但由于寿命短、代价太大不切实用。英国的斯万(Joseph Swan,1828—1914年)1879年2月发明了真空玻璃泡碳丝的电灯,但是由于碳的电阻率很低,要求电流非常大或碳丝极细才能发光,制造上困难很大,所以仅仅停留在实验室阶段。八个月之后(1879年10月),美国发明家爱迪生经过不懈努力,终于试验成功了真空玻璃泡中碳化竹丝通电发光的灯泡(直到1910年才由W.D.库里奇改用钨丝,如图1-15所示)。其实,爱迪生的电灯与斯万的电灯几乎完全相同,区别仅仅是灯丝的材料,但爱迪生在研究上前进的这一小步却使人类在电能利用上迈进了一大步:他的电灯不仅能长时间稳定发光,而且工艺简单、制造成本低廉,使得这种电灯立刻转化为商品,在世界上得到了广泛应用。这一发明被认为是电能进入人类日常生活的转折点。

图1-15 电弧灯(左)与爱迪生发明的白炽灯(右)

1.1.5　电力工业的蓬勃发展

1882年,"爱迪生电气照明公司"在纽约建成了商业化的电厂和直流电力网系统,发电功率660 kW,供7200个白炽灯用电(图1-16)。

图1-16　1882年爱迪生在纽约珍珠街建立的发电厂
(1882年《科学的美国人》杂志木版画)

1882年法国人高兰德和英国人约翰·吉布斯研制成功了第一台具有实用价值的变压器,并获得了"照明和动力用电分配办法"的专利。在这种情况下,能够升压与降压的交流电显示了其优越性,因而导致了高压交流输电方式的发展。于是代之而起的是交流电站的建立。与此同时,大型交流发电机与电动机的研制和发展,特别是三相交流电机的研制成功也为远距离交流输电铺平了道路。而斯坦迈等科学家对交流电路理论的研究成果,特别是符号法的建立,简化了交流电路的计算,也为交流输电的应用提供了理论基础。

1.1.6 电气化时代的到来

1870—1913 年,以电气化为主要特征的第二次工业革命,彻底改变了世界的经济格局。在这一时期,发电、输电、配电已经形成了以汽轮机、水轮机等为原动机,以交流发电机为核心,以变压器与输配电线路等组成的输配电系统为"动脉"的输电网,使电力的生产、应用达到较高的水平,并具有相当大的规模。在工业生产、交通运输中,电力拖动、电力牵引、电动工具、电加工、电加热等得到普遍应用;到 1930 年前后,吸尘器、电动洗衣机、家用电冰箱、电灶、空调器、全自动洗衣机等各种家用电器也相继问世。英国于 1926 年成立中央电气委员会,1933 年建成全国电网。美国工业企业中以电动机为动力的比重,从 1914 年的 30%。上升到 1929 年的 70%。前苏联在十月革命后不久也提出了全俄电气化计划。20 世纪 30 年代欧美发达国家都先后完成了电气化。从此,电力取代了蒸汽,使人类迈进了电气化时代,也使 20 世纪成为"电气化世纪"。

第二次世界大战以后,科学技术的发展更加迅猛,并使很多传统学科发生了分化。从电气工程中也逐渐分化出了电子技术和计算机技术等新兴学科,这些技术在电气工程领域的应用又使电气工程得到了迅速、长足的发展,登上了一个个新台阶。

今天,电能的应用已经渗透到人类社会生产、生活的各个领域,它不仅创造了极大的生产力,而且促进了人类文明的巨大进步,彻底改变了人类的社会生活方式,电气工程也因此被人们誉为"现代文明之轮"。

1.1.7 电气工程的发展前景

进入 21 世纪以后,科学技术的发展可以用日新月异来形容,各种新发明、新发现向生产力转化的速度越来越快,学科之间的交叉和融合成为新世纪科技发展的特点。

21世纪的电气工程学科将在与信息科学、材料科学、生命科学以及环境科学等学科的交叉和融合中获得进一步发展。创新和飞跃往往发生在学科的交叉点上。所以，在21世纪，电工领域的基础研究和应用基础研究仍会是一个百花齐放、蓬勃发展的局面，而与其他学科的融合交叉是它的显著特点。

半导体的发展为电工领域提供了多种电力电子器件与光电器件。半导体照明是节能的照明，它能大大降低能耗，减少环境污染的压力，是更可靠、更安全的照明。

由于微型计算机、电力电子和电磁执行器件的发展，使得电气控制响应快、灵活性高、可靠性强的优点越来越突出，因此电气工程正在使一些传统产业发生变革。例如，传统的机械系统与设备，在更多或全面地使用电气驱动与控制后，大大改善了性能，"线控"汽车、全电舰船、多电/全电飞机等研究就是其中最典型的例子。

传统的内燃机汽车的驱动、导向、制动等都依靠机械（齿轮与液压）系统，体积大、响应慢、故障率高。现代汽车提出了"线控"（Wire Control），即通过导线控制的概念，使过去以齿轮、液压为主导的控制让位于柔软的导线控制。线控不仅节省空间，而且大大提高了车辆的性能。例如，采用智能化的有源减震系统和电控制动，改善了车辆的可靠性和舒适性；机电一体化平衡系统 EML 可以减小车辆的摇摆和俯仰。除此之外，汽车的电气设备也比过去大大增加：20世纪80年代初，国内轿车的发电机功率一般是500 W以下，而现在轿车发电机功率达到1000 W已经很普遍。由于车上自动控制与执行动作所必需的微型电动机数目不断增加，消耗的电能也越来越大。据美国麻省理工学院研究人员预测，2005～2015年，豪华轿车的电气负荷平均将达到1760 W（冬季）至2120 W（夏季）。目前汽车的标准电压有两种：12 V和24 V，前者主要用于汽油车，后者主要用于柴油车。因为汽车使用的电气设备与导线长度大大增加，为了减少设备与线路的电阻损耗，汽车行业已经准备将 12 V 标准电压提高到 42 V。图 1-17 所示是线控汽车的控制设备分布(不包括用电设备)。

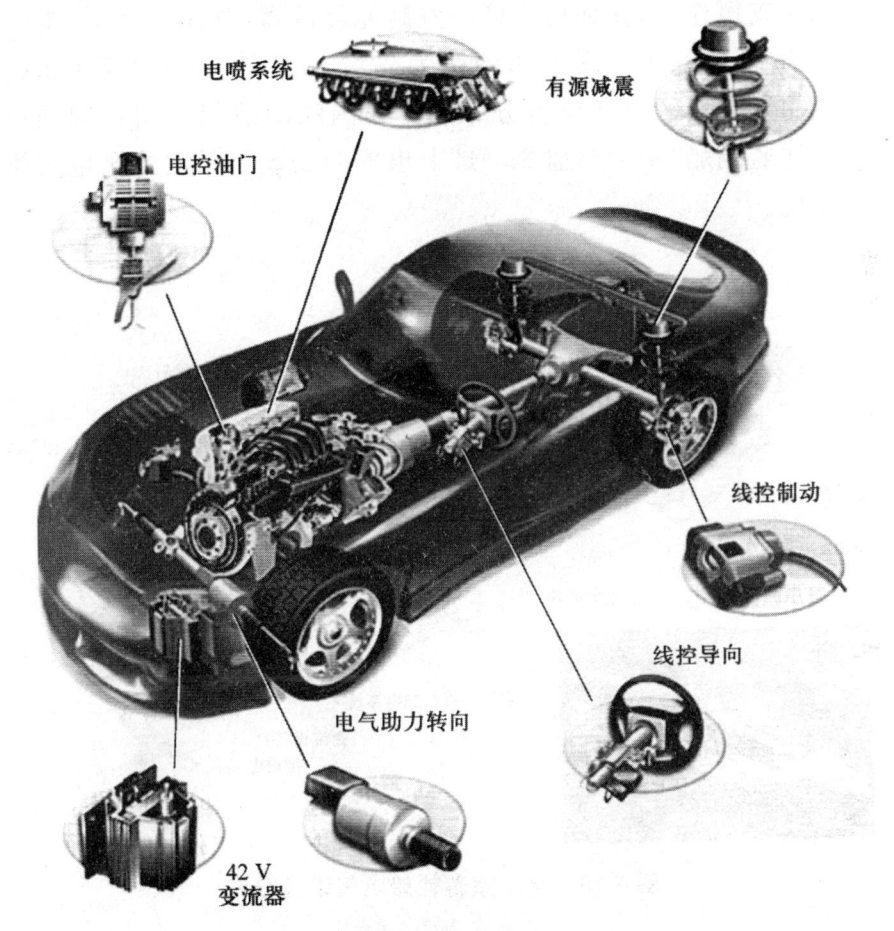

图 1-17　线控汽车的控制设备分布

(引自 By-Wire Cars Turn the Corner, Elizabeth A. Bretz 等 IEEE Spectrum, April 2001,＠IEEE 惠允)

全电舰船取消了普通舰船的机械传动机构,不仅节约了能源,还可以节省出大量空间。特别是吊舱式(Azipod)全电力推进系统的采用,取消了过去舰船不可缺少的螺旋桨大轴,最大限度地发挥了全电力推进的优越性——商船可以多载运货物,军舰可以配备更多的武器装备。传统军舰螺旋桨工作时噪音很大,对方的声呐等探测系统可以很快探出位置和距离;而全电军舰采用电推进后，由于噪音低，具有很强的隐形作战能力，可以发动突然袭击，大大增强了作战能力。同时，整合动力系统节省下来的能源可用于支援作战，比如可支持一些高能耗武器（如激光武器、电磁炮）、声呐、雷达等。图1-18所示为芬兰ABB公司1998年下水的全电旅游轮船的电气设备分布图。我国江南造船公司在国内最大海洋监测船"中国海监83号"上也成功安装了吊舱式全电力推进系统。

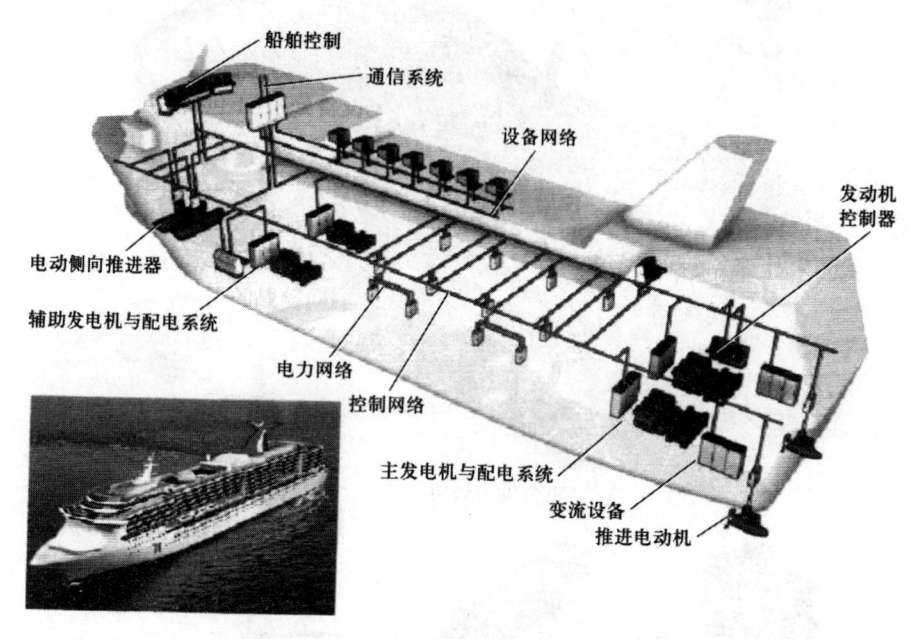

图1-18 全电旅游轮船电气设备分布

(图片来源：ABB公司资料)

多电飞机(More Electric Aircraft)由于最大限度地减少了油润滑和油/气控制系统，使多电飞机的效率与可靠性、易维护性、保障性和运行/保障费用都得到了明显的改善，并使飞机重量减轻、可用空间增加。此外，飞机发电机发出的强大电力还生成激光或微波束，作为机载高能束武器的能源。图1-19所示是多电飞机的电气设备分布图。

目前国外已经制造出采用电驱动的战车，其混合电力驱动系统包括柴油发电机、驱动电动机和蓄电池组，在车辆需要大功率驱动时,由电池组补充能量,以使发动机系统变得更小,运行效率更高,而且在关闭发动机仅使用电池提供动力的情况下,能够短距离寂静行驶,利于突袭。全电战车也正在研发中。一种全电战车的设计方案是:由燃料电池供电,用飞轮储能系统储能,采用轮毂安装的永磁电动机驱动,用主动(有源)控制的电气悬挂系统减轻颠簸,用大功率脉冲电源供电的 45 mm 电磁炮,其杀伤力相当于普通的 115 mm 火炮(图 1-20)。

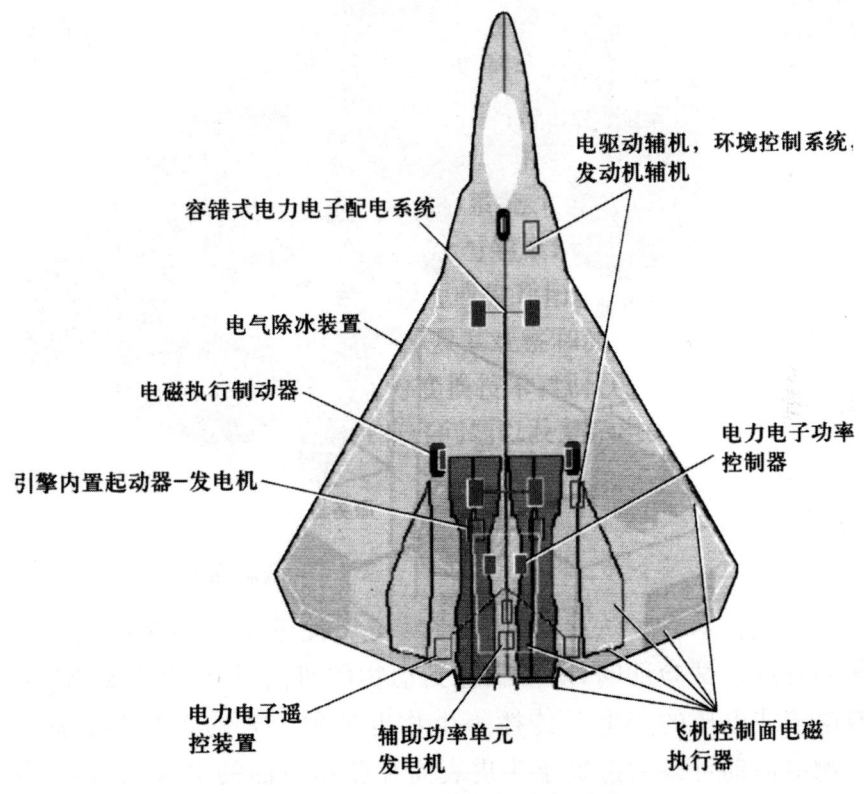

图 1-19　多电飞机电气设备分布

近年来,在建筑中综合计算机技术、自动控制技术、通信技术和电气工程技术,构成了楼宇自动化技术(智能楼宇技术)。智能楼宇中涉及的电气工程内容主要有:智能建筑的供配电、电驱动与自动控制、智能建筑的电气照明、智能建筑的通信技术、有线电视系统、广播音响系统、办公自动化系统、建筑物自动化系统、智能建筑的防火、智能建筑的防盗、综合布线系统、智能建筑的系统集成、智能建筑的电气安全和智能建筑的节能等，如图1-21所示。目前，智能楼宇正在蓬勃发展，以美国和日本兴建的最多。此外，在法国、瑞典、英国、新加坡、马来西亚等国家和我国香港地区的智能建筑也方兴未艾。我国近几年来在北京、上海、广州等大城市，相继建起了若干具有相当水平的智能建筑。

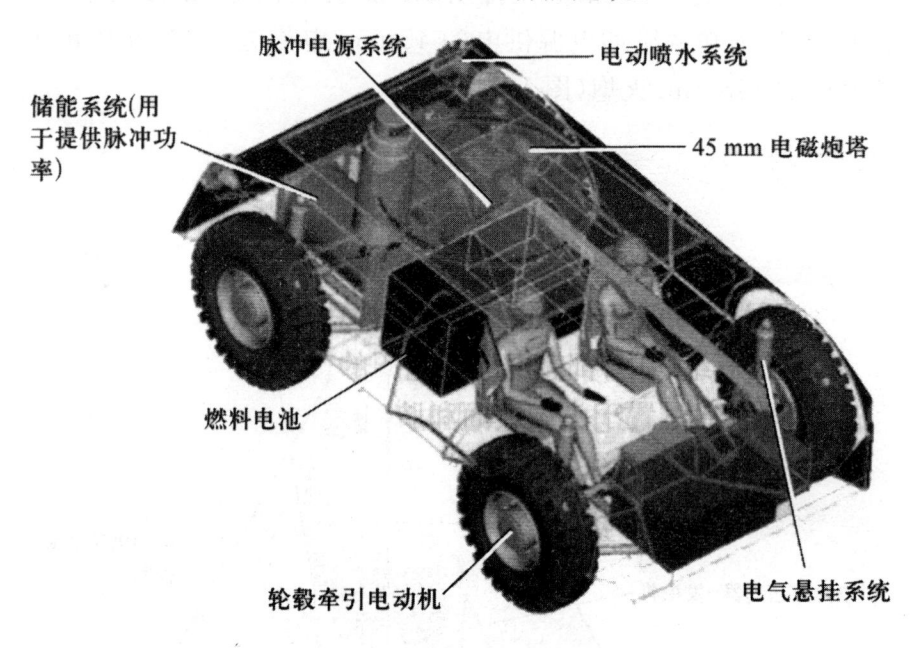

图1-20　全电战车电气设备分布（概念图）

电磁技术在生物医学中的广泛应用促进了生物医学电磁技术的发展。试验证明，从单细胞到动物的肌肉、神经等组织中，都有电流或电压的产生及传播等生物电现象。人的大脑和心肌的生物电活动可以通过置于头皮表面和肢体表面的电位来研究，从而检查内部脑和心脏的功能。这种生物电的源，可视为人体内部的偶极子型电流源；寻找它的分布随时间变化的规律是生物医学电磁技术研究的基本课题。

外界电磁场与生物相互作用的机理，也是生物医学工程的热点课题。随着磁共振技术的发展，利用电磁波研究物质结构，已成为化学分析、原子物理和生物学领域的一种重要研究手段，其中，磁共振成像已成为医疗诊断的常见技术；X射线成像实际上也是电磁波成像;场热疗技术,特别是场热疗治癌,已成为常规疗法的有力辅助疗法。

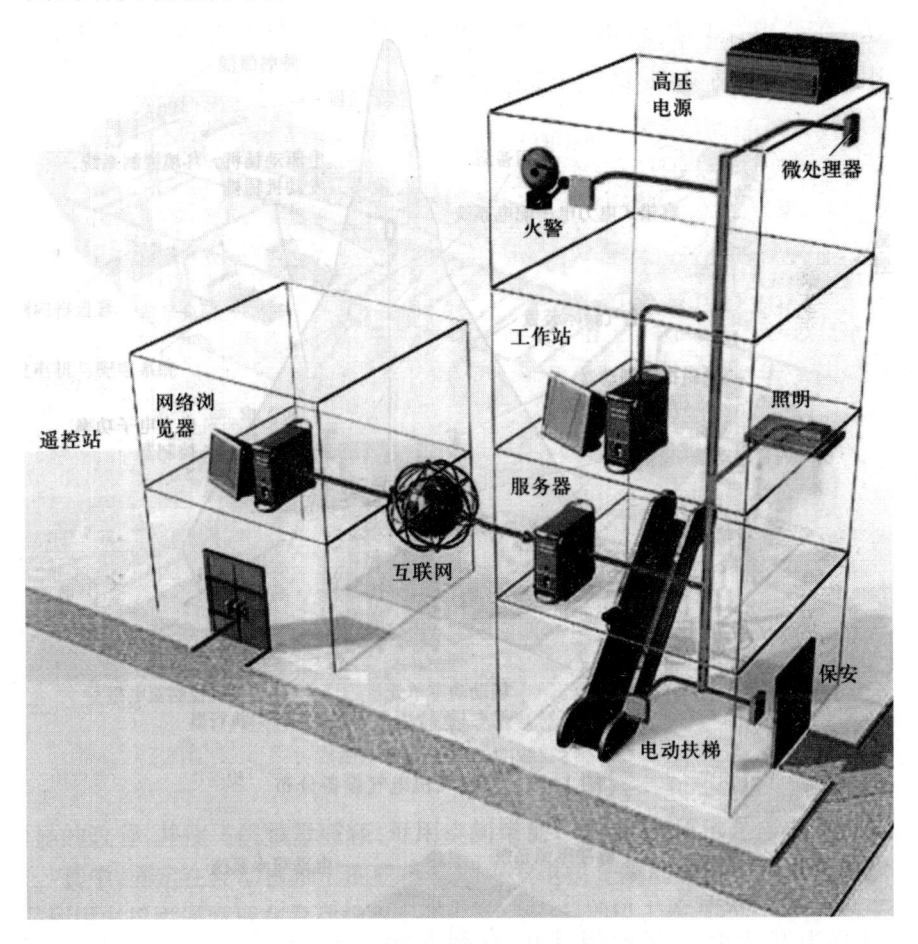

图 1-21 智能楼宇示意图

(引自 Smart Buildings, hy Deborah Snoonian, IEEE Spectrum, August 2003, @IEEE 惠允)

1.2 电力系统

1.2.1 电力系统的组成

电力系统主要由发电厂、电力网和负荷等组成,组成结构如

图 1-22 所示。发电厂的发电机将一次能源转换成电能,再由升压变压器把低压电能转换为高压电能,经过输电线路进行远距离输送,在变电站内进行电压升级,送至负荷所在区域的配电系统,再由配电所和配电线路把电能分配给电力负荷(用户)。

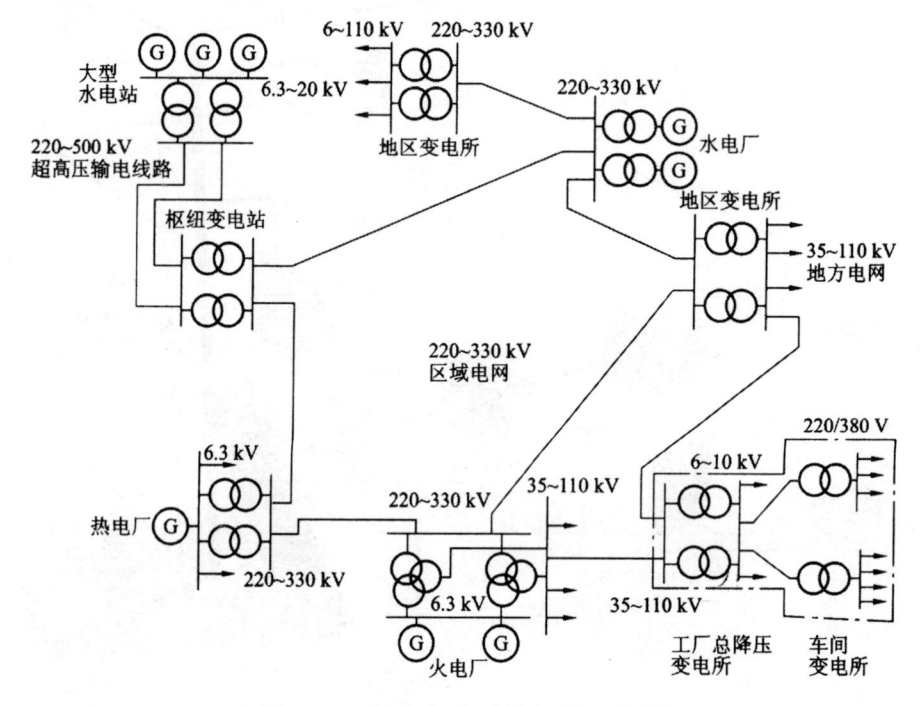

图 1-22 复杂电力系统组成示意图

电力网是电力系统的一个组成部分,电力网按其本身结构可以分为开式电力网和闭式电力网两类。凡是用户只能从单个方向获得电能的电力网,称为开式电力网;凡用户可以从两个或两个以上方向获得电能的电力网,称为闭式电力网。

动力部分与电力系统组成的整体称为动力系统。动力部分主要指火电厂的锅炉、汽轮机,水电厂的水库、水轮机和核电厂的核反应堆等。电力系统是动力系统的一个组成部分。

发电、变电、输电、配电和用电等设备称为电力主设备,主要有发电机、变压器、架空线路、电缆、断路器、母线、电动机、照明设备和电热设备等。由主设备按照一定要求连接成的系统称为电气一次系统(又称为电气主接线)。为保证一次系统安全、稳定、正常运行,对一次设备进行操作、测量、监视、控制、保护、通信和实现自动化的设备称为二次设备,由二次设备构成的系统称为电气二次系统。

1.2.2 电力系统运行的特点

1. 电能不能大量存储

电能生产是一种能量形态的转变,要求生产与消费同时完成,发电厂任何时刻生产的电功率等于该时刻用电设备消耗功率和电网损失功率之和。

2. 电力系统暂态过程非常迅速

电是以电磁波的形式传播的,传播速度为 3×10^5 km/s。电力系统正常运行时,负荷在不断地变化,发电容量应跟踪作相应变化,以便适应负荷的需求。当电力系统运行情况发生变化时所引起的电磁方面和机电方面的过渡过程是非常迅速的。例如,用户用电设备的操作,电动机、电热设备的启停或负荷增减是很快的,变压器、输电线路的投入运行或切除都是在瞬间内完成的。当电力系统出现异常状态,如短路故障、过电压、发电机失去稳定等过程,更是极其短暂,往往只能用微秒或毫秒来计量时间。

3. 与国民经济的发展密切相关

电能供应不足或中断供应,将直接影响国民经济各个部门的生产和运行,也将影响人们正常生活,在某些情况下甚至造成政治上的影响或极其严重的社会性灾难。

1.2.3 对电气系统的基本要求

1. 保证供电可靠性

保证供电的可靠性,是对电力系统最基本的要求。系统应具有经受一定程度的干扰和故障的能力,但当事故超出系统所能承受的范围时,停电是不可避免的。供电中断造成的后果是十分严重的,应尽量缩小故障范围和避免大面积停电,尽快消除故障,恢复正常供电。

2. 保证良好的电能质量

电能质量主要从电压、频率和波形三个方面来衡量。检测电能质量的指标主要是电压偏移和频率偏差。随着用户对供电质量要求的提高,谐波、三相电压不平衡度、电压闪变和电压波动均纳入电能质量监测指标。

3. 保证系统运行的经济性

电力系统运行有三个主要经济指标,即煤耗率(即生产每 kW·h 能量的消耗,也称为油耗率、水耗率)、自用电率(生产每 kW·h 电能的自用电)和线损率(供配每 kW·h 电能时在电力网中的电能损耗)。保证系统运行的经济性就是使以上三个指标最小。

4. 电力工业优先发展

电力工业必须优先于国民经济其他部门的发展,只有电力工业优先发展了,国民经济其他部门才能有计划、按比例地发展,否则会对国民经济的发展起到制约作用。

5. 满足环保和生态要求

控制温室气体和有害物质的排放,控制冷却水的温度和速度,防止核辐射,减少高压输电线的电磁场对环境的影响和对通信的干扰,降低电气设备运行中的噪声等。开发绿色能源,保护环境和生态,做到能源的可持续利用和发展。

1.2.4 电力系统的电能质量指标

1. 电压偏差

电压偏差是指电网实际运行电压与额定电压的差值(代数差),通常用其对额定电压的百分值来表示。[①]

2. 频率偏差

我国电力系统的标称频率为50 Hz,俗称工频。频率的变化,将影响产品的质量,如频率降低将导致电动机的转速下降。频率下降得过低,有可能使整个电力系统崩溃。

3. 电压波形

供电电压(或电流)波形为较为严格的正弦波形。波形质量一般以总谐波畸变率作为衡量标准。110 kV 电网总谐波畸变率限值为 2%,35 kV 电网限值为 3%,10 kV 电网限值为 4%。

4. 三相电压不平衡度

三相电压不平衡度表示三相系统的不对称程度,用电压或电流负序分量与正序分量的方均根值百分比表示。110 kV 电网总谐波畸变率限值为 2%,35~66 kV 电网限值为 3%,6~10 kV 电网限值为 4%,0.38 kV 电网限值为 5%。

---

① 现行国家标准《电能质量供电电压允许偏差》(GB 12325—2008)规定,35 kV 及以上供电电压正、负偏差的绝对值之和不超过标称电压的10%20 kV 及以下三相供电电压偏差为标称电压的±7%220 V 单相供电电压偏差为标称电压的+7%~-10%。

间谐波是指非整数倍基波频率的谐波。随着分布式电源的接入、智能电网的发展,间谐波有增大的趋势。现行国家标准《电能质量公用电网间谐波》(GB/T 24337—2009)规定,1000 V 及以下,低于 100 Hz 的间谐波电压含有率限值为 0.2%,100~800 Hz 的间谐波电压含有率限值为 0.5%;1000 V 以上,低于 100 Hz 的间谐波电压含有率限值为 0.16%,100~500 Hz 的间谐波电压含有率限值为 0.4%。

5.电压波动和闪变

电压波动是指负荷变化引起电网电压快速、短时的变化,变化剧烈的电压波动称为电压闪变。变动频率每小时不超过 1 次时,$U_N \leqslant 35$ kV 时,电压变动限值为 4%;$35 \text{ kV} \leqslant U_N \leqslant 220 \text{ kV}$ 时,电压变动限值为 3%。当 $100 \leqslant r \leqslant 1000$ 次、$U_N \leqslant 35$ kV 时电压变动限值为 1.25%,$35 \text{ kV} \leqslant U_N \leqslant 220 \text{ kV}$ 时,电压变动限值为 1%。电力系统公共连接点,在系统运行的较小方式下,以一周(168 h)为测量周期,所有长时间闪变值 P_{lt} 满足:110 kV 及以下,$P_{lt}=1$;110 kV 以上,$P_{lt}=0.8$。

1.2.5 电力系统的基本参数

除了电路中所学的三相电路的主要电气参数,如电压、电流、阻抗(电阻、电抗、容抗)、功率(有功功率、无功功率、复功率、视在功率)、频率等外,表征电力系统的基本参数有总装机容量、年发电量、最大负荷、年用电量、额定频率、最高电压等级等。

(1)总装机容量

电力系统的总装机容量是指该系统中实际安装的发电机组额定有功功率的总和,以千瓦(kW)、兆瓦(MW)和吉瓦(GW)计,它们的换算关系为:

$$1 \text{ GW} = 10^3 \text{ MW} = 10^6 \text{ kW}$$

(2) 年发电量

年发电量是指该系统中所有发电机组全年实际发出电能的总和,以兆瓦时(MW·h)、吉瓦时(GW·h)和太瓦时(TW·h)计,它们的换算关系为:

$$1\ TW\cdot h=10^3\ GW\cdot h=10^6\ MW\cdot h$$

(3) 最大负荷

最大负荷是指规定时间内,如一天、一月或一年,电力系统总有功功率负荷的最大值,以千瓦(kW)、兆瓦(MW)和吉瓦(GW)计。

(4) 年用电量

年用电量是指接在系统上的所有负荷全年实际所用电能的总和,以兆瓦时(MW·h)、吉瓦时(GW·h)和太瓦时(TW·h)计。

(5) 额定频率

按照国家标准规定,我国所有交流电力系统的额定频率均为50 Hz,欧美国家交流电力系统的额定频率则为60 Hz。

(6) 最高电压等级

最高电压等级是指电力系统中最高电压等级电力线路的额定电压,以千伏(kV)计,目前我国电力系统中的最高电压等级为1000 kV。

(7) 电力系统的额定电压

电力系统中各种不同的电气设备通常是由制造厂根据其工作条件确定其额定电压,电气设备在额定电压下运行时,其技术经济性能最好。为了使电力工业和电工制造业的生产标准化、系列化和统一化,世界各国都制定有电压等级的条例。我国三相交流电力网和电气设备的额定电压如表1-2所示。其中,1000 kV为特高压,330~750 kV为超高压。我国高压直流输电额定电压有500 kV和800 kV两种。

表 1-2 我国三相交流电力网和电气设备的额定电压

分类	电力网和用电设备的额定电压/kV	发电机额定电压/kV	电力变压器额定电压/kV 一次绕组	电力变压器额定电压/kV 二次绕组
低压	0.22/0.127	0.23	0.22/0.127	0.23/0.133
	0.38/0.22	0.40	0.38/0.22	0.40/0.23
	0.66/0.38	0.69	0.66/0.38	0.69/0.40
高压	3	3.15	3 及 3.15	3.15 及 3.3
	6	6.3	6 及 6.3	6.3 及 6.6
	10	10.5	10 及 10.5	10.5 及 11
	—	13.8,15.75,18,20	13.8,15.75,18,20	—
	35	—	35	38.5
	60	—	60	66
	110	—	110	121
	220	—	220	242
	330	—	330	363
	500	—	500	550
	750	—	750	—
	1000	—	1000	—

注:"/"左边数字为线电压,右边数字为相电压。

　　用电设备的额定电压与同级的电力网的额定电压是一致的。电力线路的首端和末端均可接用电设备,用电设备的端电压允许偏移范围为额定电压的±5%,线路首末端电压损耗不超过额定电压的10%。于是,线路首端电压比用电设备的额定电压不高出5%,线路末端电压比用电设备的额定电压不低于5%,线路首末端电压的平均值为电力网额定电压。

　　发电机接在电网的首端,其额定电压比同级电力网额定电压高5%,用于补偿电力网上的电压损耗。

　　变压器的额定电压分为一次绕组额定电压和二次绕组额定电压。变压器的一次绕组直接与发电机相连时,其额定电压等于发电机额定电压；当变压器接于电力线路末端时，则相当于用电设备，其额定电压等于电力网额定电压。变压器的二次绕组额定电压，是绕组的空载电压，当变压器为额定负载时，在变压器内部有5%的电压降，另外，变压器的二次绕组向负荷供电，相当于电源作用，其输出电压应比同级电力网的额定电压高5%，因此，变压器的二次绕组额定电压比同级电力网额定电压高10%。当二次配电距离较短或变压器绕组中电压损耗较小时，二次绕组额定电压只需比同级电力网额定电压高5%。

电力网额定电压的选择又称为电压等级的选择，要综合电力系统投资、运行维护费用、运行的灵活性以及设备运行的经济合理性等方面的因素来考虑。在输送距离和输送容量一定的条件下，所选的额定电压越高，线路上的功率损耗、电压损失、电能损耗会减少，能节省有色金属。但额定电压越高，线路上的绝缘等级要提高，杆塔的几何尺寸要增大，线路投资增大，线路两端的升、降压变压器和开关设备等的投资也相应要增大。因此，电力网额定电压的选择要根据传输距离和传输容量经过全面技术经济比较后才能选定。根据运行经验得到的电力网额定电压与传输功率和传输距离的关系如表1-3所示，此表可作为设计时选择电力网额定电压的参考。表1-3中给出了750~1000 kV线路的大致参考值。

表1-3 电力网的额定电压与传输功率和传输距离之间的关系

线路电压/kV	线路结构	传输功率/kW	传输距离/km
0.38	架空线	100	0.25
0.38	电缆线	175	0.35
3	架空线	100~1000	1~3
6	架空线	200~2000	3~10
6	电缆线	3000	8
10	架空线	200~3000	5~20
10	电缆线	5000	10

续表

线路电压/kV	线路结构	传输功率/kW	传输距离/km
35	架空线	2000~10000	20~50
110	架空线	10000~50000	50~150
220	架空线	100000~500000	100~300
330	架空线	200000~1000000	200~600
500	架空线	1000~1500000	250~850
750	架空线	2000000~2500000	300 以上
1000	架空线	4000000~5000000	500 以上

1.2.6 电气系统的接线方式

1. 电力系统的接线图

电力系统的接线方式是用来表示电力系统中各主要元件相互连接关系的,对电力系统运行的安全性与经济性影响极大。电力系统的接线方式用接线图来表示,接线图有电气接线图和地理接线图两种。

(1)电气接线图

在电气接线图上,要求表明电力系统各主要电气设备之间的电气连接关系。电气接线图要求接线清楚,一目了然,而不过分重视实际的位置关系、距离的比例关系。

(2)地理接线图

在地理接线图上,强调电厂与变电站之间的实际位置关系及各条输电线的路径长度,这些都按一定比例反映出来,但各电气设备之间的电气联系、连接情况不必详细表示。

2. 电力系统的接线方式

选择电力系统接线方式时,应保证与负荷性质相适应的足够的供电可靠性;深入负荷中心,简化电压等级,做到接线紧凑、简明;保证各种运行方式下操作人员的安全;保证运行时足够的灵活性;在满足技术条件的基础上,力求投资费用少,设备运行和维护费用少,满足经济性要求。

(1)开式电力网

开式电力网由一条电源线路向电力用户供电,分为单回路放射式、单回路干线式、单回路链式和单回路树枝式等,其简明接线如图1-23所示。开式电力网接线简单、运行方便,保护装置简单,便于实现自动化,投资费用少,但供电的可靠性较差,只能用于三级负荷和部分次要的二级负荷,不适于向一级负荷供电。

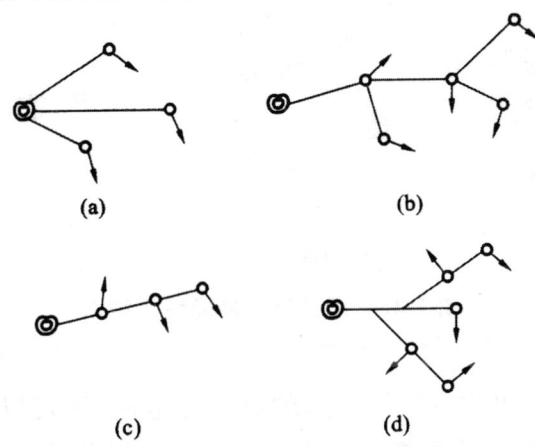

图1-23 开式电力网简明接线图
(a)放射式;(b)干线式;(c)链式;(d)树枝式

由地区变电所或企业总降压变电所6~10 kV母线直接向用户变电所供电时,沿线不接其他负荷,各用户变电所之间也无联系,可选用放射式接线,如图1-24所示。

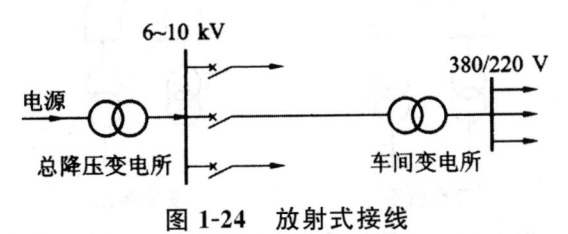

图1-24 放射式接线

(2)闭式电力网

闭式电力网由两条及两条以上电源线路向电力用户供电,分为双回路放射式、双回路干线式、双回路链式、双回路树枝式、环式和两端供电式，简明接线如图 1-25 所示。闭式电力网供电可靠性高，运行和检修灵活，但投资大，运行操作和继电保护复杂，适用于对一级负荷供电和电网的联络。

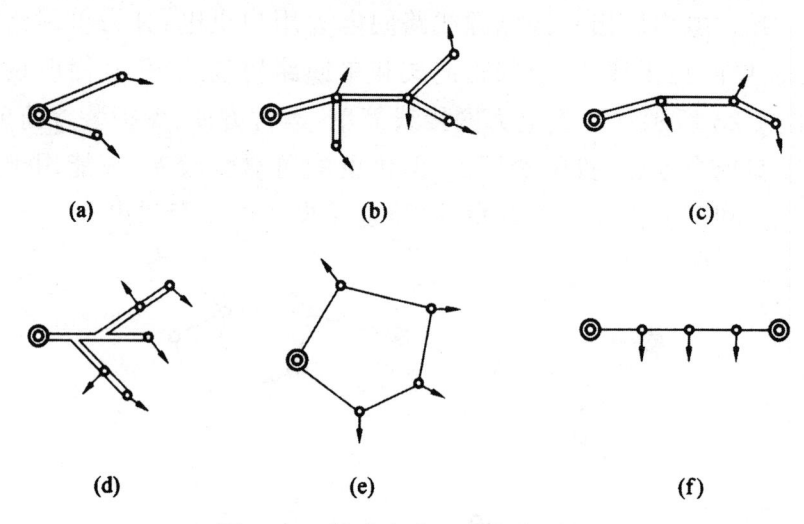

图 1-25　闭式电力网简明接线图
(a)放射式；(b)干线式；(c)链式；(d)树枝式；(e)环式；(f)两端供电式

对供电的可靠性要求很高的高压配电网，还可以采用双回路架空线路或多回路电缆线路进行供电，并尽可能在两侧都有电源，如图 1-26 所示。

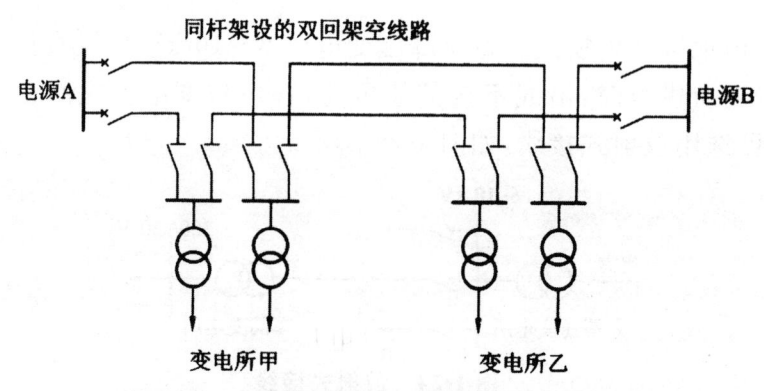

图 1-26　两侧电源供电的双回路电压配电网

1.3 发电系统

1.3.1 能源与电力

发电厂或称发电站(简称电厂或电站),是将一次能源转换为电能(二次能源)的工厂。按利用能源的类别不同,发电厂可分为火力发电厂、水力发电厂、核能发电厂及太阳能发电厂、地热发电厂、风力发电厂、潮汐发电厂等。处于研究阶段的有磁流体发电、燃料电池等。大多数发电厂生产过程的共同特点是由原动机将各种形式的一次能源转换为机械能,再驱动发电机发电。太阳能发电、磁流体发电、燃料电池则是直接将一次能源转换为电能。

1.3.2 火力发电厂

利用固体、液体、气体燃料的化学能来生产电能的工厂称为火力发电厂,简称火电厂。迄今为止,火电厂仍是我国电能生产的主要方式。在发电设备总装机容量中,火力发电的装机容量约占 70%。我国和世界各国的火电厂所使用的燃料大多以煤炭为主,其他可以使用的燃料还有天然气、燃油(石油)以及工业和生活废料(垃圾)等。

1. 火电厂的分类

按原动机可以分为凝汽式汽轮机发电厂、燃气轮机发电厂、内燃机发电厂和蒸汽-燃气轮机发电厂等。其中,汽轮机发电示意图如图 1-27 所示。

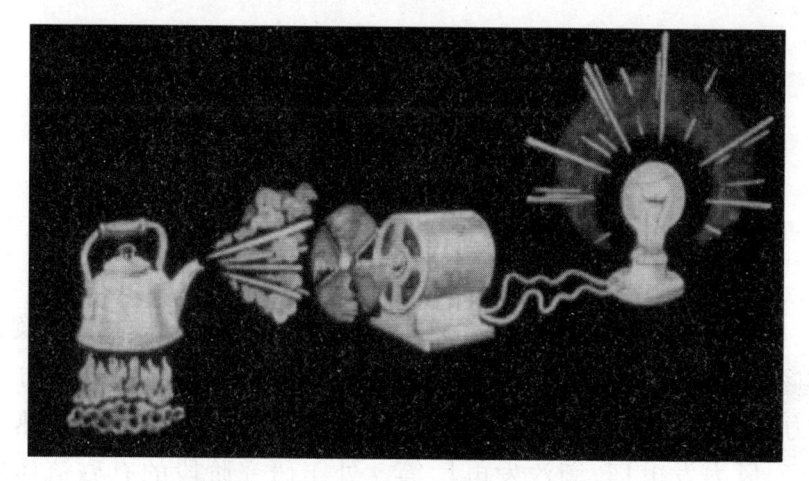

化学能 ⟶ 热能 ⟶ 机械能 ⟶ 电能

图 1-27　汽轮机发电示意图

2. 火电厂的生产流程

火电厂的生产流程如图 1-28 所示。煤经过磨煤机磨成煤粉后被喷入锅炉炉膛燃烧，使锅炉中的水加热为过热蒸汽，过热蒸汽经主蒸汽管进入汽轮机，推动汽轮机叶片旋转并带动发电机旋转产生电能。图 1-29 是我国最大的火电厂。

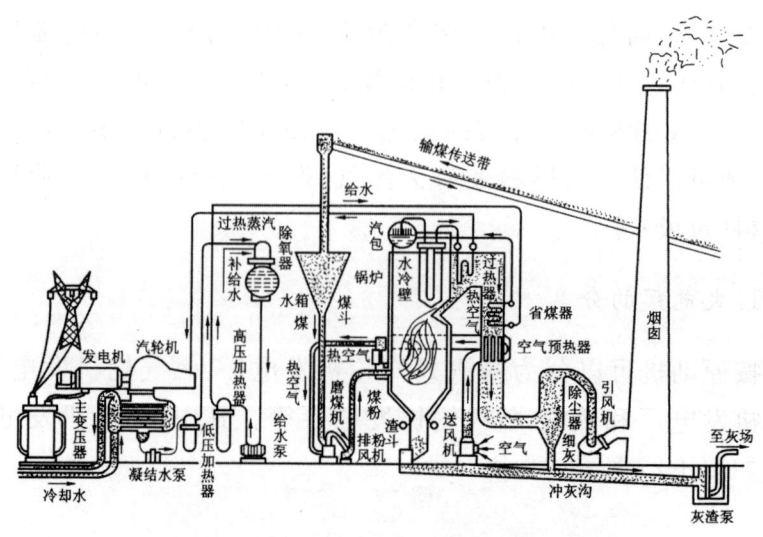

图 1-28　凝汽式火电厂生产流程示意图

图 1-29 我国最大的火电厂——江苏谏壁发电厂

由于凝汽式火电厂运行时需要将做过功的蒸汽送入凝汽器凝结成水,这样大量热能将被凝汽器中作冷却用的循环水带走,因此凝汽式火电厂的热效率(指热能利用率)很低。为了提高热效率,火电厂均向高温(530℃以上)、高压(8.83~23.54 MPa)的大容量(500 MW 以上)机组发展,可以使火电厂的热效率提高到 30%~40%。目前世界上最大火电机组的单机容量已达 1300 MW。

为了减少循环水带走的热量以提高火力发电厂的热效率,可将凝汽式汽轮机中一部分做过功的蒸汽从中间抽出直接供给热用户,或经过热交换器将水加热后,将热水供给用户。这种既发电又供热的火电厂称为热电厂。通常热电厂的热效率可上升到 60%~70%。热电厂般都建在大城市及工业区附近。

对于大容量的火电厂,由于其燃料需要量极大,同时还大量排放废气、粉尘和废渣等,会对环境造成污染,为此现代的火电厂都附有废气处理和除尘设备以及对粉煤灰的综合利用设施。为了减少对城市的环境污染和燃料运输,大型火电厂宜建在燃料产地附近,这样的火电厂称为坑口电厂。

3. 火电厂的主要系统

火力发电厂的整个生产过程可分为三个系统：燃烧系统（图1-30）、汽水系统（图1-31）和电气系统（图1-32）。

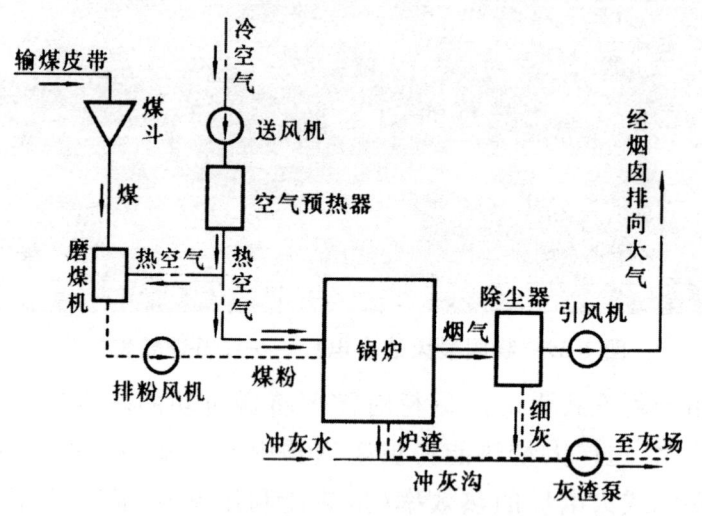

图1-30 火力发电厂燃烧系统流程示意图

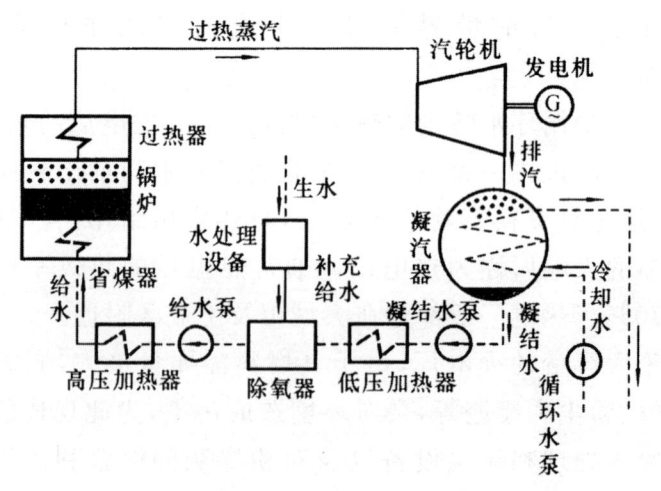

图1-31 火力发电厂汽水系统流程示意图

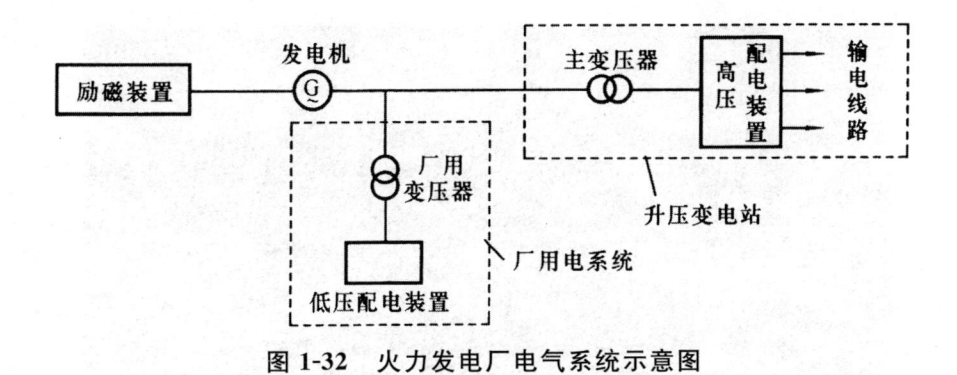

图 1-32 火力发电厂电气系统示意图

1.3.3 水力发电

水力发电厂是利用河流所蕴藏的水能资源来生产电能的工厂,简称水电厂或水电站。水力发电的能量转换过程只需两次,即通过原动机(水轮机)将水的位能转变为机械能,再通过发电机将机械能转变为电能,故在能量转换过程中损耗较小,发电的效率较高。水力发电厂分为径流式[①]、坝后式、河床式水电厂和抽水蓄能电厂。

我国是世界上水能资源最丰富的国家,优先开发水电,这是一条国际性的经验,是发展能源的客观规律。

举世瞩目的三峡工程,如图 1-33 所示,总库容为 393×10^8 m³,装机容量为 22403×10^4 kW,年平均发电量为 8473×10^8 kW·h,比目前世界上最大的伊泰普水电厂(位于南美洲巴西和巴拉圭交界处的巴拉那河中游,总库容 2903×10^8 m³,装机容量 12603×10^4 kW,年发电量 7003×10^8 kW·h)还要大,经过百年梦想,半个世纪的论证,十多年艰辛建设,终于按期实现了蓄水、通航、发电三大目标,一举圆了中华民族几代人的梦,谱写了世界水电建设史上光辉的一页。

图 1-34 为美国大古力水电站鸟瞰图。

---

① 径流式水电厂是在有高落差的急流河道上修建低堰,由引水渠道造成水头,使水通过压力钢管进入 7k 轮机来进行发电的电厂。

图 1-33 三峡工程鸟瞰图

图 1-34 美国大古力水电站鸟瞰图

1. 堤坝式水电厂

堤坝式水电厂利用修筑拦河堤坝来抬高上游水位,形成发电水头。根据厂房位置的不同,堤坝式水电厂又分为坝后式和河床式两种。

(1)坝后式水电厂

这种水电厂的厂房建在坝后,全部水压由坝体承受,厂房本身不承受水的压力。图 1-35 所示为坝后式水电厂示意图,这是我国最常见的水电厂形式。

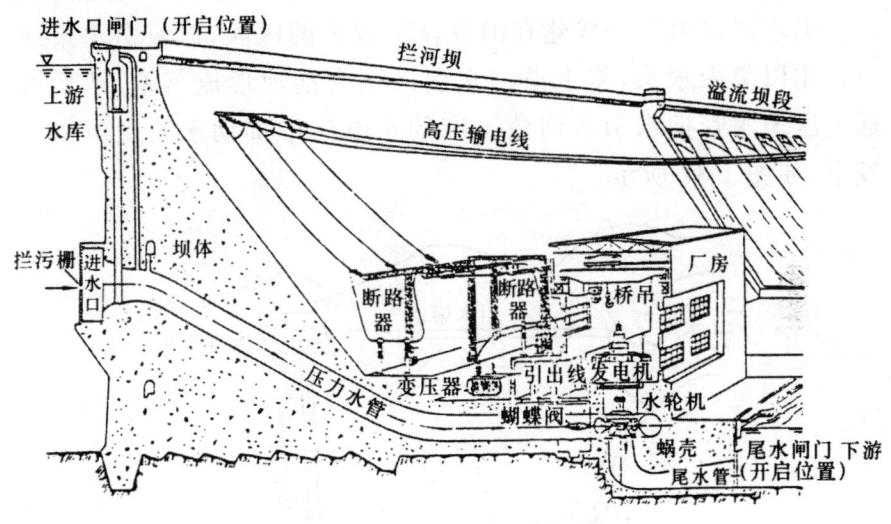

图 1-35 坝后式水电厂示意图

(2)河床式水电厂

这种水电厂建在河道平缓区段,水头一般在 20~30 m 之间。堤坝和厂房建在一起,厂房起到挡水作用,库水直接由厂房进水口引入水轮机,如图 1-36 所示。

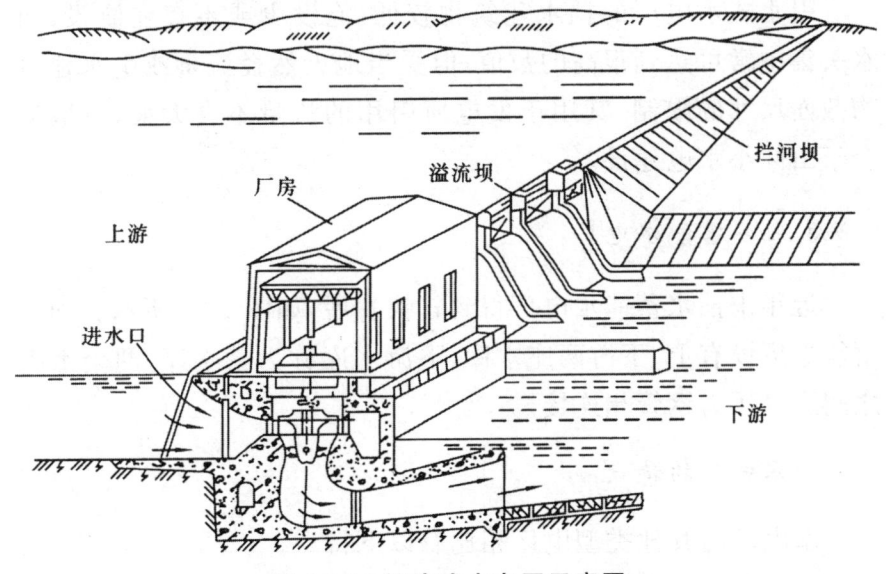

图 1-36 河床式水电厂示意图

2.引水式水电厂

引水式水电厂一般建在河流坡度较大的区段,修筑引水渠或隧道用以集中水头,将上游河水引入压力前池形成落差,然后再通过压力水管把水引入河流下游的水电厂中推动水轮发电机组发电,如图1-37所示。

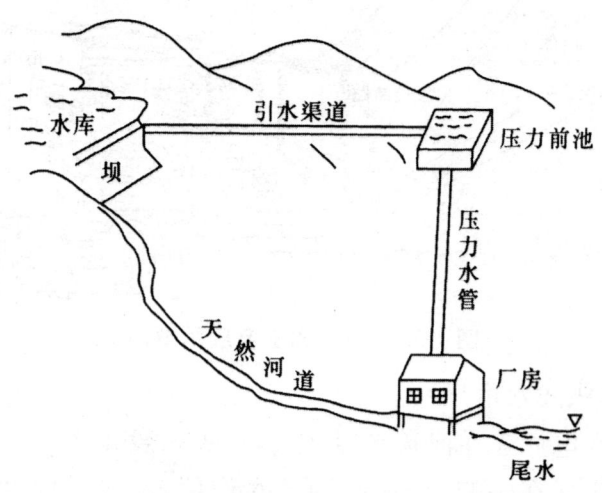

图1-37 引水式水电厂示意图

引水式水电厂的挡水建筑物较低,淹没少或不存在淹没,而水头集中常可达到很高的数值,但受当地天然径流量或引水建筑物截面尺寸的限制,其用于发电所引用的流量不会太大,一般适合于山区小水电建设。

3.抽水蓄能水电厂

近年来抽水蓄能水电厂得到较快发展,如图1-38所示。抽水蓄能电厂设有上、下游两座水库,下游水库称为蓄水库,两个水库之间通过压力钢管相连接。

4.水电厂的特点

水电厂与其他类型电厂相比有以下特点。
①可以综合利用水力资源。

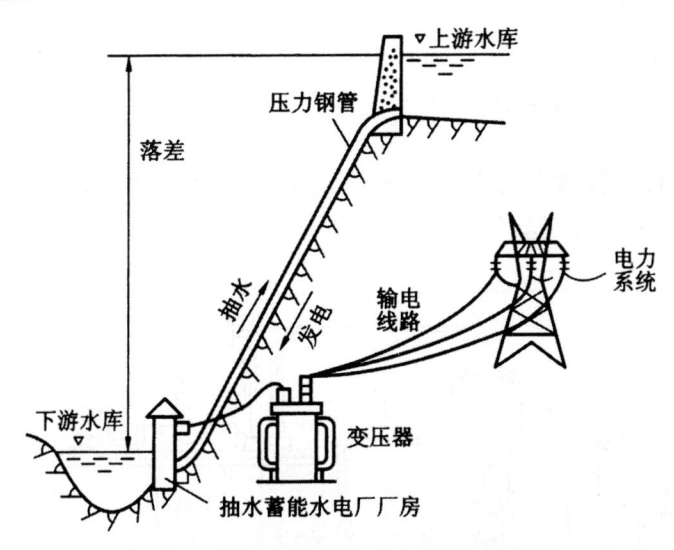

图 1-38 抽水蓄能水电厂结构示意图

②不使用燃料，发电成本低，仅为同容量火电厂成本的25%~35%，效率高。

③运行灵活，启停迅速，无最低负荷限制，适于承担调峰、调频、事故备用。

④设备简单，意外停机几率小，停机时间短。

⑤水能可存储和调节。

⑥水能发电不污染环境。

⑦水电厂初期投资较大，建设工期较长。

⑧水电厂受水文条件制约，枯水期发电功率只有丰水期的30%，全年最大负荷利用小时数低。

⑨由于水库的兴建，造成淹没土地，影响生态环境。

1.3.4 核电工程

核电厂①根据核反应堆的类型可分为压水堆式、沸水堆式、气

---

① 核电厂也称为核电站，是利用原子核裂变时产生的核能转变为电能，即原子反应堆中核燃料(如铀等)裂变放出热能产生蒸汽(代替火电厂中的锅炉)，驱动汽轮机，带动发电机旋转发电的工厂。

冷堆式和重水堆式等几种。

1.核电厂的生产流程

核电厂包含两个部分,即一回路系统和二回路系统,常见的压水堆式核电厂结构如图1-39所示。

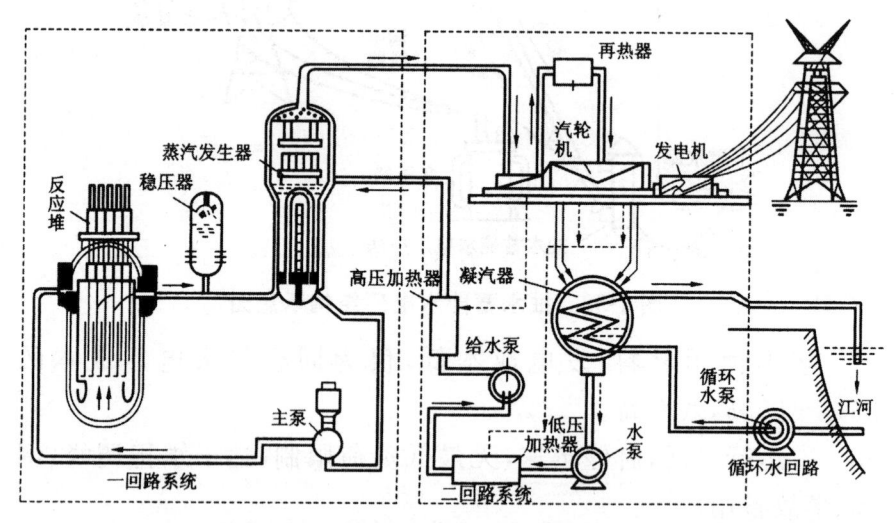

图 1-39 压水堆式核电厂结构示意图

一回路系统中的冷却剂用轻水(H_2O),少数用重水(D_2O)冷却剂在主泵作用下送入核反应堆,经反应堆加热吸收大量热量,途经蒸汽发生器时,把热量传递给二次回路系统的水,产生蒸汽进入汽轮机,汽轮机旋转带动发电机发电。

通常一个压水堆有2~4个并联的一回路系统(又称环路),但只有一个稳压器。每一个环路都有一台蒸汽发生器和1~2台冷却剂主泵。压水堆核电厂的主要参数如表1-3所示。

图1-40所示为沸水堆核电厂的示意图。

由于沸水堆中作为冷却剂的水在堆心中会产生沸腾,因此,设计沸水堆时一定要保证堆心的最大热流密度低于所谓沸腾的"临界热流密度",以防止燃料元件因传热恶化而烧毁。沸水堆核电厂的主要参数如表1-4所示。

表 1-3 压水堆核电厂的主要参数

主要参数	环路数		
	2	3	4
堆热功率/MW	1882	2905	3425
净电功率/MW	600	900	1200
一回路压力/MPa	15.5	15.5	15.5
反应堆入口水温/℃	287.5	292.4	291.9
反应堆出口水温/℃	324.3	327.6	325.8
压力容器内径/m	3.35	4	4.4
燃料装载量/t	49	72.5	89
燃料组件数/个	121	157	193
控制棒组件数/个	37	61	61
一回路冷却剂流量/(t/h)	42300	63250	84500
蒸汽量/(t/h)	3700	5500	6860
蒸汽压力/MPa	6.3	6.71	6.9
蒸汽含湿量/(%)	0.25	0.25	0.25

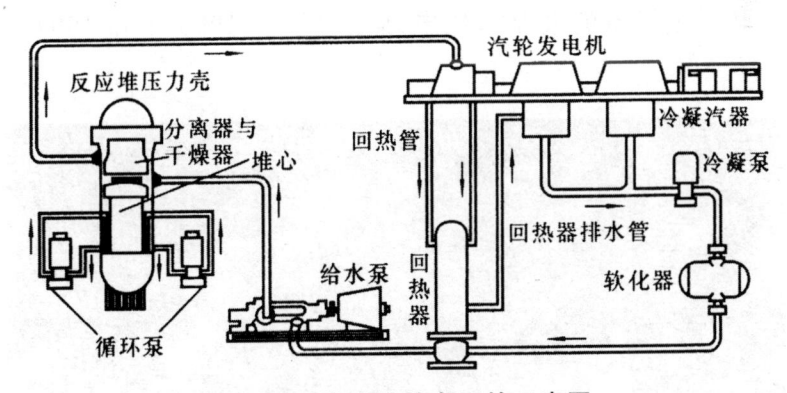

图 1-40 沸水堆核电厂的示意图

表 1-4 沸水堆核电厂的主要参数

主要参数名称	参数值
堆热功率/MW	3840
净电功率/MW	1310
净效率/(%)	34.1

续表

主要参数名称	参数值
燃料装载量/t	147
燃料元件尺寸(外径×长度)/mm	12.5×3760
燃料元件的排列	8×8
燃料组件数/个	784
控制棒数目/根	193
一回路系统数目/个	4
压力容器内水的压力/MPa	7.06
压力容器的直径/m	6.62
压力容器的总高/m	22.68
压力容器的总重/t	785

我国自行设计制造的第一座核电站——秦山核电站(图1-41)和引进设备的大亚湾核电站已分别于1993年和1994年投入运行。

图 1-41 秦山核电站全景图

2. 核电厂的特点

核电厂具有以下特点：
① 核电厂建设费用高,燃料费用便宜。
② 带固定负荷运行。
③ 为保证核反应堆的安全,不参与系统的调节。

1.3.5 新能源发电

目前,世界上除了以利用燃料的化学能、水的位能、核燃料的裂变和聚合能为生产电能的主要方式外,利用太阳能、风能、地热、潮汐、波浪、海洋温差、沼气、垃圾、燃料电池等能源生产电能也在不断地研究、应用中发展。我国可供利用的这类资源也很丰富。

1. 太阳能发电

利用太阳热能发电,有直接热电转换和间接热电转换(图1-42)两种形式。

图1-42 太阳热能发电站

太阳能是取之不尽、用之不完的廉价能源,利用太阳能发电,不用任何燃料,生产成本低,无污染现象发生。目前,世界各国在太阳发电设备制造及实用性等方面的研究也取得了很大的进展,在全球,太阳能发电将具有广阔的发展前景。

2. 地热发电

地热发电就是利用地表深处的地热能来生产电能。利用地热能(传热流体为热水和蒸汽)进行发电的电厂称为地热发电厂,如西藏的羊八井地热发电厂,地下水温约150℃,是一种低温热能发电方式。

3. 风力发电

风力能源是由于太阳对大气层造成的温差和地球表面不规则而引起。利用风力的动能来生产电能就称为风力发电。目前,我国已建成了一些风力发电场(图1-43)。

图1-43 新疆风力发电场

4. 潮汐发电

世界上可利用的潮汐能量有 1×10^9 kW 以上,我国的沿海储

存的潮汐能量也有 1.1×10^8 kW,已投产了世界上最大容量之一的潮汐发电厂。

潮汐电厂一般为双向潮汐发电厂,涨潮及退潮时均可发电,涨潮时将潮水通过闸门引入厂内发电,退潮前储水,退潮后打开另外闸门放水进行发电,如图 1-44 所示。

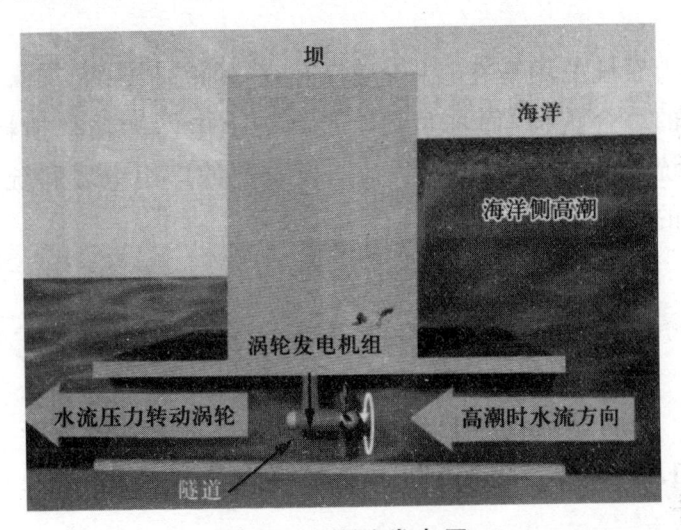

图 1-44 潮汐发电厂

第 2 章 电力系统负荷

电力系统的用户在某一时刻所消耗的电功率的总和,称为电力系统的综合负荷,简称负荷。负荷加上电网的功率损耗,称为电力系统的供电负荷;供电负荷与发电厂的厂用电之和统称为电力系统的发电负荷。

2.1 电力系统负荷与负荷曲线

2.1.1 电力系统负荷的基本概念及其分类

电力系统负荷是指电力系统在某一时刻各类用电设备消耗功率的总和。由于消耗功率有有功功率、无功功率、视在功率之分,因此电力系统负荷也包含有功负荷、无功负荷、视在负荷三种。

电力系统负荷的分类方法很多,不同的场合采用不同的分类方法。

1. 根据消耗功率的性质分类

(1)用电负荷

用户的用电设备在某一时刻消耗功率的总和称为用电负荷。

(2)供电负荷

用电负荷加上电力网损耗的功率称为供电负荷。供电负荷就是电力系统中各发电厂应提供的功率。

(3)发电负荷

供电负荷加上发电厂本身所消耗的功率称为发电负荷。

2. 根据用户在国民经济中的部门分类

(1) 工业用电负荷

在一年时间范围内,工业用电中除部分建材、榨糖等季节性生产的企业外,一般用电负荷是比较恒定的。一些连续性生产的化工行业,因夏季单位产品耗电较高,多集中在夏季停电检修。连续生产的冶金行业,因夏季炉旁温度高、劳动条件差,也多集中在夏季停产检修。春节期间工业用电下降幅度较大。

从一天来看,一般一天内出现用电的三个高峰,两个低谷。尤以一班制生产企业占较大比重的地区更为明显。早晨上班半小时至一小时,出现早高峰,午休时用电陡降,成为中午低谷;午休后下午一般又出现一个高峰;傍晚开始照明后又出现一个高峰。

(2) 农、林、牧、渔、水利用电负荷

此类负荷与工业负荷相比,受气候、季节等自然条件的影响很大。排灌用电在农业负荷中占相当大的比重。农村电气化水平和经济发展程度也决定着用电量的大小。在用电构成中,农业用电所占比重不大。

(3) 建筑业用电负荷

这一类负荷受气候、季节的一定影响,高温、高寒季节用电负荷下降。建筑业是我国重点发展的产业,随着大批中小城镇的兴起和高层建筑等大量兴建,此类用电量增长迅速。

(4) 交通运输、邮电通信用电负荷

这一类负荷包括铁路与公路的车站,航运码头及机场,航空站的动力、通风、通信用电,以及电气铁路和电气运输机械的用电,交通运输、邮政设施用电,等等,这一负荷在全年时间内变化不大,占总用电负荷的比重也不大。

(5) 商业、饮食、供销、仓储业用电负荷

这一类用电负荷包括商、饮、供销、仓储及城市的供水、文体卫生、科研教育、机关事业单位、部队等用电,覆盖面积大,用电增

长平稳,负荷特点有各自规律性,除正常日班负荷外,照明类负荷占用电力系统高峰时段。

(6)城乡居民生活用电负荷

改革开放以来,城乡人民生活迅速改善,随着人民生活水平日益提高,电视机、空调器等家用电器的逐步普及,生活用电负荷也急剧上升。以后,城乡居民用电仍将有较快增长,农村居民用电由于基数较小,增长速度将快于城市。

2.1.2 电力系统负荷曲线的基本概念及其分类

负荷是时时刻刻变动的,表达电力负荷随时间变动情况的曲线图形称之为负荷曲线,它绘制在直角坐标上,纵坐标表示负荷,横坐标表示对应负荷变动的时间,曲线在两坐标轴之间所包容的面积表示该段时间内用电设备的耗电量。

负荷曲线可按时间和按用电特性划分为两大类。按时间分类主要有日负荷曲线和年负荷曲线两个系列,它们又可根据所求负荷的性质,生成若干种负荷曲线。

(1)日负荷曲线

以全日小时数为横坐标并以负荷值为纵坐标绘制而成的曲线。

(2)日平均负荷曲线

按其代表的负荷性质,最常用的是:

①系统日平均负荷曲线。

②分类用户的平均负荷曲线。

(3)日负荷持续曲线

负荷持续曲线的主要作用是掌握系统的基本负荷(最低负荷)的大小,以及高出基本负荷的持续小时数。按其记录时间的长短可分为日、月及全年的负荷持续曲线。

(4)年负荷曲线

年负荷曲线一般是由日负荷曲线叠成的。最常见的有:

①逐日负荷变动曲线。
②月最高负荷曲线。
③月平均最高负荷曲线。
④月最低负荷曲线。
(5)历年负荷曲线。

最常见的有：
①历年的月平均和月最高负荷曲线。
②历年的月最低负荷曲线。
③历年的月发电量和历年的日平均发电量曲线。

按用电特性分类的负荷曲线是根据部门分类的用户负荷曲线(如工业,农、林、牧、渔,城乡生活……),此处从略。

2.1.3 电力系统负荷曲线

电力系统综合负荷是随时间、季节、气候变化而变化。根据历史的负荷记录与统计或者实时跟踪记录,就可得到负荷功率随时间变化的关系曲线,即负荷在某一段时间内变化的规律。其数学关系式如下：

$$P = p(t)$$
$$Q = q(t) \tag{2-1}$$

在电力系统规划、设计、运行中常用到的负荷曲线有以下3种。

1. 日负荷曲线

日负荷曲线是指电力系统负荷在一日 24 小时内变化的规律。不同用户、不同季节、不同地区的有功功率(无功功率)负荷曲线是有较大的差别,但是叠加起来的系统综合负荷曲线大致相同。如图 2-1 所示。

图 2-1(a)中有一最大值 P_{max} 称日最大负荷,又称尖峰负荷(峰荷)。同时还有一最小值 P_{min},称为日最小负荷,又称谷荷。

由于这两个负荷值代表了一日之内负荷变化两个极限,对电力系统运行有很大的影响,常用来分析系统运行情况的重要数据。

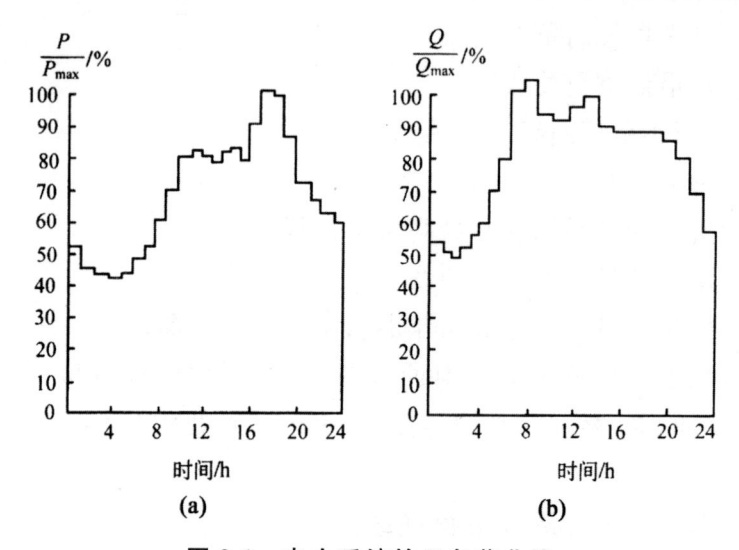

图 2-1 电力系统的日负荷曲线

(a)有功功率负荷;(b)无功功率负荷

如果对负荷 $p(t)$ 进行积分,即一日内所消耗的总电能为:

$$A = \int_0^{24} p(t) dt \qquad (2-2)$$

显然这是日负荷曲线 $p(t)$ 的下边的面积,如果有功功率 p 单位为 kW,时间 t 单位为 h,则电能 A 的单位为 kW·h,系统运行人员可据此曲线来制定日发电计划。

电力系统中不但有有功功率日负荷曲线,而且有无功功率 $Q(t)$ 曲线,如图 2-1(b)所示。由于电力系统中的变压器、电动机的励磁无功功率并不随有功负荷大小而改变,仅与系统电压变化有关,因此,有功功率与无功功率最大负荷并不是同时出现。这在做系统无功平衡时需加注意。

2.年最大负荷曲线

在制定电力系统规划时,不仅需要了解日负荷变化规律,而且还要了解一年或更长时间的最大负荷变化和增长的规律,因此,年最大负荷曲线也就被提出。如图 2-2 所示,它描述一年从 1

月 1 日起至年终系统逐日或逐月的系统综合最大负荷变化的情况,即

$$y = f[P_{\max}(日)]$$

这一曲线变化规律大体上与余弦曲线相似,如图 2-2 中曲线 1 所示。如果计及国民经济的增长,新用户的接入,则变化规律如图 2-2 中曲线 2、3 所示,曲线 2 是按比例增长的负荷。通常该曲线是安排发电设备检修计划所用。由于改革开放后人民生活水平有了较大提高,第三产业的发展,空调负荷的激烈增加、农业结构的变化,造成了年最大负荷曲线有所变化,夏季负荷不再是下降了,改变了它的余弦曲线性质。

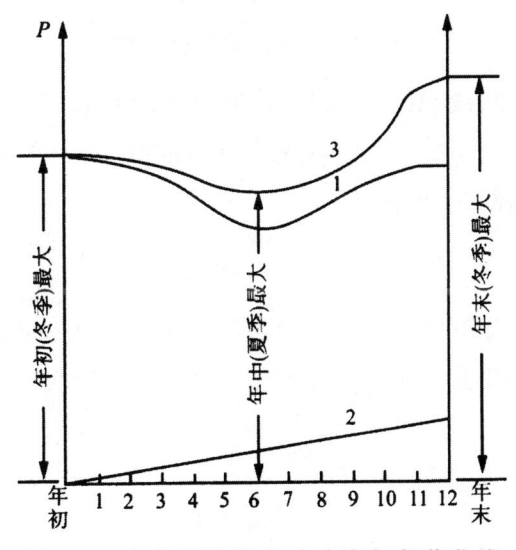

图 2-2 电力系统的有功功率年负荷曲线

为了保证系统供电安全与可靠,系统装机容量在任何时刻都应大于系统综合最大负荷,即

$$P_{\mathrm{S}} \geqslant P_{\max} + P_{\mathrm{R}} \tag{2-3}$$

式中,P_{R} 为备用功率。

3.年持续负荷曲线

在编制电力系统的发电计划和可靠性计算时,常用到年持续负荷曲线,如图 2-3 所示,该曲线是以电力系统全年负荷按其大小

及其持续运行时间(小时数)的顺序排列而成。

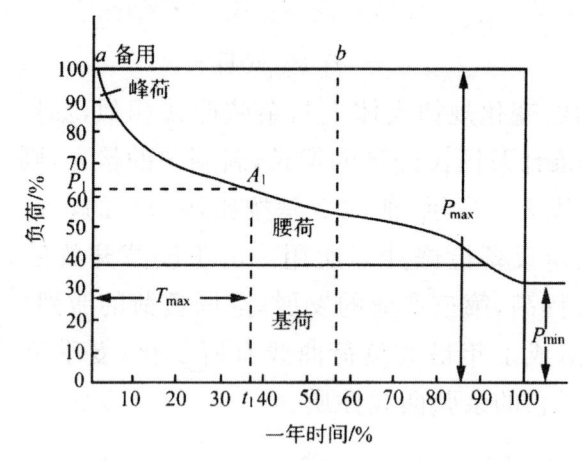

图 2-3 年持续负荷曲线

图 2-3 中曲线 A_1 点，反映了在一年内负荷超过 P_1 的积累持续时间共有 t_1 小时。根据年持续负荷曲线，可计算出系统全年负荷所取用(消耗)的电能

$$A = \int_0^{8760} p(t) \mathrm{d}t \quad (2-4)$$

不难看出，A 为年持续负荷曲线所包围的面积，如果将全年取用的电能和一年中最大负荷 P_{max} 相比，可得年最大负荷利用小时数

$$T_{max} = \frac{A}{P_{max}} \quad (2-5)$$

$$A = P_{max} \cdot T_{max} \quad (2-6)$$

如果根据运行经验，知道了各类用户的年最大负荷利用小时数 T_{max}，就可直接由式(2-6)估算出电力网全年用电量。一般说来，影响负荷曲线的因素很多，例如，负荷的组成、工矿企业生产及结构、所处地理位置、生产管理、作息制度、气候的变化、假日及人民生活水平以及习惯等。如何根据电力系统已知条件，预测未来的(短期、中期、长期)负荷变化是电力系统运行、规划的一个重要问题。

从各种负荷曲线上，可以直观地了解电力负荷变动的情况。通过对负荷曲线的分析，可以更深入地掌握负荷变动的规律，并可从中获得一些对设计和运行有用的资料。因此负荷曲线对于从事供电设计和运行的人员来说,都是很必要的。

2.1.4 与负荷曲线相关的重要物理量

1. 年最大负荷

年最大负荷 P_{max} 全年中负荷最大的工作班内消耗电能最大的半小时的平均功率,也称为半小时最大负荷 P_{30}。

2. 年最大负荷利用小时

年最大负荷利用小时 T_{max},是一个假想时间,在此时间内,电力负荷按年最大负荷 P_{max}(或 P_{30})持续运行所消耗的电能,恰好等于该电力负荷全年实际消耗的电能,如图 2-4 所示。

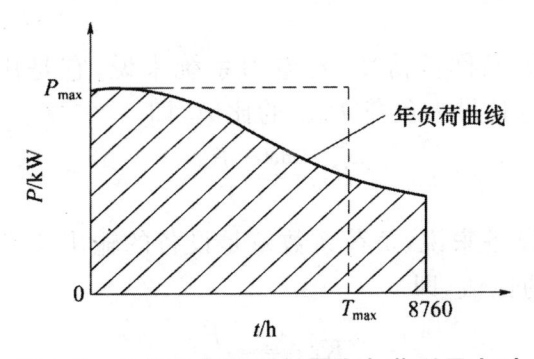

图 2-4 年最大负荷和年最大负荷利用小时

年最大负荷利用小时为:

$$T_{max} \stackrel{def}{=\!=} \frac{W_a}{P_{max}} \tag{2-7}$$

式中,W 为年实际消耗的电能量。

3. 平均负荷

平均负荷 P_{av},就是电力负荷在一定时间内 t 消耗的平均功率,即

$$P_{av} \stackrel{def}{=\!=\!=} \frac{W_t}{t} \tag{2-8}$$

年平均负荷 P_{av} 的说明如图 2-5 所示,由图可得年平均负荷为

$$P_{av} \stackrel{def}{=\!=\!=} \frac{W_a}{8760} \tag{2-9}$$

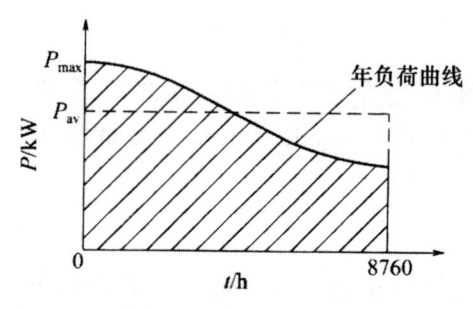

图 2-5 年平均负荷

2. 负荷系数

负荷系数又称负荷率,对电力系统来说,它是用电负荷的平均负荷 P_{av} 与其最大负荷 P_{max} 的比值,即

$$K_L \stackrel{def}{=\!=\!=} \frac{P_{av}}{P_{max}} \tag{2-10}$$

对用电设备来说,负荷系数就是设备的输出功率 P 与设备额定容量 P_N 的比值,即

$$K_L \stackrel{def}{=\!=\!=} \frac{P}{P_N} \tag{2-11}$$

2.2 确定计算负荷的方法

2.2.1 按需要系数法确定计算负荷

1. 基本公式

用电设备组的计算负荷,是指用电设备组从供电系统中取用

第 2 章 电力系统负荷

的半小时最大负荷 P_{30}，如图 2-6 所示。用电设备组的有功计算负荷应为

$$P_{30} = \frac{K_{\Sigma}K_L}{\eta_e \eta_{WL}} P_e \tag{2-12}$$

式中，K_{Σ} 为设备组的同时系数；K_L 为设备组的负荷系数；η_e 为设备组的平均效率；η_{WL} 为配电线路的平均效率。

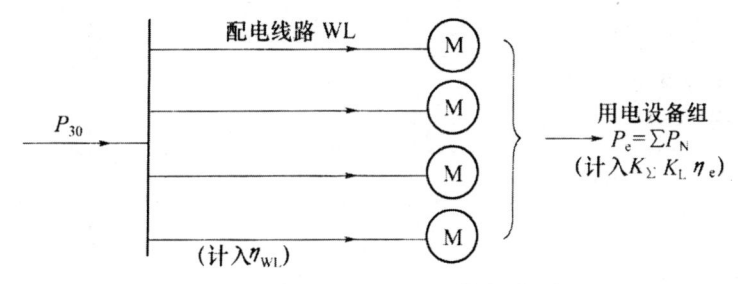

图 2-6 用电设备组的计算负荷说明

令式(2-12)中的 $K_{\Sigma}K_L/\eta_e\eta_{WL} = K_d$，由式(2-12)可知需要系数的定义式为

$$K_d \stackrel{\text{def}}{=\!=} \frac{P_{30}}{P_e} \tag{2-13}$$

由此可得按需要系数法确定三相用电设备组有功计算负荷的基本公式为

$$P_{30} = K_d P_e \tag{2-14}$$

表 2-1 列出工厂部分用电设备组的需要系数值，供参考。

表 2-1 用电设备组的需要系数、二项式系数及功率因数值

用电设备组名称	需要系数	二项式系数 b	二项式系数 c	最大容量设备台数 x[①]	$\cos\varphi$	$\tan\varphi$
小批生产的金属冷加工机床电动机	0.16~0.2	0.14	0.4	5	0.5	1.73
大批生产的金属冷加工机床电动机	0.18~0.25	0.14	0.5	5	0.5	1.73
小批生产的金属热加工机床电动机	0.25~0.3	0.24	0.4	5	0.6	1.33

续表

用电设备组名称	需要系数	二项式系数 b	二项式系数 c	最大容量设备台数 $x^{①}$	$\cos\varphi$	$\tan\varphi$
大批生产的金属热加工机床电动机	0.3~0.35	0.26	0.5	5	0.65	1.17
通风机、水泵、空压机及电动发电机组电动机	0.7~0.8	0.65	0.25	5	0.8	0.75
非连锁的连续运输机械及铸造车间整砂机械	0.5~0.6	0.4	0.4	5	0.75	0.88
连锁的连续运输机械及铸造车间整砂机械	0.65~0.7	0.6	0.2	5	0.75	0.88
锅炉房和机加、机修、装配等类车间的吊车($\varepsilon=25\%$)	0.1~0.15	0.06	0.2	3	0.5	1.73
铸造车间的吊车($\varepsilon=25\%$)	0.15~0.25	0.09	0.3	3	0.5	1.73
自动连续装料的电阻炉设备	0.75~0.8	0.7	0.3	2	0.95	0.33
实验室用的小型电热设备（电阻炉、干燥箱等）	0.7	0.7	0	—	1.0	0
工频感应电炉（未带无功补偿设备）	0.8	—	—	—	0.35	2.68
高频感应电炉（未带无功补偿设备）	0.8	—	—	—	0.6	1.33
电弧熔炉	0.9	—	—	—	0.87	0.57
点焊机、缝焊机	0.35	—	—	—	0.6	1.33
对焊机、铆钉加热机	0.35	—	—	—	0.7	1.02
自动弧焊变压器	0.5	—	—	—	0.4	2.29
单头手动弧焊变压器	0.35	—	—	—	0.35	2.68
多头手动弧焊变压器	0.4	—	—	—	0.35	2.68
单头弧焊电动发电机组	0.35	—	—	—	0.6	1.33
多头弧焊电动发电机组	0.7	—	—	—	0.75	0.88

续表

用电设备组名称	需要系数	二项式系数 b	二项式系数 c	最大容量设备台数 x①	$\cos\varphi$	$\tan\varphi$
生产厂房及办公室、阅览室、实验室照明②	0.8~1				1.0	0
变配电所、仓库照明②	0.5~0.7				1.0	0
宿舍(生活区)照明②	0.6~0.8				1.0	0
室外照明、应急照明②	1				1.0	0

注：①如果用电设备组的设备总台数 $n<2x$ 时，则取 $x=n/2$，且按"四舍五入"的修约规则取其整数。
②这里的 $\cos\varphi$ 和 $\tan\varphi$ 值均为白炽灯照明的数值。如为荧光灯照明，则取 $\cos\varphi=0.9$，$\tan\varphi=0.48$；如为高压汞灯或钠灯，则取 $\cos\varphi=0.5$，$\tan\varphi=1.73$。

在求出有功计算负荷 P_{30} 后，可按下列各式分别求出其余的计算负荷。

无功计算负荷为

$$Q_{30} = P_{30}\tan\varphi \tag{2-15}$$

式中，$\tan\varphi$ 为对应于用电设备组 $\cos\varphi$ 的正切值。

视在计算负荷为

$$S_{30} = \frac{P_{30}}{\cos\varphi} \tag{2-16}$$

式中，$\cos\varphi$ 为用电设备组的平均功率因数。

计算电流为

$$I_{30} = \frac{S_{30}}{\sqrt{3}U_N} \tag{2-17}$$

式中，U_N 为用电设备组的额定电压。

如果为一台三相电动机，则其计算电流应取为其额定电流，即

$$I_{30} = I_N = \frac{P_N}{\sqrt{3}U_N\eta\cos\varphi} \tag{2-18}$$

例 2.1 已知某机修车间的金属切削机床组，拥有 380 V 的三相电动机 7.5 kW 3 台，4 kW 8 台，3 kW 17 台，1.5 kW 10 台。

试求其计算负荷。

解：此机床组电动机的总容量为：

$P_e = 7.5 \text{ kW} \times 3 + 4 \text{ kW} \times 8 + 3 \text{ kW} \times 17 + 1.5 \text{ kW} \times 10$

查表 2-1，得 $K_d = 0.16 \sim 0.2$（取 0.16），$\cos\varphi = 0.5$，$\tan\varphi = 1.73$。因此可求得

有功计算负荷为

$$P_{30} = 0.16 \times 120.5 \text{ kW} = 19.28 \text{ kW}$$

无功计算负荷为

$$Q_{30} = 19.28 \text{ kW} \times 1.73 = 33.35 \text{ kW}$$

视在计算负荷为

$$S_{30} = \frac{19.28 \text{ kW}}{0.5} = 38.56 \text{ kV} \cdot \text{A}$$

计算电流为

$$I_{30} = \frac{38.56 \text{ kV} \cdot \text{A}}{\sqrt{3} \times 0.38 \text{ kV}} = 58.59 \text{ A}$$

2. 设备容量的计算

(1) 对一般连续工作制和短时工作制的用电设备组

设备容量是所有设备的铭牌额定容量之和，即

$$P_e = \sum P_N$$

(2) 对断续周期工作制的用电设备组

1) 电焊机组

要求容量统一换算到 $\varepsilon = 100\%$，因此，设备容量为

$$P_e = P_N \sqrt{\frac{\varepsilon_N}{\varepsilon_{100}}} = S_N \cos\varphi \sqrt{\frac{\varepsilon_N}{\varepsilon_{100}}}$$

即

$$P_e = P_N \sqrt{\varepsilon_N} = S_N \cos\varphi \sqrt{\varepsilon_N} \qquad (2\text{-}19)$$

式中，P_N，S_N 为电焊机的铭牌容量；ε_N 为与铭牌容量对应的负荷持续率（计算中用小数）；ε_{100} 为其值等于 100% 的负荷持续率；$\cos\varphi$ 为铭牌规定的功率因数。

2) 吊车电动机组

要求容量统一换算到 $\varepsilon=25\%$，可得换算后的设备容量为

$$P_e = P_N \sqrt{\frac{\varepsilon_N}{\varepsilon_{25}}} = 2P_e \sqrt{\varepsilon_N} \qquad (2\text{-}20)$$

式中，P_N 为吊车电动机的铭牌容量；ε_N 为与铭牌容量对应的负荷持续率；ε_{25} 为其值等于 25% 的负荷持续率。

3. 多组用电设备计算负荷的确定

结合具体情况对其有功负荷和无功负荷分别计入一个同时系数 $K_{\Sigma p}$ 和 $K_{\Sigma p}$。

对车间干线，取

$$K_{\Sigma p} = 0.85 \sim 0.95$$
$$K_{\Sigma p} = 0.90 \sim 0.97$$

对低压母线，分如下两种情况：

①由用电设备组计算负荷直接相加来计算时，取

$$K_{\Sigma p} = 0.80 \sim 0.90$$
$$K_{\Sigma p} = 0.90 \sim 0.97$$

②由车间干线计算负荷直接相加来计算时，取

$$K_{\Sigma p} = 0.90 \sim 0.95$$
$$K_{\Sigma p} = 0.90 \sim 0.97$$

总的有功计算负荷为：

$$P_{30} = K_{\Sigma p} \sum P_{30.i} \qquad (2\text{-}21)$$

总的无功计算负荷为：

$$Q_{30} = K_{\Sigma q} \sum Q_{30.i} \qquad (2\text{-}22)$$

以上两式中的 $\sum P_{30.i}$ 和 $\sum Q_{30.i}$ 分别为各组设备的有功和无功计算负荷之和。

总的视在计算负荷为

$$S_{30} = \sqrt{P_{30}^2 + Q_{30}^2} \qquad (2\text{-}23)$$

总的计算电流为

$$I_{30} = \frac{S_{30}}{\sqrt{3}U_N} \tag{2-24}$$

对于低损耗变压器(如 SL7、S9、SC9 等)的功率损耗可按下式

$$\begin{cases} \Delta P_T \approx 0.015 S_{30} \\ \Delta Q_T \approx 0.06 S_{30} \end{cases} \tag{2-25}$$

例 2.2 某机修车间干线 380 V 线路上,接有金属切削机床电动机 20 台共 50 kW(其中较大容量电动机有 7.5 kW 1 台,4 kW 3 台,2.2 kW 7 台),通风机 2 台共 3 kW,电阻炉 1 台 2 kW。试确定此线路上的计算负荷。

解:

(1)金属切削机床组

查表 2-1,取 $K_d = 0.2$, $\cos\varphi = 0.5$, $\tan\varphi = 1.73$,故

$$P_{30(1)} = 0.2 \times 50 \text{ kW} = 10 \text{ kW}$$

$$Q_{30(1)} = 10 \text{ kW} \times 1.73 = 17.3 \text{ kvar}$$

(2)通风机组

查表 2-1,取 $K_d = 0.8$, $\cos\varphi = 0.8$, $\tan\varphi = 0.75$,故

$$P_{30(2)} = 0.8 \times 3 \text{ kW} = 2.4 \text{ kW}$$

$$Q_{30(2)} = 2.4 \text{ kW} \times 0.75 = 1.8 \text{ kvar}$$

(3)电阻炉

查表 2-1,取 $K_d = 0.7$, $\cos\varphi = 1$, $\tan\varphi = 0$,故

$$P_{30(3)} = 0.7 \times 2 \text{ kW} = 1.4 \text{ kW}$$

$$Q_{30(3)} = 0$$

因此,总的计算负荷为(取 $K_{\Sigma p} = 0.95$, $K_{\Sigma q} = 0.97$)

$$P_{30} = 0.95 \times (10 + 2.4 + 1.4) \text{ kW} = 13.1 \text{ kW}$$

$$Q_{30} = 0.97 \times (17.3 + 1.8 + 0) \text{ kvar} = 18.5 \text{ kvar}$$

$$S_{30} = \sqrt{13.1^2 + 18.5^2} \text{ kV·A} = 22.75 \text{ kV·A}$$

$$I_{30} = \frac{22.75 \text{ kV·A}}{\sqrt{3} \times 0.38 \text{ kV}} = 34.5 \text{ A}$$

在实际工程设计说明书中,为了使人一目了然,便于审核,常

采用计算表格的形式,见表 2-2。

表 2-2 例 2.2 的电力负荷计算表(按需要系数法)

序号	用电设备组名称	台数 n	容量 P_e/kW	需要系数 K_d	$\cos\varphi$	$\tan\varphi$	计算负荷 P_{30}/kW	Q_{30}/kvar	S_{30}/kV·A	I_{30}/A
1	金属切削机床	20	50	0.2	0.5	1.73	L0	17.3		
2	通风机	2	3	0.8	0.8	0.75	2.4	1.8		
3	电阻炉	1	2	0.7	1	0	1.4	0		
		23	55				13.8	19.1		
车间总计			取 $K_{\Sigma P}=0.95$ $K_{\Sigma q}=0.97$				13.1	18.5	22.7	34.5

2.2.2 按二项式系数法确定计算负荷

1. 基本公式

二项式法的基本公式为

$$P_{30} = bP_e + cP_x \tag{2-26}$$

式中,bP_e 为用电设备组的平均功率;cP_x 为用电设备组中总容量最大的设备投入运行时增加的附加负荷;b,c 为二项式系数。

其余的计算负荷 Q_{30}、S_{30} 和 I_{30} 的计算方法与前述需要系数法的计算方法相同。

如果用电设备组只有一两台设备时,则可认为 $P_{30} = P_e$。

对于单台电动机,则

$$P_{30} = P_N/\eta$$

式中,P_N 为电动机额定容量,η 为其额定效率。

例 2.3 试用二项式法来确定例 2.1 所示机床组的计算负荷。

解:由表 2-1 查得 $b=0.14, c=0.4, x=5, \cos\varphi=0.5, \tan\varphi=$

1.73。设备总容量为 $P_e = 120.5 \text{ kW}$(见例 2.1)。而 x 台最大容量的设备容量为

$$P_x = P_5 = 7.5 \text{ kW} \times 3 + 4 \text{ kW} \times 2 = 30.5 \text{ kW}$$

因此按式(2-26)可求得其有功计算负荷为

$$P_{30} = 0.14 \times 120.5 \text{ kW} + 0.4 \times 30.5 \text{ kW} = 29.1 \text{ kW}$$

其无功计算负荷为

$$P_{30} = 29.1 \text{ kW} \times 1.73 = 50.3 \text{ kvar}$$

其视在计算负荷为

$$S_{30} = \frac{29.1 \text{ kW}}{0.5} = 58.2 \text{ kV} \cdot \text{A}$$

其计算电流为

$$I_{30} = \frac{58.2 \text{ kV} \cdot \text{A}}{\sqrt{3} \times 0.38 \text{ kV}} = 88.4 \text{ A}$$

2. 多组用电设备计算负荷的确定

总的有功计算负荷为:

$$P_{30} = \sum (bP_e)_i + (cP_x)_{\max} \tag{2-27}$$

总的无功计算负荷为:

$$P_{30} = \sum (bP_e \tan\varphi)_i + (cP_x)_{\max} \tan\varphi_{\max} \tag{2-28}$$

式中,$\tan\varphi_{\max}$ 为最大附加负荷 $(cP_x)_{\max}$ 设备组的平均功率因数角的正切值。

例 2.4 试用二项法确定例 2.2 所述机修车间 380 V 线路的计算负荷。

解: 先求各组的 bP_e 和 cP_x

(1)金属切削机床组

查表 2-1,得 $b = 0.14$,$c = 0.4$,$x = 5$,$\cos\varphi = 0.5$,$\tan\varphi = 1.73$,故

$$bP_{e(1)} = 0.14 \times 50 \text{ kW} = 7 \text{ kW}$$

$$cP_{x(1)} = 0.4 \times (7.5 \text{ kW} \times 1 + 4 \text{ kW} \times 3 + 2.2 \text{ kW} \times 1)$$
$$= 8.68 \text{ kW}$$

(2)通风机组

查表 2-1,得 $b=0.65$, $c=0.25$, $x=5$, $\cos\varphi=0.8$, $\tan\varphi=0.75$,故

$$bP_{e(2)}=0.65\times 3 \text{ kW}=1.95 \text{ kW}$$
$$cP_{x(2)}=0.25\times 3 \text{ kW}=0.75 \text{ kW}$$

(3)电阻炉

查表 2-1,得 $b=0.7$, $c=0$, $x=0$, $\cos\varphi=1$, $\tan\varphi=0$

$$bP_{e(2)}=0.7\times 2 \text{ kW}=1.4 \text{ kW}$$
$$cP_{x(3)}=0$$

以上各组设备中,附加负荷以 $cP_{x(1)}$ 为最大,因此,总计算负荷为

$$P_{30}=(7+1.95+1.4) \text{ kW}+8.68 \text{ kW}=19 \text{ kW}$$
$$Q_{30}=(7\times 17.3+1.95\times 0.75+0) \text{ kvar}+8.68\times 1.73 \text{ kvar}$$
$$=18.5 \text{ kvar}$$
$$S_{30}=\sqrt{19^2+28.6^2} \text{ kV·A}=34.3 \text{ kV·A}$$
$$I_{30}=\frac{34.3 \text{ kV·A}}{\sqrt{3}\times 0.38 \text{ kV}}=52.1 \text{ A}$$

按一般工程设计说明书要求,以上计算可列成表 2-3 所列电力负荷计算表。

表 2-3 例 2.4 的电力负荷计算表

序号	用电设备组名称	设备台数 总台数	设备台数 最大容量台数	容量 P_e/kW	容量 P_x/kW	二项式系数 b	二项式系数 c	$\cos\varphi$	$\tan\varphi$	计算负荷 P_{30}/kW	计算负荷 Q_{30}/kvar	计算负荷 S_{30}/(kV·A)	计算负荷 I_{30}/A
1	切削机床	20	5	50	21.7	0.14	0.4	0.5	1.73	7+8.68	12.1+15.0		
2	通风机	2	5	3	3	0.65	0.25	0.8	0.75	1.95+0.75	1.46+0.56		
3	电阻炉	1	0	2	0	0.7	0	1	0	1.4	0		
总计		23		55						19	28.6	34.3	52.1

比较例 2.2 和例 2.4 的计算结果可以看出，由于设备容量相差较大，按二项式法计算的结果更为合理。

2.3 尖峰电流的计算

2.3.1 单台用电设备尖峰电流的计算

单台用电设备的尖峰电流就是其启动电流，即
$$I_{pk} = I_{st} = K_{st} I_N \tag{2-29}$$
式中，I_N 为用电设备的额定电流；I_{st} 为用电设备的启动电流；K_{st} 为用电设备的启动电流倍数。[①]

2.3.2 多台用电设备尖峰电流的计算

引至多台用电设备的线路上的尖峰电流按下式计算：
$$I_{pk} = K_\Sigma \sum_{i=1}^{n-1} I_{N.i} + I_{st.max} \tag{2-30}$$
$$I_{pk} = I_{30} + (I_{st} - I_N)_{max} \tag{2-31}$$
式中，$I_{st.max}$，$(I_{st} - I_N)_{max}$ 为用电设备中启动电流与额定电流之差最大的那台设备的启动电流及其启动电流与额定电流之差；$\sum_{i=1}^{n-1} I_{N.i}$ 为将启动电流与额定电流之差最大的那台设备除外的其他 $n-1$ 设备的额定电流之和；K_Σ 为 $n-1$ 台设备的同时系数，按台数多少选取，一般为 0.7~1，台数少取较大值，反之取较小值；I_{30} 为全部设备投入运行时线路的计算电流。

---

① 对笼型异步电动机 K_{st} 取 5~7，绕线转子电动机 K_{st} 取 2~3，直流电动机 K_{st} 取 1.5~2，电焊变压器 K_{st} 取 3 或稍大。

2.3.3 用电设备同时自启动尖峰电流的计算

如果有一组用电设备需同时参与自启动,则其尖峰电流等于所有用电设备的启动电流之和,即

$$I_{pk} = \sum_{i=1}^{n-1}(K_{st.i}I_{N.i}) \qquad (2\text{-}32)$$

式中,n 参与自启动的用电设备台数;$K_{st.i}$,$I_{N.i}$ 对应于第 i 台用电设备的启动电流倍数和额定电流。

例 2.5 有一380 V 三相线路,供电给表 2-4 所示 4 台电动机。试计算该线路的尖峰电流。

表 2-4 例 2.5 的负荷资料

参数	电动机			
	M1	M2	M3	M4
额定电流 I_N/A	5.8	5	35.8	27.6
启动电流 I_{st}/A	40.6	35	197	193.2

解:由表 2-4 可知,电动机 M4 的 $I_{st} - I_N = 193.2 \text{ A} - 27.6 \text{ A} = 165.6 \text{ A}$ 为最大,因此按式(2-30)计算(取 $K_\Sigma = 0.9$)得线路的尖峰电流为

$$I_{pk} = 0.9 \times (5.8 + 5 + 35.8) \text{ A} + 193.2 \text{ A} = 235 \text{ A}$$

2.4 无功功率补偿

2.4.1 功率因数的计算

1. 瞬时功率因数

可由电压表、电流表和有功功率表在同一时刻的读数按下式

求出：

$$\cos\varphi = \frac{P}{\sqrt{3}UI} \tag{2-33}$$

式中，P 为有功功率表读数（kw）；U 为电压表读数（kV）；I 为电流表读数（A）。

观察瞬时功率因数的变化情况可以帮助分析及判断工厂或车间无功功率的变化规律，以便采取相应的补偿措施，并为今后进行同类设计提供参考资料。

2. 均权功率因数

均权功率因数指在某一规定时间内功率因数的平均值，可根据有功电能表和无功电能表的读数按下式进行计算

$$\cos\varphi_{av} = \frac{W_p}{\sqrt{W_p^2 + W_q^2}} \tag{2-34}$$

式中，W_p 为某一时间内消耗的有功电能（kW·h）；W_q 为同一时间内消耗的无功电能（kvar·h）。

我国供电部门每月向工业用户收取电费，就是按月均权功率因数的高低来调整的。

3. 最大负荷时的功率因数

最大负荷时的功率因数指在负荷计算中按有功计算负荷 P_{30} 和视在计算负荷 S_{30} 计算而得的功率因数，即

$$\cos\varphi = \frac{P_{30}}{S_{30}} \tag{2-35}$$

2.4.2 电容器并联补偿的原理

在工业企业中，绝大部分电气设备的等效电路可视为电阻 R 和电感 L 的串联电路，其功率因数可用下式表示

$$\cos\varphi = \frac{R}{\sqrt{R^2 + X_L^2}} = \frac{P}{\sqrt{P^2 + Q_L^2}} = \frac{P}{S} \tag{2-36}$$

当在 RL 电路中并联接入电容器 C 后,如图 2-7(a)所示,其电流方程为:

$$\dot{I} = \dot{I}_C + \dot{I}_{RL}$$

由图 2-7(b)或图 2-7(c)的相量图可知,并联电容器后 $\dot{U}$ 与 $\dot{I}$ 之间的夹角变小了,因此,供电回路的功率因数提高了。

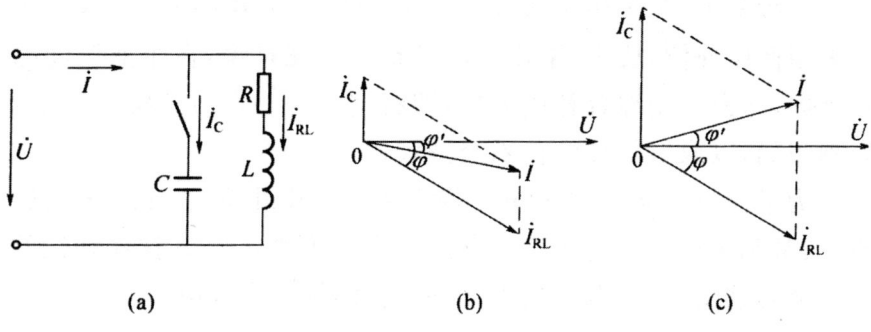

图 2-7 电容器无功补偿原理图

2.4.3 电容器补偿方式

根据并联电容器在企业供配电系统中的装设位置不同,通常有高压集中补偿、低压分组(分散)补偿和个别(就地)补偿三种补偿方式。

(1)高压集中补偿

这种补偿方式只能补偿 6～10 kV 母线以前线路上的无功功率,不能补偿工业企业内部配电线路的无功功率。但这种补偿方式的投资较少,电容器组的利用率较高,因此在大中型企业中被广泛采用。

(2)低压分组补偿

这种补偿方式能够补偿变电所低压母线前的变压器和所有有关高压系统的无功功率,因此其补偿效果较高压集中补偿方式好,而且运行维护方便,能够减小车间变压器的容量,降低电能损耗,所以在中小型企业中应用比较普遍。

(3)个别补偿

这种补偿方式能够降低线路和变压器中的电能损耗,有时还可减少供配电线路的导线截面及车间变压器的容量,因此其补偿范围最大,补偿效果最好。但这种补偿方式的投资较大,电容器组的利用率较低,所以只适用于运行时间长的大容量用电设备。

一般来讲,对于用电负荷分散及补偿容量较小的工厂,一般仅采用低压补偿,反之,采用高压补偿。也就是说,在企业供配电设计中,通常采用综合补偿方式,即将这三种补偿方式综合考虑,合理布局,以取得较佳的技术经济效益。

为了使电容器尽快放电,必须装设放电电阻。对高压电容器,通常利用母线上电压互感器的一次绕组来放电对就地补偿的低压电容器组,通常利用用电设备本身的绕组来放电。

2.4.4 补偿容量的计算

图 2-8 表示功率因数的提高与无功功率和视在功率变化之间的关系。从图 2-8 可以看出,当有功负荷 P_{30} 不变时,要使功率因数从 $\cos\varphi$ 提高到 $\cos\varphi'$,必须装设的无功补偿容量为

$$Q_C = Q_{30} - Q'_{30} (\tan\varphi - \tan\varphi') = \Delta q_C P_{30} \quad (2-37)$$

式中,P_{30} 为有功计算负荷(kW);$\Delta q_C = (\tan\varphi - \tan\varphi')$,为补偿率或比补偿功率(kvar/kW),表示 1 kW 有功负荷需要补偿的无功功率;$\tan\varphi$、$\tan\varphi'$ 分别为补偿前、后的功率因数角的正切值。

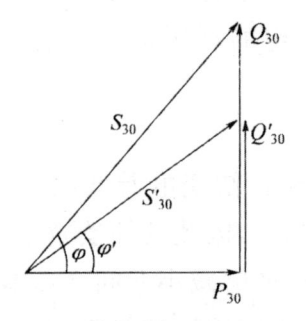

图 2-8 功率因数与无功功率和视在功率的关系

在计算补偿电力电容器的容量和个数时,还应考虑以下两个问题:

①当电容器的额定电压与实际运行电压不相符时,电容器的实际补偿量应按下式进行换算

$$Q'_N = Q_N \left(\frac{U}{U_N}\right)^2 \tag{2-38}$$

式中,Q_N 为电容器的额定容量(kvar);Q'_N 为电容器在实际运行电压时的容量(kvar);U_N 电容器的额定电压(kV);U 为电容器的实际运行电压(kV)。

②在确定了总的补偿容量 Q_C 后,就可根据所选电容器的单个容量 q_C 来确定电容器的个数 n,即

$$n = \frac{Q_C}{q_C} \tag{2-39}$$

由上式计算所得的电容器个数 n,对单相电容器来说,应取 3 的倍数,以便三相均衡分配。

2.5 电力系统负荷特性及模型

负荷曲线已在前面介绍,下面主要讨论负荷特性与模型。

负荷静态特性描述负荷功率随电压和频率缓慢变化的关系,可表达为

$$P = F_P(U, f)$$
$$Q = F_Q(U, f) \tag{2-40}$$

负荷静态模型经常用于电力系统的潮流、频率稳定、电压稳定和无功优化补偿等分析计算中。图 2-9 所示为某电力系统实测所得的综合负荷静态特性。图 2-9(a)为频率不变时的负荷电压静态特性,图 2-9(b)为电压不变时的负荷频率静态特性。

负荷动态特性描述负荷功率随电压和频率急剧变化的关系,可表达为

$$P = \varphi_P\left(U, f, \frac{dU}{df}, \frac{df}{dt}, \frac{dU}{df}, \cdots\right)$$

$$Q = \varphi_Q\left(U, f, \frac{dU}{df}, \frac{df}{dt}, \frac{dU}{df}, \cdots\right) \tag{2-41}$$

负荷动态模型通常用于研究电力系统受到大扰动的暂态过程。目前,研究负荷特性的主要方法有实测法与辨识法两种。

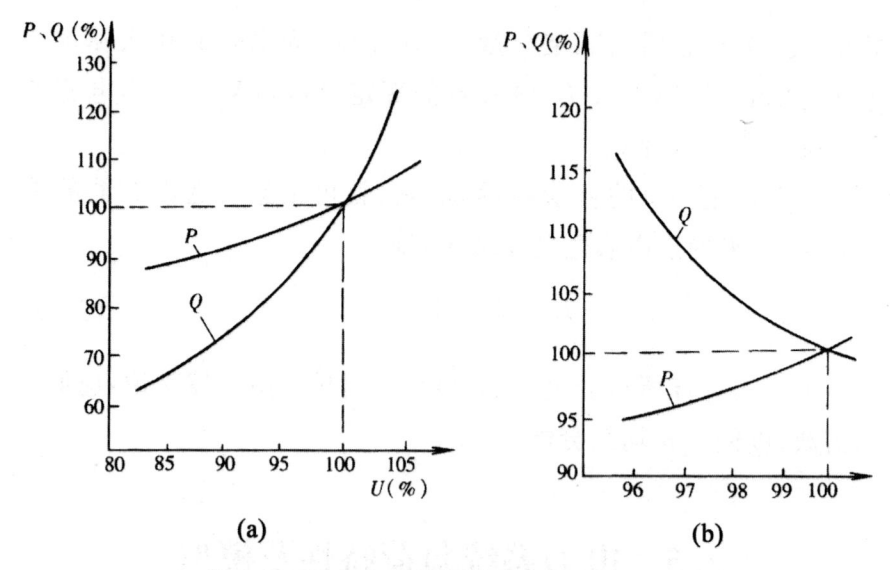

图 2-9 某电力系统的综合负荷静态特性

(a)电压特性曲线;(b)频率特性曲线

实测法的难度较大,主要原因是需要大量的测点,且这些测点的电压变化要求大于±10%,这在实际运行中一般是不允许的。频率的改变允许范围更小,实测中变化频率更加困难。因此,一般只能测量到额定电压或额定频率附近的一段静态特性。

辨识法的基本思想是将负荷当成一整体,根据现场采集的测量数据,确定负荷模型的结构,然后辨识所采集的数据得出模型所需参数。负荷模型辨识中常用的方法有最小二乘法、人工神经网络、卡尔曼滤波法和非线性递推滤波法等。

下面简述负荷静态特性和负荷动态特性的建立。

2.5.1 负荷静态特性的建立

在一定的频率、电压变化范围内,综合负荷的有功功率 P 和无功功率 Q 的静态特性可用代数方程或曲线表示,常用的有多项式、幂函数和恒定阻抗等近似模型。

1. 多项式负荷静态特性

负荷静态特性的多项式形式为

$$P = P_\text{N}\left[A_\text{P}\left(\frac{U}{U_\text{N}}\right)^2 + B_\text{P}\left(\frac{U}{U_\text{N}}\right) + C_\text{P}\right]\left[1 + \frac{\text{d}(P/P_\text{N})}{\text{d}(f/f_\text{N})}\bigg|_{f_\text{N}}\left(\frac{\Delta f}{f_\text{N}}\right)\right]$$

$$Q = Q_\text{N}\left[A_\text{Q}\left(\frac{U}{U_\text{N}}\right)^2 + B_\text{Q}\left(\frac{U}{U_\text{N}}\right) + C_\text{Q}\right]\left[1 + \frac{\text{d}(Q/Q_\text{N})}{\text{d}(f/f_\text{N})}\bigg|_{f_\text{N}}\left(\frac{\Delta f}{f_\text{N}}\right)\right]$$

(2-42)

式中,P、Q 分别为与实际电压、频率相对应的有功功率、无功功率;U_N、f_N 分别为额定电压、额定频率;P_N、Q_N 分别为与 U_N、f_N 相对应的额定有功功率、额定无功功率。

式(2-42)中,第一个方括号内的各项表现了负荷的电压特性,其中的第一项为等效恒定阻抗负荷,第二项为等效恒定电流负荷,第三项为等效恒定功率负荷。A_P、B_P、C_P 分别表示恒定阻抗负荷、恒定电流负荷、恒定功率负荷占总有功功率的百分数,A_Q、B_Q、C_Q 分别表示恒定阻抗负荷、恒定电流、恒定功率负荷占总无功功率的百分数,统称为负荷静态模型系数。第二个方括号内反映的是负荷的频率特性。

若不计负荷的频率特性,则由式(2-42)可得负荷的电压静态特性为

$$P_\text{U} = P_\text{N}\left[A_\text{P}\left(\frac{U}{U_\text{N}}\right)^2 + B_\text{P}\left(\frac{U}{U_\text{N}}\right) + C_\text{P}\right]$$

$$Q_\text{U} = Q_\text{N}\left[A_\text{Q}\left(\frac{U}{U_\text{N}}\right)^2 + B_\text{Q}\left(\frac{U}{U_\text{N}}\right) + C_\text{Q}\right] \quad (2\text{-}43)$$

当式(2-43)中的 P_U、Q_U、U 均为额定值时,有 $A_\text{P} + B_\text{P} + C_\text{P}$

$=1$，$A_Q+B_Q+C_Q=1$。只要依次取 $A_P(A_Q)$、$B_P(B_Q)$、$C_P(C_Q)$ 为 1，则由式(2-43)可分别得到相当于恒定阻抗负荷、恒定电流负荷、恒定功率负荷的负荷特性。

同理，若不计负荷的电压特性，则由式(2-42)可得负荷的频率静态特性为

$$P_f = P_N\left[1 + \frac{\mathrm{d}(P/P_N)}{\mathrm{d}(f/f_N)}\bigg|_{f_N}\left(\frac{\Delta f}{f_N}\right)\right]$$

$$Q_f = Q_N\left[1 + \frac{\mathrm{d}(Q/Q_N)}{\mathrm{d}(f/f_N)}\bigg|_{f_N}\left(\frac{\Delta f}{f_N}\right)\right] \tag{2-44}$$

2. 幂函数式负荷静态特性

负荷静态特性也可用幂函数形式表示，即

$$P = P_N\left(\frac{U}{U_N}\right)^{P_U}\left(\frac{\Delta f}{f_N}\right)^{P_f}$$

$$Q = Q_N\left(\frac{U}{U_N}\right)^{Q_U}\left(\frac{\Delta f}{f_N}\right)^{Q_f} \tag{2-45}$$

式中，P_U、Q_U 分别为负荷有功功率和无功功率的电压特性系数；P_f、Q_f 分别为负荷有功功率和无功功率的频率特性系数。

(1) 电压特性系数的物理含义

负荷功率和频率均为额定值时，功率对电压的变化率，即

$$P_U = \frac{\mathrm{d}(P/P_N)}{\mathrm{d}(U/U_N)}\bigg|_{f=f_N}$$

$$Q_U = \frac{\mathrm{d}(Q/Q_N)}{\mathrm{d}(U/U_N)}\bigg|_{f=f_N} \tag{2-46}$$

(2) 频率特性系数的物理含义

负荷功率和电压均为额定值时，功率对频率的变化率，即

$$P_f = \frac{\mathrm{d}(P/P_N)}{\mathrm{d}(f/f_N)}\bigg|_{U=U_N}$$

$$Q_f = \frac{\mathrm{d}(Q/Q_N)}{\mathrm{d}(f/f_N)}\bigg|_{U=U_N} \tag{2-47}$$

由式(2-49)和式(2-47)可见，负荷幂函数式中的幂系数就是负荷的特性系数，较多项式中的各系数容易确定，因而负荷特性

常用幂函数形式表示。常用的各种负荷的典型静态特性系数见表 2-5。

表 2-5 常用负荷的典型静态特性系数

静态特性参数 用电设备	P_U	Q_U	P_f	Q_f
白炽灯	1.60	0.00	0.00	0.00
荧光灯	1.00	3.00	1.00	−2.80
家用电器	0.30	1.80	0.10	−1.60
冷冻器	0.80	2.50	0.60	−1.40
电视机	2.00	5.20	0.00	−4.60
电阻型加热器	2.00	0.00	0.00	0.00
感应电动机（满载）	0.10	0.60	2.80	1.80
铝厂	1.80	2.20	−0.30	0.60
冶炼炉	1.90	2.10	−0.50	0.00

3. 恒定阻抗式负荷静态特性

负荷特性的恒定阻抗形式为

$$P = \frac{U^2}{R^2+X^2}R = \frac{U^2}{R^2+(2\pi fL)^2}R$$

$$Q = \frac{U^2}{R^2+X^2}X = \frac{U^2}{R^2+(2\pi fL)^2}(2\pi fL) \tag{2-48}$$

比较式(2-45)和式(2-48)可见，两式中的有功功率、无功功率电压特性系数相等，即 $P_U = Q_U = 2$。对于感性阻抗，当系统频率偏差很小时，将式(2-48)对频率求导数可得有功功率频率特性系数为

$$P_f = \frac{\mathrm{d}(P/P_N)}{\mathrm{d}(f/f_N)}\bigg|_{U=U_N} = -2\frac{(2\pi fL)^2}{R^2+(2\pi fL)^2}$$

$$= -2\sin\varphi = \cos 2\varphi - 1 \tag{2-49}$$

无功功率频率特性系数为

$$Q_f = \frac{\mathrm{d}(Q/Q_N)}{\mathrm{d}(f/f_N)}\bigg|_{U=U_N} = \cos 2\varphi \tag{2-50}$$

对于容性阻抗,同理可得有功、无功功率的电压、频率特性系数分别为

$$P_U = 2$$
$$P_f = 1 - \cos 2\varphi \tag{2-51}$$
$$Q_U = 2$$
$$Q_f = -\cos 2\varphi \tag{2-52}$$

式(2-49)、式(2-50)、式(2-51)、式(2-52)中的 φ 为阻抗角。

恒定阻抗模型最简单,可大大提高分析计算的速度,但与实际情况误差较大,通常只在负荷容量小、端电压波动不大、精确度要求不高的情况下使用。

2.5.2 负荷动态特性的建立

负荷的动态特性一般用微分方程和代数方程组成的方程组表示。建立综合负荷的动态模型,无论是物理模型还是数学模型,都包含模型结构的制订和模型参数的确定两个问题。电力系统综合负荷的主要成分是异步电动机,异步电动机的负荷动态特性决定了系统综合负荷的负荷动态特性。

异步电动机的动态特性较其静态特性复杂得多,通常要分为机械暂态过程、机电暂态过程和电磁暂态过程三种负荷动态特性讨论。下面仅对机械暂态过程的负荷动态特性进行简要介绍。

仅考虑机械暂态过程的异步电动机 T 形等效电路如图 2-10 所示。图 2-10 中,R_s、X_s 和 R_r、X_r 分别为异步电动机定子绕组和转子绕组的等效电阻与电抗;R_m、X_m 分别为异步电动机的励磁等效电阻和电抗;s 为转差率(或滑差率)。

由图 2-10 可知,异步电动机的电压方程为

$$\dot{U} = \dot{I}\{(R_s + jX_s) + [(R_m + jX_m) /\!/ (R_r/s + jX_r)]\} = \dot{I} Z_\Sigma \tag{2-53}$$

其中,

$$Z_\Sigma = (R_s + jX_s) + [(R_m + jX_m) /\!/ (R_r/s + jX_r)]$$
$$= R_\Sigma + jX_\Sigma$$

式中，Z_Σ 为异步电动机定子、转子的总等效阻抗。

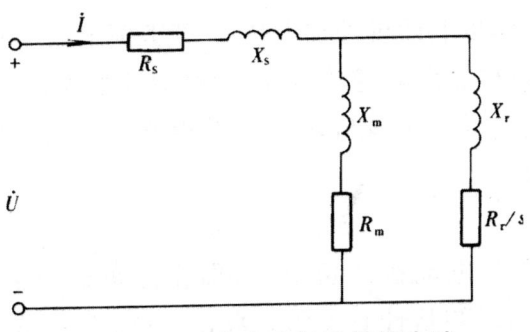

图 2-10 异步电动机的等值电路

据此可计算出异步电动机从系统吸收的有功功率和无功功率分别为

$$P = I^2 R_\Sigma = \frac{U^2}{Z_\Sigma^2} R_\Sigma = \frac{U^2}{R_\Sigma^2 + X_\Sigma^2} R_\Sigma = U^2 G_\Sigma \qquad (2\text{-}54)$$

$$P = I^2 R_\Sigma = \frac{U^2}{Z_\Sigma^2} R_\Sigma = \frac{U^2}{R_\Sigma^2 + X_\Sigma^2} R_\Sigma = U^2 B_\Sigma \qquad (2\text{-}55)$$

式(2-54)和式(2-55)中的 $G_\Sigma = \dfrac{R_\Sigma}{R_\Sigma^2 + X_\Sigma^2}$ 和 $B_\Sigma = \dfrac{R_\Sigma}{R_\Sigma^2 + X_\Sigma^2}$ 分别为异步电动机的等效电导和等效电纳，它们分别为转差率 s 的函数。

转差率 s 等于定子、转子旋转磁场角速度之差与定子旋转磁场角速度(同步角速度)之比，即

$$s = \frac{\omega_s - \omega_r}{\omega_s} = 1 - \frac{\omega_r}{\omega_s} \qquad (2\text{-}56)$$

式中，ω_s 为定子旋转磁场角速度(同步角速度)；ω_r 为转子旋转磁场角速度。

ω_r 可由异步电动机的转子运动方程求得，即

$$T_J \frac{d\omega_r}{dt} = M_e - M_m \qquad (2\text{-}57)$$

式中，T_J 为异步电动机的惯性时间常数，s；M_e 为电磁转矩；M_m 为机械转矩。

电磁转矩 M_e 的计算式可表示为

$$M_e = \frac{2M_{emax}}{\dfrac{s}{s_{cr}} + \dfrac{s_{cr}}{s}} \left(\frac{U}{U_N}\right)^2 \qquad (2\text{-}58)$$

式中，M_{emax} 为异步电动机外加电压 U 等于额定电压 U_N 时的最大电磁转矩；s_{cr} 为与最大电磁转矩 M_{emax} 对应的临界转差率。

在不计静止力矩（即与转速无关的部分力矩）时，机械转矩 M_m 可表示为

$$M_m = K_0 \omega^\beta \qquad (2\text{-}59)$$

式中，K_0 为异步电动机的负荷率，即实际负荷与额定负荷的比值；β 为与机械转矩特性有关的系数，一般在 1~2 范围内取值。

当转速偏差较小时，M_m 还可表示为

$$M_m = M_{m0} + \beta_0 (\omega_s - \omega_r) \qquad (2\text{-}60)$$

式中，M_{m0} 为异步电动机的稳态机械转矩；β_0 为线性化机械转矩特性系数。

式(2-54)、式(2-55)和式(2-57)构成了以 P、Q 为代数变量，以 s 为状态变量的一阶动态负荷模型。

除了异步电动机负荷外，综合负荷中的另外一部分负荷可以用恒定阻抗负荷表示，其比例可取为总负荷的 25%~35%。两者相组合，就可构成近似的综合负荷动态模型。

第 3 章　电力系统的稳态分析

　　电力系统稳态分析的主要内容有电力系统潮流计算、电力系统有功功率平衡及频率调整、电力系统无功功率平衡及电压调整、电力系统经济运行等。其中,潮流计算是计算给定运行条件下电网中各节点的电压和通过网络各元件的功率,这也是本章讨论的重点。

3.1　输电线路的参数计算与等值电路

　　电力线路分为架空线路和电缆线路。

3.1.1　架空线路

　　架空线路的组成如图 3-1 所示。金具是用来固定、悬挂、连接和保护架空线路各主要元件的金属器件的总称。

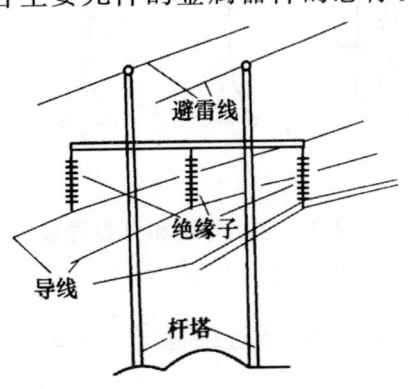

图 3-1　架空线路的主要组成部分

1. 导线与避雷线

导线除应具有良好的导电性能外,还应柔软且有韧性,并具有足够的机械强度和抗腐蚀性能。铝的导电性能仅次于铜,且密度小、蕴藏量大、价格低。但铝的机械强度低,允许应力小,所以铝绞线一般只在档距较小的 10 kV 及以下的线路上应用。

图 3-2 为裸导线的构造。

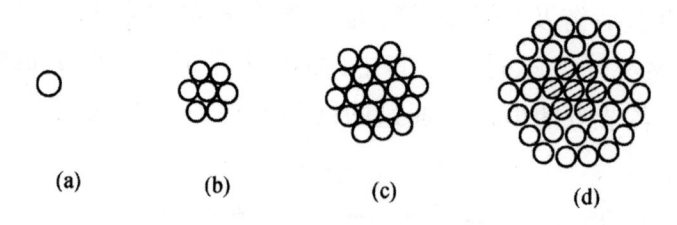

图 3-2 裸导线的构造

(a)单股线;(b)、(c)多股绞线;(d)钢芯铝绞线

图 3-3(a)所示为扩径空心导线,能在不增大导线载流部分截面积的基础上扩大导线的直径。扩径空心导线的缺点是不易制造,且安装困难,故在工程上多采用分裂导线,图 3-3(b)所示为三分裂导线。

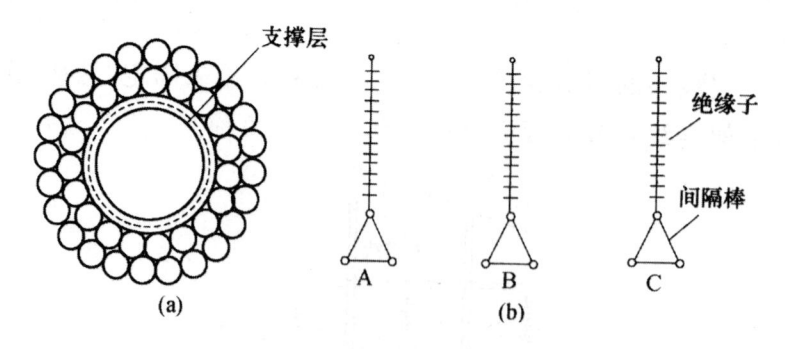

图 3-3 空心导线和分裂导线

(a)空心导线;(b)三分裂导线

避雷线一般是接地的,通过绝缘子与杆塔和大地之间保持绝缘,如图 3-4 所示。

第 3 章 电力系统的稳态分析

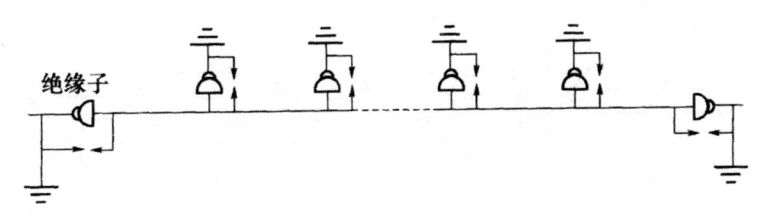

图 3-4 绝缘避雷线

2. 杆塔

杆塔按其用途可分直线杆塔[图 3-5(a)]、耐张杆塔[图 3-5(a)]、终端杆塔、转角杆塔[图 3-5(b)]、跨越杆塔和换位杆塔等。

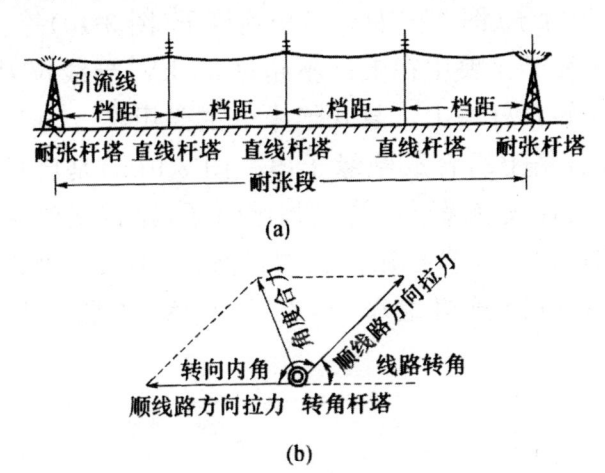

图 3-5 直线杆塔、耐张杆塔和转角杆塔示意图

(a)直线杆塔与耐张杆塔；(b)转角杆塔

为避免由三相架空线路参数不等而引起的三相电流不对称，给发电机和线路附近的通信带来不良影响，规程规定凡线路长度超过 100 km 时，导线必须换位。换位杆塔就是为保持线路三相对称运行，将三相导线在空间进行换位所使用的特种杆塔。图 3-6(a)为一个完全换位循环。当线路长度大于 200 km 时，要用两个或多个换位循环，如图 3-6(b)所示。

杆塔按其所用的材料可分为木杆、钢筋混凝土杆(简称水泥杆)和铁塔三类。

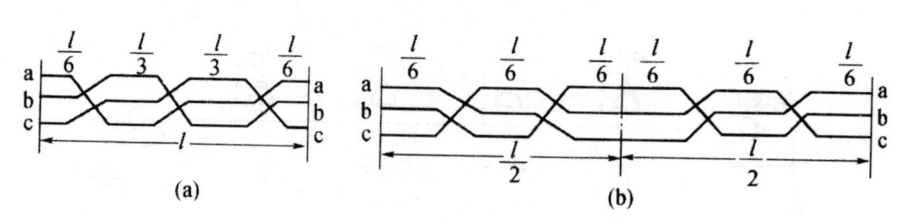

图 3-6 换位循环

(a)单换位循环;(b)双换位循环

3. 绝缘子

架空线路的绝缘子分为针式绝缘子(图 3-7)、悬式绝缘子(图 3-8)、棒式绝缘子(图 3-9)及瓷横担绝缘子(图 3-10)等。

针式绝缘子主要用在电压不超过 35 kV、导线拉力不大的直线杆塔和小转角杆塔上。悬式绝缘子主要用在 35 kV 及以上的线路上,在杆塔上组合成绝缘子串。图 3-9(b)是已投入运行的 110 kV 棒式合成绝缘子。瓷横担绝缘子,是棒式绝缘子的另一种形式,它可以兼作横担用。我国目前在 110 kV 及以下的线路上已广泛采用瓷横担绝缘子,在 220 kV 线路上也开始部分采用。

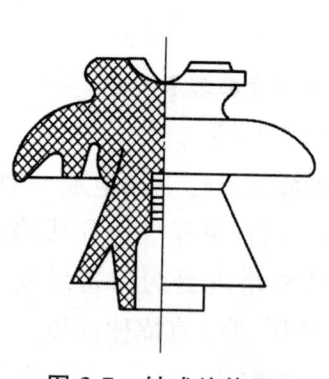

图 3-7 针式绝缘子

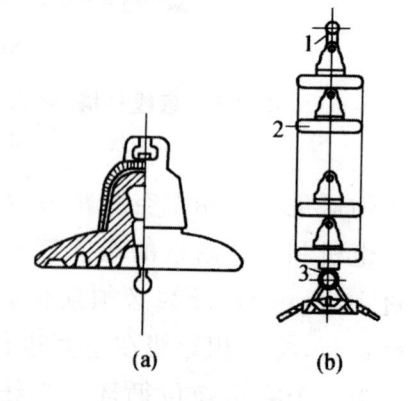

图 3-8 悬式绝缘子

(a)单个悬式绝缘子;(b)悬式绝缘子链
1—耳环;2—绝缘子;3—吊环

第 3 章　电力系统的稳态分析

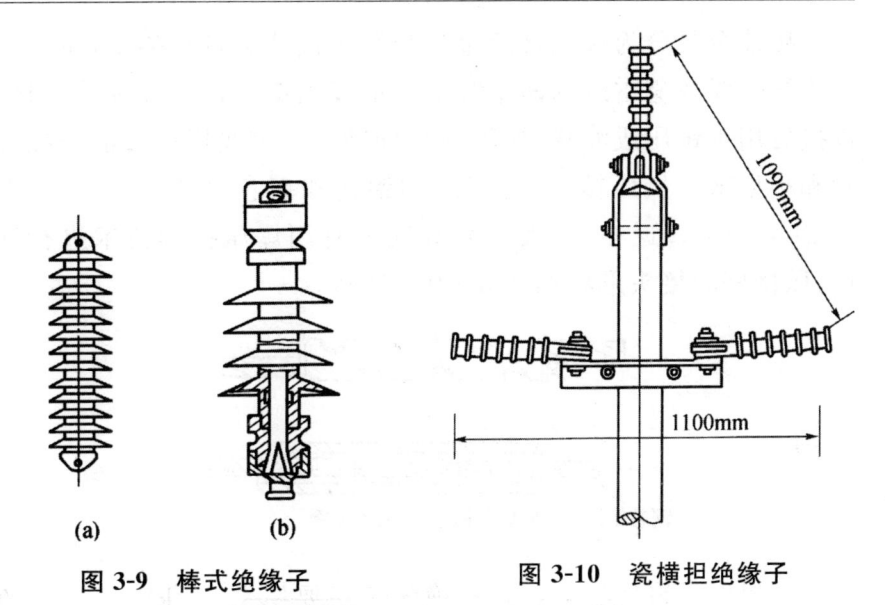

图 3-9　棒式绝缘子
(a)棒式陶瓷绝缘子；(b)棒式合成绝缘子

图 3-10　瓷横担绝缘子

4. 常用金具

架空线路使用的所有金属部件总称为金具。金具种类繁多，其中使用广泛的主要是线夹、连线金具、接续金具和防震金具。

图 3-11 为在直线型杆塔悬垂串上使用的悬垂线夹。

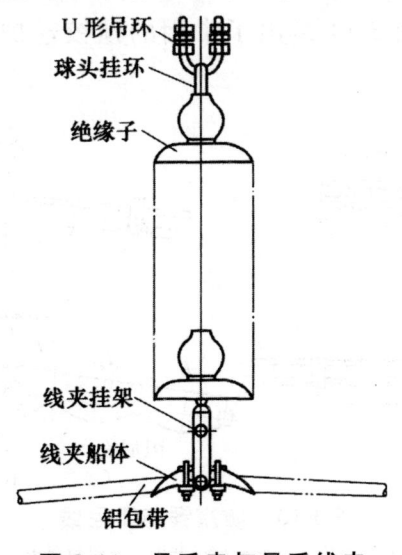

图 3-11　悬垂串与悬垂线夹

接续金具分为液压接续金具和钳压接续金具等类型,主要用于连接导线或避雷线的两个终端。铝线用铝质钳压接续管连接,连接后用管钳压成波状,如图 3-12(a)所示;钢线用钢质液压接续管和小型水压机压接,钢芯铝线的铝线和钢芯要分开压接,如图 3-12(b)所示。近年来,大型号导线多有用爆压接续技术进行连接,压接好的接头形状如图 3-12(c)所示。

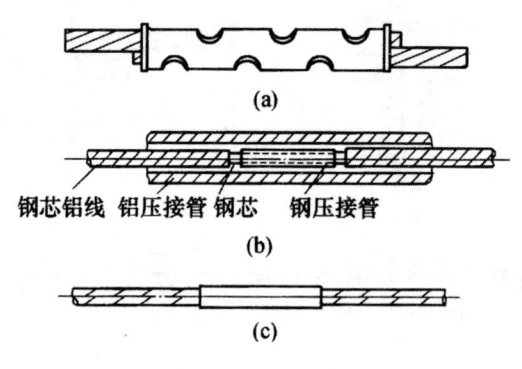

图 3-12 接金具

(a)用钳压接续管连接的接头;(b)用液压接续管连接的钢芯;
(c)用爆压接续的导线接头

防震金具包括护线条、阻尼线和防震锤等,如图 3-13 和图 3-14 所示。其中护线条是用来加强架空线的耐振强度,以降低架空线的使用应力。图 3-14 给出了常用的预铰丝护线条在导线上的缠绕方法。

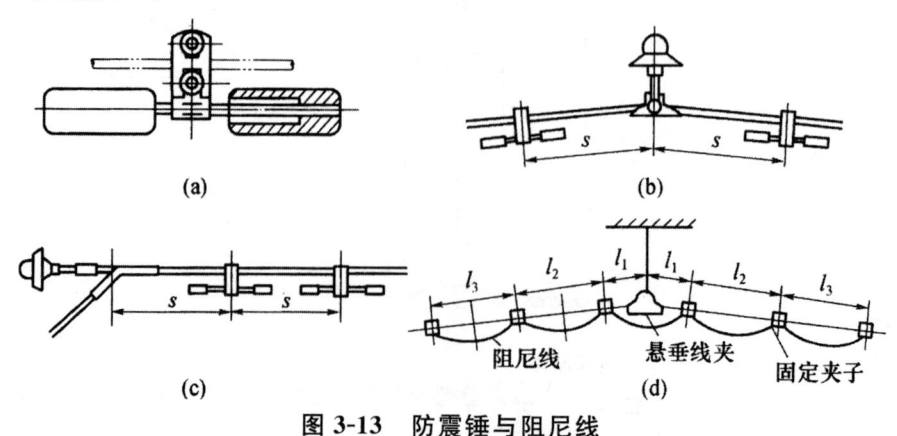

图 3-13 防震锤与阻尼线

(a)防震锤;(b)(c)防震锤安装图;(d)阻尼线安装图

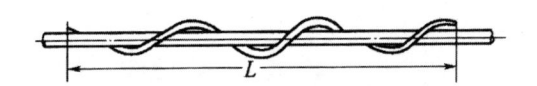

图 3-14 护线条的安装示意图

3.1.2 电缆线路

电缆是将导电芯线用绝缘层及防护层包裹后,敷设于地下、水中、沟槽等处的电力线路。在发电厂和变电所的进出线处,在线路需穿过江河处,在缺少空中走廊的大城市中,以及国防或特殊需要的地区,往往都要采用电力电缆线路。此外,采用直流输电的电缆线路完成跨海输电会更显示其优越性。电力电缆的结构主要包括导体、绝缘层和保护层三部分,如图 3-15 所示。

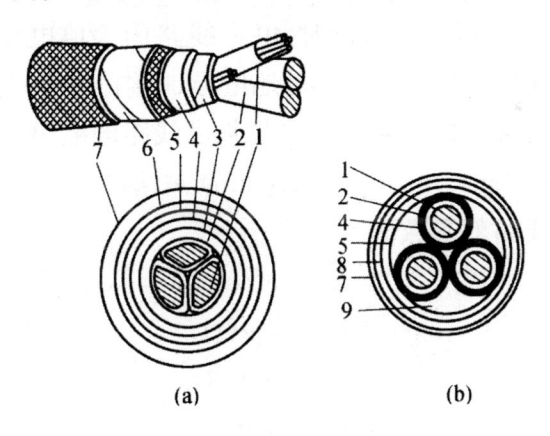

图 3-15 电缆结构示意图

(a)三相统包型;(b)分相铅包型

1—导体;2—相绝缘;3—纸绝缘;4—铅包皮;5—麻衬;
6—钢带铠甲;7—麻皮;8—钢丝铠甲;9—填充物

电缆附件主要指电缆的连接头(盒)和电缆的终端盒等。连接头和终端盒应能防潮、防水、防酸碱,以保证电缆连接处的可靠绝缘。电缆连接头可用金属、环氧树脂、塑料或橡胶制作,图 3-16 所示为环氧树脂连接头。连接头盒和终端盒都是电缆线路的绝缘薄弱环节,因此,其制作和修理的工艺要求很高,应予特别注意。

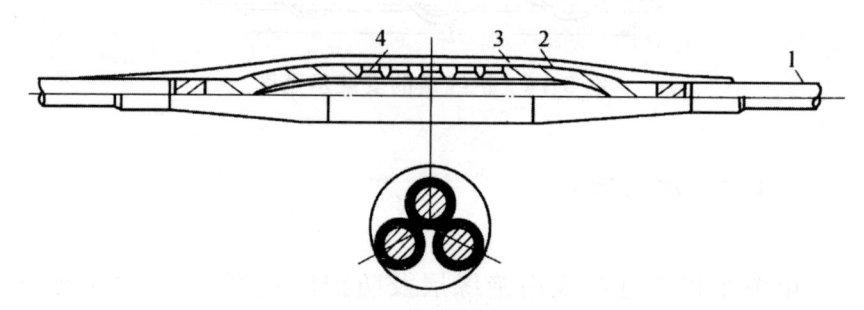

图 3-16 环氧树脂连接头
1—铝包;2—线芯绝缘;3—环氧树脂;4—压接管

3.1.3 三相对称运行时电力线路的参数计算

电力系统三相对称运行时,电力线路的等值电路是以导线的电阻、电抗(电感)以及导线的对地电导、电纳(电容)为参数组成的单相电路。匀分布的。假定每单位长度线路的电阻为 r_1(Ω/km)、电抗为 x_1(Ω/km)、电导为 g_1(S/km)、电纳为 b_1(S/km),则长度为 l 的架空线路的参数为

$$R = r_1 l (\Omega)$$
$$X = x_1 l (\Omega)$$
$$G = g_1 l (S)$$
$$B = b_1 l (S)$$

下面讨论在三相对称运行时架空线路每相导线单位长度参数的计算。

1. 电阻 r_1

有色金属导线(含铝线、钢芯铝线和铜线)单位长度的直流电阻可按下式计算,即

$$r_1 = \frac{\rho}{S} (\Omega/\text{km}) \tag{3-1}$$

式中,ρ 为导线材料的电阻率,$\Omega \cdot \text{mm}^2/\text{km}$;$S$ 为导线的截面

积,mm²。

应该注意,在计算情度要求较高时,$t(℃)$时的电阻值 r_1 应按下式修正

$$r_1 = r_{20}[1+\alpha(t-20)] \tag{3-2}$$

式中,r_1 和 r_{20} 分别为 $t(℃)$ 和 20℃时的电阻值,Ω/km;α 为电阻的温度系数,铝的 α 取 0.0036,铜的 α 取 0.00382,单位为 1/℃。

2. 电抗 x_1[①]

设导线的半径为 r,三相导线间的距离为 D_{ab}、D_{bc}、D_{ac},如图 3-17(a)所示,则可写出和 a 相单位长度导线相链的磁链 $\dot{\Psi}_a$ 为

$$\dot{\Psi}_a = \int_r^{D\to\infty} \frac{\mu_0 \dot{I}_a}{2\pi r}\mathrm{d}r + \int_{D_{ab}}^{D\to\infty} \frac{\mu_0 \dot{I}_b}{2\pi r}\mathrm{d}r + \int_{D_{ac}}^{D\to\infty} \frac{\mu_0 \dot{I}_c}{2\pi r}\mathrm{d}r$$
$$= \frac{\mu_0}{2\pi}\left[\dot{I}_a \ln\frac{D}{r} + \dot{I}_b \ln\frac{D}{D_{ab}} + \dot{I}_c \ln\frac{D}{D_{ac}}\right]_{D\to\infty} \tag{3-3}$$

同理可得和 b 相和 c 相单位长度导线相连的磁链为

$$\dot{\Psi}_b = \frac{\mu_0}{2\pi}\left[\dot{I}_a \ln\frac{D}{D_{ab}} + \dot{I}_b \ln\frac{D}{r} + \dot{I}_c \ln\frac{D}{D_{bc}}\right]_{D\to\infty} \tag{3-4}$$

$$\dot{\Psi}_c = \frac{\mu_0}{2\pi}\left[\dot{I}_a \ln\frac{D}{D_{ac}} + \dot{I}_b \ln\frac{D}{D_{bc}} + \dot{I}_c \ln\frac{D}{r}\right]_{D\to\infty} \tag{3-5}$$

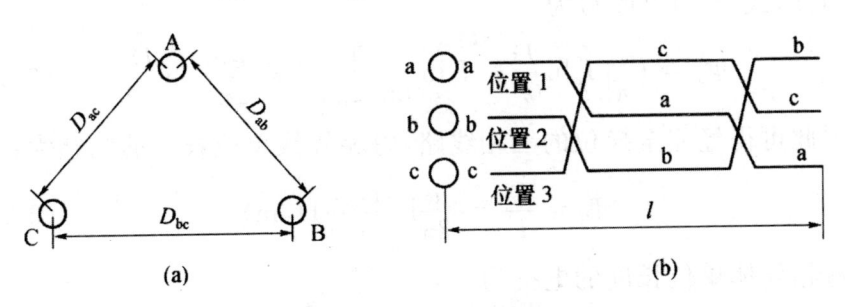

图 3-17 三相导线布置

(a)三相导线不对称排列;(b)三相输电线换位

---

① 当架空输电线通过三相对称的交流电流时,导线周围空间会出现由此三相电流产生的交变磁场。导线的电抗可根据这一交变磁场中和该导线相链的那部分磁链求出。

当线路完全换位时,导线在各个位置的长度为总长度的 1/3,如图 3-17(b)所示。此时和 a 相导线相链的磁链将由三部分组成:处于位置 1 时的磁链 $\dot{\Psi}_{a1}$,处于位置 2 时的磁链 $\dot{\Psi}_{a2}$ 以及处于位置 3 时的磁链 $\dot{\Psi}_{a3}$。它们分别是

$$\begin{cases} \dot{\Psi}_{a1} = \frac{1}{3}\frac{\mu_0}{2\pi}\left[\dot{I}_a\ln\frac{D}{r} + \dot{I}_b\ln\frac{D}{D_{ab}} + \dot{I}_c\ln\frac{D}{D_{ac}}\right]_{D\to\infty} \\ \dot{\Psi}_{a2} = \frac{\mu_0}{2\pi}\left[\dot{I}_c\ln\frac{D}{D_{ab}} + \dot{I}_a\ln\frac{D}{r} + \dot{I}_b\ln\frac{D}{D_{bc}}\right]_{D\to\infty} \\ \dot{\Psi}_{a3} = \frac{\mu_0}{2\pi}\left[\dot{I}_b\ln\frac{D}{D_{ac}} + \dot{I}_c\ln\frac{D}{D_{bc}} + \dot{I}_a\ln\frac{D}{r}\right]_{D\to\infty} \end{cases} \quad (3\text{-}6)$$

而和 a 相导线相连的总磁通将为

$$\dot{\Psi}_a = \frac{1}{3}\frac{\mu_0}{2\pi}\left[\dot{I}_a\ln\frac{D^3}{r^3} + \dot{I}_b\ln\frac{D^3}{D_{ab}D_{bc}D_{ac}} + \dot{I}_c\ln\frac{D^3}{D_{ac}D_{ab}D_{bc}}\right]_{D\to\infty}$$

$$= \frac{\mu_0}{2\pi}\left[\dot{I}_a\ln\frac{D}{r} + (\dot{I}_b + \dot{I}_c)\ln\frac{D}{D_{ge}}\right]_{D\to\infty} \quad (3\text{-}7)$$

式中,D_{ge} 为三相导线间的几何均距,$D_{ge} = \sqrt[3]{D_{ab}D_{bc}D_{ac}}$。

由于三相对称运行时,有

$$\dot{I}_a + \dot{I}_b + \dot{I}_c = 0$$

因此,式(3-7)可改写为

$$\dot{\Psi}_a = \frac{\mu_0}{2\pi}\left[\dot{I}_a\ln\frac{D}{r} - \dot{I}_a\ln\frac{D}{D_{ge}}\right]_{D\to\infty} = \frac{\mu_0}{2\pi}\dot{I}_a\ln\frac{D_{ge}}{r} \quad (3\text{-}8)$$

据此可得经完全换位的三相线路,每相导线单位长度的电感为:

$$L = \frac{\dot{\Psi}_a}{\dot{I}_a} = \frac{\mu_0}{2\pi}\ln\frac{D_{ge}}{r}(\text{H/m}) \quad (3\text{-}9)$$

每相导体单位长度的电抗为

$$x_1 = \omega L = \frac{\omega\mu_0}{2\pi}\ln\frac{D_{ge}}{r}(\Omega/\text{m}) \quad (3\text{-}10)$$

当三相导线为水平排列时(图 3-18),即 $D_{ab} = D_{bc} = D$,$D_{ca} = 2D$,$D_{ge} = \sqrt[3]{D\cdot D\cdot 2D} = 1.26D$;当三相导线为等边三角形排列时(图 3-19),即 $D_{ab} = D_{bc} = D_{ca} = D$,则 $D_{ge} = D$。

若进一步计入导线的内自感,则有

$$x_1 = \frac{\omega\mu_0}{2\pi}\left(\ln\frac{D_{\mathrm{ge}}}{r} + \frac{1}{4}u_\mathrm{r}\right)(\Omega/\mathrm{m}) \tag{3-11}$$

式中，u_r 为导线材料的相对导磁系数，对于铜、铝等有色金属材料，可取 $u_\mathrm{r}=1$。

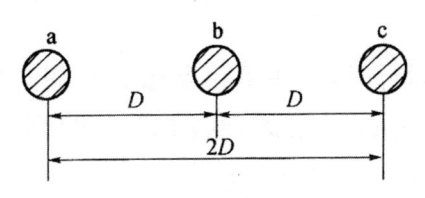

图 3-18 导线水平排列

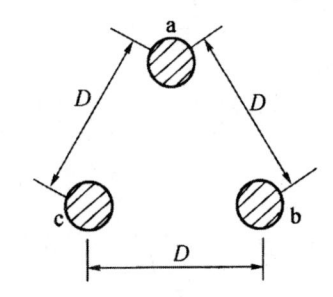

图 3-19 导线等边三角形排列

如将 $\mu_0 = 4\pi\times 10^{-7}$ H/m、$\omega = 2\pi f = 314$、$u_\mathrm{r}=1$ 代入式 (3-11)，并将以 e 为底的自然对数变换为以 10 为底的常用对数，即可得

$$x_1 = 0.1445\lg\frac{D_{\mathrm{ge}}}{r} + 0.0157(\Omega/\mathrm{m}) \tag{3-12}$$

当采用分裂导线时，每相线路单位长度的电抗仍可利用式 (3-12) 计算，但式中的 r 要用分裂导线的等值半径 r_{eq} 替代，其值为

$$r_{\mathrm{eq}} = \sqrt[m]{r\prod_{k=2}^{m}d_{1k}} \tag{3-13}$$

式中，m 为每相导线的分裂根数；r 为分裂导线的每一根子导线的半径；d_{1k} 为分裂导线一相中第 1 根与第 k 根子导线之间的距离，$k=2,3,\cdots,m$。

由此可得，经过完全换位后的分裂导线线路的每相单位长度

的电抗为

$$x_1 = 0.1445\lg\frac{D_{ge}}{r_{eq}} + \frac{0.0157}{m}\mu_r (\Omega/m) \tag{3-14}$$

3. 电纳 b_1

当线路对称运行时,导线单相电感和单相对地电容间存在下列关系,即 $LC = \mu_0\varepsilon_0$。据此,利用式(3-9)即可求得导线的电容为

$$C = \frac{2\pi\varepsilon_0}{\ln\dfrac{D_{ge}}{r}} (F/m) \tag{3-15}$$

将 $\varepsilon_0 = \dfrac{1}{3.6\pi \times 10^{10}}(F/m)$ 代入式(3-15)得导线单位长度的电纳为

$$b_1 = \omega C = \frac{7.58}{\lg\dfrac{D_{ge}}{r}} \times 10^{-6} \tag{3-16}$$

4. 电导 g_1 的计算

电晕现象是在强电场作用下导线周围空气中发生游离放电的现象。在游离放电时导线周围的空气会产生蓝紫色的荧光,发出"磁磁"的放电声以及由电化学作用产生的 O_3,这些都要消耗有功电能,构成电晕损耗。当线路上施加的电压高到某一数值时,导线上就会产生电晕,这一电压称为电晕起始电压或电晕临界电压 U_{cr}。

$$U_{cr} = 84m_1m_2 r\delta\left[1 + \frac{0.301}{\sqrt{r\delta}}\right]\lg\frac{D_{ge}}{r} (kV) \tag{3-17}$$

$$\delta = \frac{2.89 \times 10^{-3}}{273 + t}$$

式中,m_1 为导线表面光滑系数;m_2 为天气状况系数;δ 为空气相对密度。

电晕临界电压是导线截面积选择的条件之一,导线不产生电

晕的允许最小直径见表 3-1。

表 3-1　不需计算电晕的导线最小直径(海拔不超过 1000 m)

额定电压/kV	60以下	110	154	220	330	500	750
导线外径/mm	不限制	9.6	13.7	21.3	33.2	2×21.3	—	—
相应导线型号	—	LGJ-50	LGJ-95	LGJ-600	LGJ-600	LGJ-240	LGJQ-400×2	LGJQ-500×4

当线路实际电压高于电晕临界电压时,可通过下式计算每相线路单位长度的电导

$$g_1 = \frac{\Delta P_g}{U^2} \times 10^3 \, (\text{S/km}) \tag{3-18}$$

式中,ΔP_g 为实测的三相电晕损耗总功率(kW/km);U 为线路的线电压值(kV)。

3.1.4　电力线路的等值电路

上述线路的各参数实际上是沿线路均匀分布的,其等值电路应如图 3-20 所示。图 3-20 的分布参数电路简化为:一字型等值电路(图 3-21),π 形和 T 形等值电路(图 3-22)。

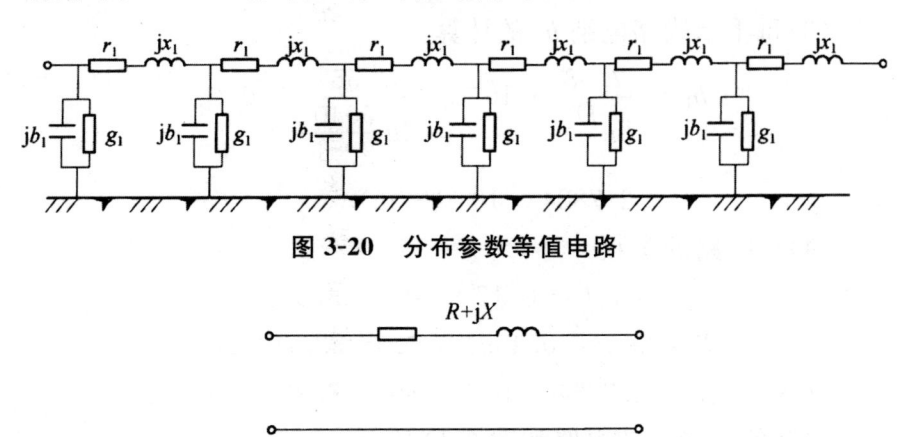

图 3-20　分布参数等值电路

图 3-21　一字形等值电路

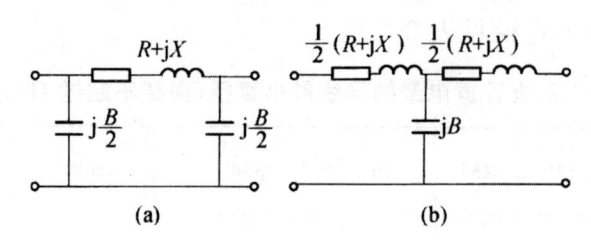

图 3-22 π形和T形等值电路

(a)π形；(b)T形

例 3.1 某 110 kV 架空输电线路全长 80 km,导线水平排列,相间距离为 4 m,导线型号为 LGJ-185,导线计算半径为 $r=9.51$ mm。试计算线路的电气参数,并作出其 π 形等值电路。

解:(1)每千米线路电阻 r_1 的计算

$$r_1 = \frac{\rho}{S} = \frac{31.5}{185} = 0.17(\Omega/m)$$

(2)每千米线路电抗 x_1 的计算

导线水平排列时的几何均距为

$$D_{ge} = 1.26D = 1.26 \times 4000 = 5040(mm)$$

$$x_1 = 0.1445\lg\frac{D_{ge}}{r} + 0.0157$$

$$= 0.1445\lg\frac{5040}{9.51} + 0.0157$$

$$= 0.4094(\Omega/m)$$

(3)每千米线路电纳 b_1 的计算

$$b_1 = \frac{7.58}{\lg\dfrac{D_{ge}}{r}} \times 10^{-6} = \frac{7.58}{\lg\dfrac{5040}{9.51}} \times 10^{-6}$$

$$= 2.7824 \times 10^{-6}(S/m)$$

(4)全线路的参数

$$R = r_1 l = 0.17 \times 80 = 13.6(\Omega)$$

$$X = x_1 l = 0.4094 \times 80 = 32.75(\Omega)$$

$$B = b_1 l = 2.7824 \times 10^{-6} \times 80 = 2.23 \times 10^{-4}(\Omega)$$

线路的 π 形等值电路如图 3-23 所示。

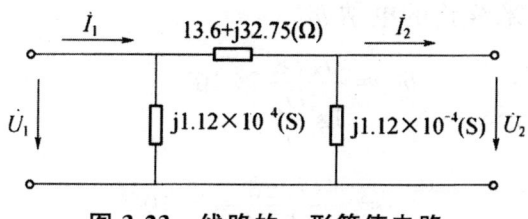

图 3-23　线路的 π 形等值电路

例 3.2　某 500 kV 电力线路使用 4×LGJQ-300 型分裂导线，分裂间距为 450 mm（按正四边型排列）；LGJQ-300 型导线的计算半径、$r=11.85$ mm；三相导线水平排列，相间距离为 12 m，如图 3-24 所示。求此线路单位长度的电气参数 b_1。

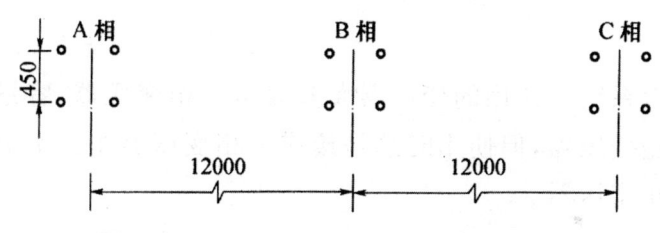

图 3-24　500 kV 分裂导线的排列示意图

解：(1) 每千米线路的电阻 r_1

$$r_1 = \frac{\rho}{S} = \frac{31.5}{4 \times 300} = 0.0263(\Omega/m)$$

(2) 每千米线路的电抗 x_1

计算相间几何均距为：

$$D_{ge} = 1.26D = 1.26 \times 12000 = 15120(mm)$$

分裂导线的等值半径为：

$$r_{eq} = \sqrt[4]{rd_{12}d_{13}d_{14}} = \sqrt[4]{11.85 \times 450 \times 450 \times \sqrt{2} \times 450}$$
$$= 197.68(mm)$$

所以，

$$x_1 = 0.1445\lg\frac{D_{ge}}{r_{eq}} + \frac{0.0157}{m}$$
$$= 0.1445\lg\frac{15120}{197.68} + \frac{0.0157}{4}$$
$$= 0.276(\Omega/m)$$

(3) 每千米线路的电纳 b_1

$$b_1 = \frac{7.58}{\lg \frac{D_{ge}}{r}} \times 10^{-6}$$

$$= \frac{7.58}{\lg \frac{15120}{197.68}} \times 10^{-6}$$

$$= 4.024 \times 10^{-6} (S/m)$$

3.2 变压器的参数计算与等值电路

电力系统中使用的变压器大多数是三相变压器,容量特大的也用单相变压器,但使用时总是接成三相变压器组。本节讨论的均指三相变压器。

3.2.1 双绕组变压器

在工程计算中,双绕组变压器常用Γ形等值电路来表示,如图3-25(a)所示。有时为了计算时与线路的电纳合并,励磁支路放在线路一侧。图中所示变压器的四个参数要由变压器的空载和短路试验结果(可由变压器铭牌或有关变压器手册中查到)求出。在实际应用中(例如,短路计算),有时忽略励磁支路,采用图3-25(b)所示的简化等值电路。

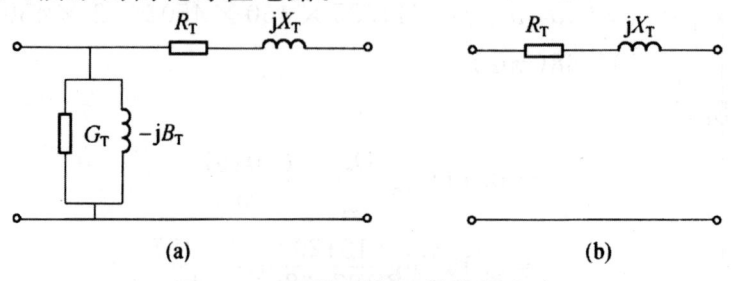

图 3-25 双绕组变压器等值电路

(a) Γ形等值电路;(b) 简化等值电路

1. 电阻 R_T

变压器的电阻计算公式为

$$R_T = \frac{\Delta P_k U_N^2}{1000 S_N^2}(\Omega) \tag{3-19}$$

式中，R_T 为变压器高低压绕组的总电阻(Ω)；ΔP 为变压器的额定短路损耗(kW)；S_N 为变压器的额定容量(MV·A)；U_N 为变压器的额定电压(kV)。

2. 电抗 X_T

变压器的电抗计算公式为

$$X_T = \frac{U_p \% U_N^2}{100 S_N} \approx \frac{U_k \% U_N^2}{100 S_N}(\Omega) \tag{3-20}$$

式中，X_T 为变压器低压绕组的总电抗(Ω)；$U_k\%$ 为变压器短路电压的百分数；$U_p\%$ 为 $U_k\%$ 中的电抗压降百分数，大型变压器 $U_p\% \approx U_k\%$；S_N 为变压器的额定容量(MV·A)；U_N 为变压器的额定电压(kV)。

3. 电导 G_T

变压器的电导计算公式为

$$G_T = \frac{\Delta P_0}{1000 U_N^2} \tag{3-21}$$

式中，G_T 为变压器的电导(S)；ΔP_0 为变压器额定空载损耗(kW)；U_N 为变压器的额定电压(kV)。

4. 励磁电纳

变压器的电纳计算公式为

$$B_T = \frac{I_0 \% S_N}{100 U_N^2} \tag{3-22}$$

式中，B_T 为变压器的电纳(S)；$I_0\%$ 为变压器额定空载电流的百分值；S_N 和 U_N 意义同上。

3.2.2 三绕组变压器

电力系统广泛采用三绕组变压器,其等值电路如图 3-26 所示,称之为 Γ 形等值电路。

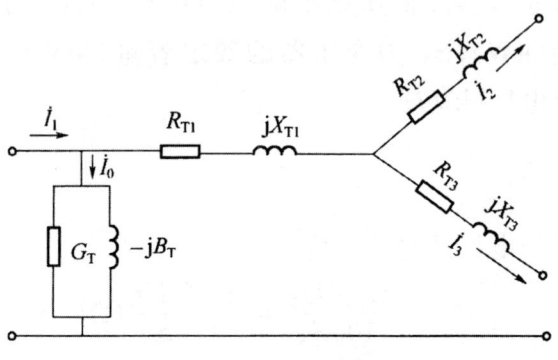

图 3-26 三绕组变压器等值电路

1. 电阻

三绕组变压器绕组容量比有三种类型,对于第一类变压器,每个绕组的短路损耗 ΔP_{k1}、ΔP_{k2}、ΔP_{k3} 为

$$\begin{cases} \Delta P_{k1} = \frac{1}{2}(\Delta P_{k12} + \Delta P_{k31} - \Delta P_{k23}) \\ \Delta P_{k2} = \frac{1}{2}(\Delta P_{k12} + \Delta P_{k23} - \Delta P_{k31}) \\ \Delta P_{k3} = \frac{1}{2}(\Delta P_{k23} + \Delta P_{k31} - \Delta P_{k12}) \end{cases} \quad (3\text{-}23)$$

求出各绕组的短路损耗后,用和双绕组变压器类似的公式计算出各绕组的电阻为

$$\begin{cases} R_{T1} = \frac{\Delta P_{k1} U_N^2}{1000 S_N^2} \\ R_{T2} = \frac{\Delta P_{k2} U_N^2}{1000 S_N^2} \\ R_{T3} = \frac{\Delta P_{k3} U_N^2}{1000 S_N^2} \end{cases} \quad (3\text{-}24)$$

对于其三个绕组容量比不等的变压器,首先把功率损耗归算到对应变压器额定容量电流的值,计算式为

$$\begin{cases} \Delta P_{k12} = \Delta P'_{k12} \left(\dfrac{I_N}{0.5I_N}\right)^2 = 4\Delta P'_{k12} \\ \Delta P_{k23} = \Delta P'_{k23} \left(\dfrac{I_N}{0.5I_N}\right)^2 = 4\Delta P'_{k23} \end{cases} \quad (3-25)$$

然后按式(3-23)、式(3-24)进行计算。

2. 电抗

三绕组变压器按其三个绕组排列方式的不同有两种结构,如图 3-27 所示。绕组排列方式不同,绕组间的漏抗不同,因而短路电流也不同。显然,第二种排列方式,变压器高、低压绕组之间距离最远,因而高、低压绕组之间漏抗最大,高、中压和中、低压绕组之间的漏抗就较小;第一种排列方式也有类似情况;有时排在中间的绕组等值电抗会具有负值。

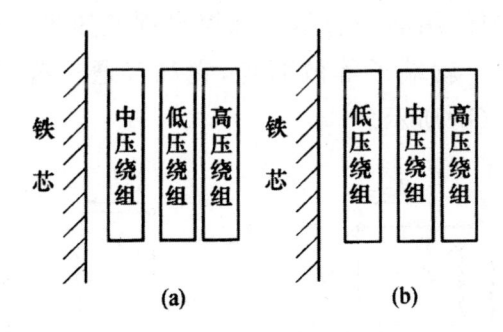

图 3-27 三绕组变压器绕组的两种排列方式

(a)第一种排列方式;(b)第二种排列方式

通常变压器铭牌上会给出各绕组间的短路电压 $U_{k12}\%$、$U_{k23}\%$ 和 $U_{k31}\%$,可求出各绕组的短路电压为

$$\begin{cases} U_{k1}\% = \dfrac{1}{2}(U_{k12}\% + U_{k31}\% - U_{k23}\%) \\ U_{k2}\% = \dfrac{1}{2}(U_{k12}\% + U_{k23}\% - U_{k31}\%) \\ U_{k3}\% = \dfrac{1}{2}(U_{k23}\% + U_{k31}\% - U_{k12}\%) \end{cases} \quad (3-26)$$

类似于式(4-20)可得到相应的各绕组电抗为

$$\begin{cases} X_{T1} = \dfrac{U_{k1}\%U_N^2}{100S_N} \\ X_{T2} = \dfrac{U_{k2}\%U_N^2}{100S_N} \\ X_{T3} = \dfrac{U_{k3}\%U_N^2}{100S_N} \end{cases} \quad (3\text{-}27)$$

3.导纳

三绕组变压器导纳的计算方法和求双绕组变压器导纳的方法相同,按式(3-21)、式(3-22)计算。

3.2.3 自耦变压器的参数和等值电路

由于自耦变压器有优越的经济性,因此得到越来越广泛的应用。电力系统中使用的一般是三绕组自耦变压器,其电气接线如图 3-28(a)所示。就端子等效而言,它和普通三绕组变压器是一样的,如图 3-28(b)所示。

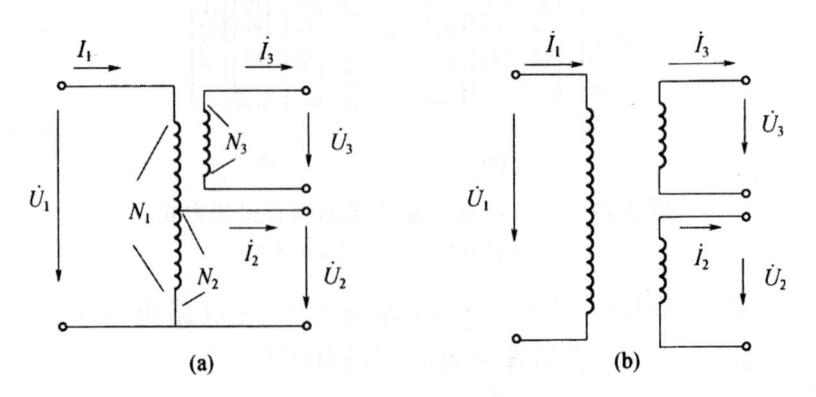

图 3-28 变压器接线图

(a)自耦变压器;(b)三绕组变压器

短路试验数据中的 ΔP_{k23}、ΔP_{k31} 和 $U_{k23}\%$、$U_{k31}\%$ 一般是未经归算的。所以,用此数据进行参数计算时有一个容量归算问题,即需将短路损耗 ΔP_{k23}、ΔP_{k31} 乘以 $\left(\dfrac{S_N}{S_3}\right)^2$,将短路电压百分值 U_{k23}、U_{k31} 乘以 $\dfrac{S_N}{S_3}$,通过这样的归算后再代入相应的公式计算变压器的阻抗。但按新标准,制造厂只提供最大短路损耗和经归算的短路电压百分值。这时的计算公式为:

$$\begin{cases} R_{T(100\%)} = \dfrac{P_{kmax}U_N^2}{2000 S_N^2} \\ R_{T(50\%)} = 2 R_{T(100\%)} \end{cases} \quad (3\text{-}28)$$

此时,变压器电抗计算中的短路电压不需要再进行归算。

3.2.4 变压器的 π 形等值电路

通常在变压器等值电路中,变压器的阻抗是折算到高压侧的,因此计算得到的低压侧电压、电流也均为折算到高压侧的数值。为直接求出低压侧的实际电压与实际电流,可在变压器等值电路中,增加一个只反映变比的理想变压器。现以双绕组变压器为例介绍。

图 3-29 所示为带有理想变压器的双绕组变压器等值电路,图中 R_T、X_T 为根据额定变比折算到高压侧的值,k 为理想变压器的变比。如果不计励磁支路或将励磁支路另外处理,则图 3-29 可简化为图 3-30(a)。

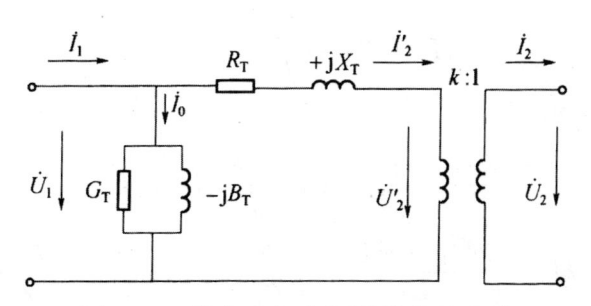

图 3-29 带有理想变压器的等值电路

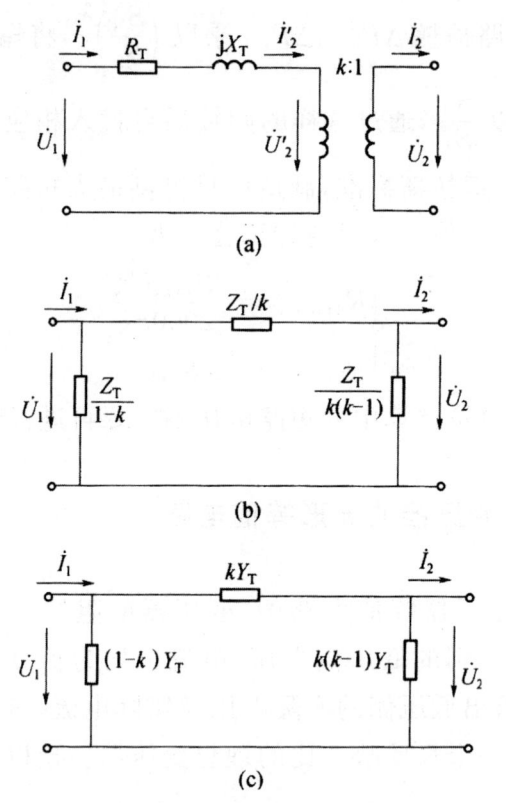

图 3-30 将阻抗归算到一次侧的变压器 π 形等值电路

(a)带理想变压器的等值电路;(b)阻抗型 π 形等值电路;
(c)导纳型 π 形等值电路

由图 3-30(a)可得：

$$\begin{cases} \dot{U}_1 - \dot{I}_1 Z_T = \dot{U}'_2 = k\dot{U}_2 \\ \dot{I}_1 = \dot{I}'_2 = \dfrac{\dot{I}_2}{k} \end{cases} \quad (3-29)$$

自上式可解得：

$$\begin{cases} \dot{I}_1 = \dfrac{\dot{U}_1 - k\dot{U}_2}{Z_T} = \dfrac{1-k}{Z_T}\dot{U}_1 + \dfrac{k}{Z_T}(\dot{U}_1 - \dot{U}_2) \\ \dot{I}_2 = k\dot{I}_1 = \dfrac{k\dot{U}_1 - k^2\dot{U}_2}{Z_T} = \dfrac{k}{Z_T}(\dot{U}_1 - \dot{U}_2) - \dfrac{k(k-1)}{Z_T}\dot{U}_2 \end{cases}$$

$$(3-30)$$

若令 $Y_T = \dfrac{1}{Z_T}$，则式(3-30)可改写为：

第 3 章 电力系统的稳态分析

$$\begin{cases} \dot{I}_1 = (1-k)Y_T\dot{U}_1 + kY_T(\dot{U}_1 - \dot{U}_2) \\ \dot{I}_2 = kY_T(\dot{U}_1 - \dot{U}_2) - k(k-1)Y_T\dot{U}_2 \end{cases} \quad (3\text{-}31)$$

根据式(3-30)和式(3-31)即可作出图 3-30(b)和图 3-30(c)所示的变压器的 π 形等值电路。它已将图 3-30(a)所示存在磁耦合的等值电路等效地变换成电气上直接连接的等值电路。

如将阻抗 R_T、X_T 根据额定变比折算到低压侧,也可推导出相应的电压、电流关系,作出相应的等值电路,如图 3-31(a)、(b)、(c)所示。

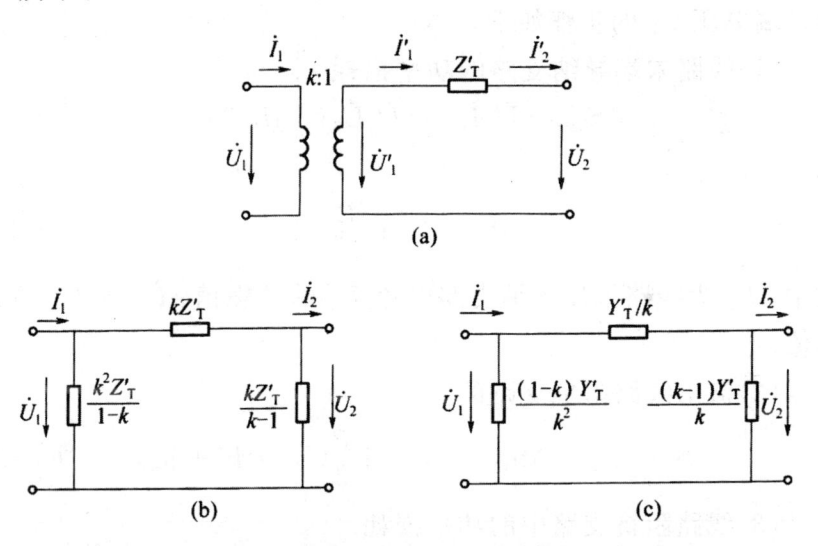

图 3-31 将阻抗归算到二次侧的变压器 π 形等值电路
(a)带理想变压器的等值电路;(b)阻抗型 π 形等值电路;(c)导纳型 π 形等值电路

3.3 电压和功率分布计算

3.3.1 输电线路的电压和功率分布计算

1. 已知同一节点运行参数的电压和功率分布计算

图 3-32 所示为输电线路单相 π 型等值电路,$\dot{U}_1$、$\dot{U}_2$ 分别为

线路首端和末端的电压,$\dot{S}_1$、$\dot{S}_2$ 分别为线路首端和末端的三相复功率,$\dot{I}$ 为线路阻抗 $R+jX(\Omega)$ 上流过的电流(kA)。

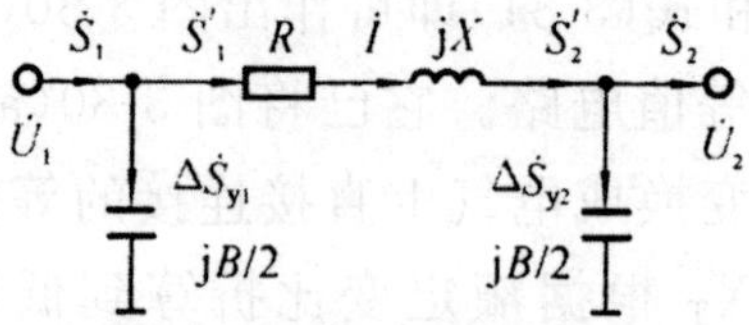

图 3-32 输电线路等值电路

若已知末端功率 $\dot{S}_2$ 和末端电压 $\dot{U}_2$,则计算线路首端功率 $\dot{S}_1$ 和首端电压 $\dot{U}_1$ 的步骤如下。

(1)线路末端导纳支路的功率损耗

$$\Delta \dot{S}_{y2} = \dot{U}_2 \overset{*}{I}_{y2} = \dot{U}_2 \overset{*}{U}_2 (-jB/2)$$

故

$$\Delta \dot{S}_{y2} = -j\frac{B}{2} U_2^2 \tag{3-32}$$

式中,$\overset{*}{I}_{y2}$ 为线路末端导纳支路电流 $\dot{I}_{y2}$ 的共轭值;$\overset{*}{U}_2$ 为 $\dot{U}_2$ 的共轭值。

(2)流出线路阻抗支路的功率

$$\dot{S}_2' = \dot{S}_2 + \Delta \dot{S}_{y2} = \dot{S}_2 - j\frac{B}{2} U_2^2 = P_2' + jQ_2' \tag{3-33}$$

(3)线路阻抗支路中的功率损耗

$$\Delta \dot{S}_L = \sqrt{3}\,d\dot{U}_2 \overset{*}{I} = [\sqrt{3}\dot{I}(R+jX)]\sqrt{3}\overset{*}{I} = \left[\left(\frac{\dot{S}_2'}{\overset{*}{U}_2}\right)(R+jX)\right]\frac{\dot{S}_2'}{\dot{U}_2}$$

所以有

$$\Delta \dot{S}_L = \left(\frac{\dot{S}_2'}{\dot{U}_2}\right)^2 (R+jX) = \frac{P_2'^2 + Q_2'^2}{U_2^2}(R+jX)$$
$$= \Delta P_L + j\Delta Q_L \tag{3-34}$$

(4)取末端电压为参考相量,即 $\dot{U}_2 = U_2$,则首端电压

$$\dot{U}_1 = \dot{U}_2 + \sqrt{3}\dot{I}(R+jX) = U_2 + \left(\frac{\overset{*}{S}_2'}{\dot{U}_2}\right)(R+jX)$$
$$= U_2 + \frac{P_2' + Q_2'}{U_2}(R+jX) = U_2 + \frac{P_2'R + Q_2'X}{U_2} + j\frac{P_2'X - Q_2'R}{U_2}$$
$$= U_2 + \Delta U_2 + j\delta U_2 = U_2 \angle \delta \tag{3-35}$$

式中,
$$\dot{U}_1 = \sqrt{(U_2 + \Delta U_2)^2 + (\delta U_2)^2} \qquad (3\text{-}36)$$

$$\delta = \arctan \frac{\delta U_2}{U_2 + \Delta U_2} \qquad (3\text{-}37)$$

其中,ΔU_2、δU_2 分别称为电压降落($\dot{U}_1 - \dot{U}_2$)的纵分量和横分量(见图 3-33),且

$$\Delta U_2 = \frac{P'_2 R + Q'_2 X}{U_2}, \delta U_2 = \frac{P'_2 X - Q'_2 R}{U_2} \qquad (3\text{-}38)$$

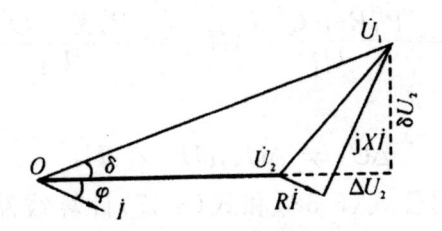

图 3-33 电压相量图

(5)线路首端导纳支路的功率损耗
$$\Delta \dot{S}_{y1} = -\mathrm{j}\frac{B}{2}U_1^2 \qquad (3\text{-}39)$$

(6)线路首端功率
$$\dot{S}_1 = \dot{S}'_1 + \Delta \dot{S}_{y1} = \dot{S}'_2 + \Delta \dot{S}_L + \Delta \dot{S}_{y1}$$
$$= \dot{S}'_2 + \Delta \dot{S}_L - \mathrm{j}\frac{B}{2}U_1^2 = P_1 + \mathrm{j}Q_1 \qquad (3\text{-}40)$$

一般情况下,$U_2 + \Delta U_2 \gg \delta U_2$,可将式(3-36)按二项式定理展开并取其前两项,得

$$U_1 \approx (U_2 + \Delta U_2) + \frac{(\delta U_2)^2}{2(U_2 + \Delta U_2)} \qquad (3\text{-}41)$$

一般而言,式(3-41)已有足够的精度。如果略去其中数值很小的二次项,则可进一步将式(3-41)简化为

$$U_1 \approx U_2 + \Delta U_2 = U_2 + \frac{P'_2 R + Q'_2 X}{U_2} \qquad (3\text{-}42)$$

对于已知线路首端功率和首端电压的情况,按照同样的方法,则用首端电压作参考相量,从而不难推导出计算末端功率和末端电压的计算公式:

$$\Delta \dot{S}_L = \frac{P_1'^2 + Q_1'^2}{U_1^2}(R + jX) \tag{3-43}$$

$$S_2' = S_1' - \Delta S_L \tag{3-44}$$

式中，

$$\dot{U}_2 = \sqrt{(U_1 + \Delta U_1)^2 + (\delta U_1)^2} \tag{3-45}$$

$$\delta = \arctan \frac{-\delta U_2}{U_1 - \Delta U_1} \tag{3-46}$$

式中，

$$U_2 = \frac{P_1'R + Q_1'X}{U_1}, \delta U_1 = \frac{P_2'X - Q_1'R}{U_1} \tag{3-47}$$

通常

$$\Delta U_1 \neq \Delta U_2, \delta U_1 \neq \delta U_2$$

注意，在使用公式(3-38)和式(3-47)计算线路阻抗上的电压降的纵、横分量，以及在使用公式(3-34)和式(3-43)计算线路阻抗上的功率损耗时，必须取用线路同一侧的功率和电压值。

2. 已知不同节点运行参数的电压和功率分布计算

上面运用电路的基本知识推导了根据已知线路同一节点运行参数一次性地完成输电线路的电压和功率分布计算的情况。但是在实际电力系统中，多数情况是已知线路首端电压和末端输出功率，要求确定线路首端输入功率和末端电压。这样就不能直接利用电压降落公式(3-38)及式(3-47)和功率损耗公式(3-34)及式(3-43)来进行线路的电压和功率分布计算。在这种情况下，可以采用迭代算法求得满足一定精度的计算结果。采用迭代算法进行输电线路电压和功率分布计算的步骤如下。

(1) 假定末端电压 $\dot{U}_2^{(0)}$，取迭代次数 i 为 1，即 $i=1$。

(2) 采用末端电压 $\dot{U}_2^{(i-1)}$ 和已知的末端功率 $\dot{S}_2$，由末端向首端推算，求出首端电压 $\dot{U}_1^{(i)}$ 和功率 $\dot{S}_1^{(i)}$。

(3) 采用给定的首端电压 $\dot{U}_1$ 和由步骤(2)计算得到的功率 $\dot{S}_1^{(i)}$，反向由首端向末端准算，求出末端电压 $\dot{U}_2^{(i)}$ 和末端功率 $\dot{S}_2^{(i)}$。

(4)计算迭代误差:$\varepsilon_S = |S_2 - S_2^{(i)}|$;$\varepsilon_U = |U_1 - U_1^{(i)}|$。若 $\varepsilon_S \leqslant \varepsilon_{S.\max}$ 且 $\varepsilon_U \leqslant \varepsilon_{U.\max}$,则计算结束;否则,令 $i = i + 1$,转步骤(2)继续执行。

在工程上,有时采用近似计算法进行输电线路的电压和功率分布计算。在上述情况下,虽然末端电压未知,但一般各节点电压的实际值偏离其额定值不大,因而可近似用输电线路额定电压 U_N 代替首末端的实际电压进行功率分布的初始计算。近似计算分两步进行。

(1)令 $\dot{U}_2 = U_N$,则由公式

$$\Delta \dot{S}_{y2} = -\mathrm{j} \frac{B}{2} U_N^2, \quad \Delta \dot{S}_{y1} = -\mathrm{j} \frac{B}{2} U_N^2 \qquad (3-48)$$

$$\Delta \dot{S}_L = \frac{S_2'^2}{U_N^2}(R+\mathrm{j}X) = \frac{(\dot{S}_2 + \Delta \dot{S}_{y2})^2}{U_N^2}(R+\mathrm{j}X) \qquad (3-49)$$

由输电线路的末端向首端推算,计算首端功率

$$\dot{S}_1 = \dot{S}_{y1} + \Delta \dot{S}_L + \dot{S}_{y2} + \Delta \dot{S}_2$$

(2)利用已知首端电压 $\dot{U}_1$ 和计算所得的线路阻抗始端功率 $\dot{S}_1'$,由式(3-47)计算线路阻抗上的电压降落,由式(3-45)从首端向末端推算,求得末端电压 $\dot{U}_2$。

3. 工程上常用的几个计算量

(1)电压降落

指网络元件首、末端电压的相量差 $(\dot{U}_1 - \dot{U}_2)$。电压降落也是相量,它有两个分量,即电压降落的纵分量 ΔU 和横分量 δU。

(2)电压损耗

指网络元件首、末端电压的数值差 $(U_1 - U_2)$。在近似计算中,电压损耗可以用电压降落纵分量表示。电压损耗有时也以百分值表示,即

$$电压损耗 = \frac{U_1 - U_2}{U_N} \times 100\% \qquad (3-50)$$

式中,U_N 为网络的额定电压。

一条输电线路的电压损耗百分值在线路通过最大负荷时,一

般不应超过其额定电压 U_N 的 10%。

(3)电压偏移

指网络中某点的实际电压值与网络额定电压的数值差($U-U_N$)。电压偏移常以百分值表示,即

$$电压偏移 = \frac{U-U_N}{U_N} \times 100\% \tag{3-51}$$

(4)输电效率

指线路末端输出的有功功率 P_2 与线路首端输入的有功功率 P_1 的比值,常以百分值表示,即

$$输电效率 = \frac{P_2}{P_1} \times 100\% \tag{3-52}$$

因为输电线路存在有功功率损耗,因此输电线路的 P_1 恒大于 P_2,即输电线路的输点效率总小于 1。

3.3.2 变压器的电压和功率分布计算

变压器常用 Γ 型等值电路表示。变压器的励磁损耗可由等值电路中励磁支路的导纳确定:

$$\Delta \dot{S}_{T0} = (G_T + jB_T)U^2 \tag{3-53}$$

一般网络电压偏离其额定电压不大,所以这部分损耗可以看做不变损耗,因此变压器的励磁支路可直接用空载试验的数据表示,即

$$\Delta \dot{S}_{T0} = \Delta P_0 + j\Delta Q_0 = \Delta P_0 + j\frac{I_0 \%}{100} S_N \tag{3-54}$$

对于 35 kV 以下的电力网,由于变压器励磁损耗相对很小,在简化计算中常可略去。

此外,变压器漏阻抗中的功率损耗还可用式(3-55)计算:

$$\Delta \dot{S}_{Tz} = \Delta P_T + j\Delta Q_T = \Delta P_k \frac{S_2^2}{S_N^2} + j\frac{U_k \%}{100} \frac{S_2^2}{S_N^2} \tag{3-55}$$

式中,S_2 为通过变压器的负荷功率;S_N 为变压器的额定容量。

变压器的损耗为:

$$\Delta \dot{S}_T = \Delta \dot{S}_{T0} + \Delta \dot{S}_{Tz} \qquad (3\text{-}56)$$

3.4 电力网络的潮流计算

3.4.1 开式电力网潮流计算

1. 同一电压等级开式网计算

为不失一般性,以图 3-34 所示的由三段线路、三个集中负荷组成的开式网为例说明其计算方法。三个负荷分别是 $\dot{S}_{1a}$、$\dot{S}_{1b}$、$\dot{S}_{1c}$,每段线路用一个 π 形等值电路表示。设参数已知,整个开式网可用图 3-34(b)所示的串联,π 形等值网络表示。

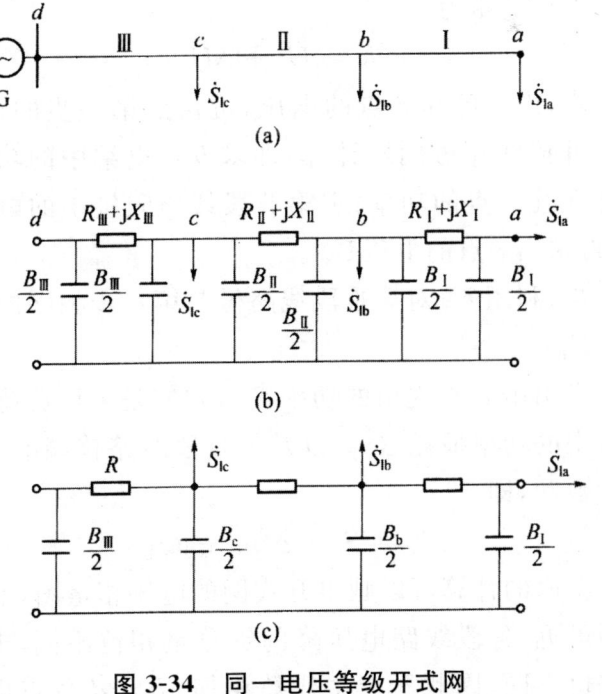

图 3-34 同一电压等级开式网

(a)接线图;(b)等值电路;(c)简化等值电路

进行开式网的计算,首先合并 b、c 点的对地导纳,将等值电路简化成图 3-34(c);然后按下述步骤计算:

第一步,设 $\dot{U}_a$ 为参考电压,即 $\dot{U}_a = U_a$。

计算第 I 段线路末端电纳中的功率损耗为

$$\Delta Q_I = -\frac{B_I}{2} U_a^2$$

确定送往 a 点的负荷。它应当是负荷 $\dot{S}_{1a}$ 与功率 ΔQ_1 之和,即

$$\dot{S}_a = \dot{S}_{1a} + j\Delta Q_1$$

求第 I 段线路阻抗中的电压降落及功率损耗为

$$\Delta \dot{U}_I = \left(\frac{\dot{S}_a}{\dot{U}_a}\right)^* (R_I + jX_I) = \Delta U_I + j\delta U_I$$

$$\Delta \dot{S}_I = \left(\frac{S_a}{U_a}\right)^2 (R_I + jX_I) = \frac{P_a^2 + Q_a^2}{U_a^2} R_I + \frac{P_a^2 + Q_a^2}{U_a^2} X_I$$

确定 b 点电压为

$$\dot{U}_b = U_a + \Delta \dot{U}_I \qquad (3-57)$$

第二步,由于已知 b 点的电压,可仿照第一步的计算内容及公式对第 II 段线路做同样计算,即求 b 点电纳中的功率损耗;求经线路 II 送往 b 点的功率;求第 II 段线路阻抗中的电压降落、功率损耗;再求出 c 点的电压 $\dot{U}_c$。

第三步,利用 $\dot{U}_c$ 对第 III 段线路做与第二步相同的计算,得到 d 点电压 $\dot{U}_d$。

最后求出由 d 点送出的功率 $\dot{S}_d$,它应是 c 点负荷 $\dot{S}_c$ 与第 III 线路阻抗中的功率损耗 $\Delta \dot{S}_{III}$ 以及第 III 段线路首端电纳中的功率损耗的代数和,即

$$\dot{S}_d = \dot{S}_c + \Delta \dot{S}_{III} + jQ_{III} \qquad (3-58)$$

根据上面的计算可以画出开式网的电压相量图,如图 3-35 所示。由图可见,各段线路电压降的纵分量相位不同,电压降的横分量相位也不同,因此不能做代数相加。b、c、d 各点电压的有效值均需按式(3-36)计算,而相位角需按式(3-37)计算,$\dot{U}_d$ 与 $\dot{U}_a$ 的相位差角为:

第 3 章 电力系统的稳态分析

$$\delta_d = \sum_{i=\mathrm{I}}^{\mathrm{III}} \delta_i \tag{3-59}$$

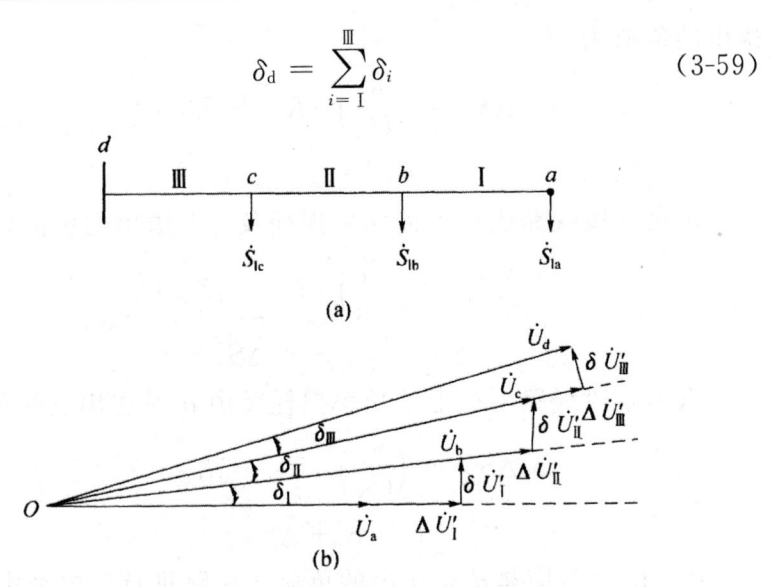

图 3-35 开式网接线及电压相量图

上述计算是严格而精确的,但是电力网计算中往往已知首端电压 $\dot{U}_a$ 及各点集中负荷。此时仅能采用近似计算方法。

首先假定 a、b、c 各点电压等于额定电压。按图 3-34(c)的等值网络计算 a、b、c 各点对地电纳中的功率损耗,并将它们与接在同一节点的负荷合并,将图 3-34(c)的等值电路简化成图 3-46 的等值电路。合并后的 a、b、c 各点的负荷为

$$\dot{S}'_a = \dot{S}_{la} + jQ_{\mathrm{I}} = \dot{S}_{la} - j\frac{B_{\mathrm{I}}}{2}U_N^2$$

$$\dot{S}'_b = \dot{S}_{lb} + jQ_b = \dot{S}_{lb} - j\frac{B_b}{2}U_N^2$$

$$\dot{S}'_c = \dot{S}_{lc} + jQ_c = \dot{S}_{lc} - j\frac{B_c}{2}U_N^2$$

图 3-36 图 3-34(c)的简化等值电路

进而从第 I 段线路开始,计算阻抗上的功率损耗以及由 b 点

送出的负荷为

$$\Delta \dot{S}_{\mathrm{I}} = \left(\frac{S'_{\mathrm{a}}}{U_{\mathrm{N}}}\right)^2 (R_{\mathrm{I}} + jX_{\mathrm{I}})$$

$$\dot{S}_{\mathrm{b}} = \dot{S}'_{\mathrm{a}} + \dot{S}'_{\mathrm{b}} + \Delta \dot{S}_{\mathrm{I}}$$

求第 II 段线路阻抗上的功率损耗及 c 点送出的负荷为

$$\Delta \dot{S}_{\mathrm{II}} = \left(\frac{S'_{\mathrm{b}}}{U_{\mathrm{N}}}\right)^2 (R_{\mathrm{II}} + jX_{\mathrm{II}})$$

$$\dot{S}'_{\mathrm{c}} = \dot{S}'_{\mathrm{b}} + \dot{S}'_{\mathrm{c}} + \Delta \dot{S}_{\mathrm{II}}$$

求第 III 段线路阻抗上的功率损耗及由 d 点送出去的负荷为

$$\Delta \dot{S}_{\mathrm{III}} = \left(\frac{S'_{\mathrm{c}}}{U_{\mathrm{N}}}\right)^2 (R_{\mathrm{III}} + jX_{\mathrm{III}})$$

$$\dot{S}'_{\mathrm{d}} = \dot{S}'_{\mathrm{c}} + \Delta \dot{S}_{\mathrm{III}}$$

d 点的负荷应是 d 点送出的负荷与线路 III 首端电纳中功率损耗之和,即

$$\dot{S}_{\mathrm{d}\Sigma} = \dot{S}_{\mathrm{d}} + jQ_{\mathrm{III}} = \dot{S}_{\mathrm{d}} - j\frac{B_{\mathrm{III}}}{2}U_{\mathrm{d}}^2$$

很明显,上述计算中因忽略了线路中的电压降,各负荷点的电压采用了额定电压,计算出的网络功率损耗是近似值。

最后,以 U_{d} 为参考电压,由线路 III 开始逐段计算线路电压降,并求 a、b、c 各点电压。如线路 III 的电压降为

$$\Delta \dot{U}_{\mathrm{III}} = \frac{P_{\mathrm{d}}R_{\mathrm{III}} + Q_{\mathrm{d}}X_{\mathrm{III}}}{U_{\mathrm{d}}} + j\frac{P_{\mathrm{d}}X_{\mathrm{III}} - Q_{\mathrm{d}}R_{\mathrm{III}}}{U_{\mathrm{d}}}$$

$$= \Delta U_{\mathrm{III}} + j\delta U_{\mathrm{III}}$$

而 c 点电压为

$$\dot{U}_{\mathrm{c}} = \dot{U}_{\mathrm{d}} - \Delta \dot{U}_{\mathrm{III}}$$

或近似表示为

$$\dot{U}_{\mathrm{c}} = U_{\mathrm{d}} - \Delta \dot{U}_{\mathrm{III}} + \frac{(\delta U_{\mathrm{III}})^2}{2U_{\mathrm{d}}}$$

类似地可以求得其余点的电压,因为已知道了各点电压有效值,故任意两点间线路电压损耗不难求出。

当电力网电压在 35 kV 及以下时,可将线路电纳略去不计。此时电力网的等值电路可以用图 3-37 表示。

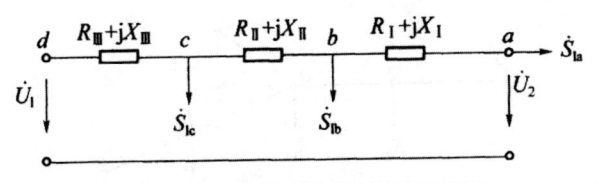

图 3-37 略去导纳的等值网络

在不计线路阻抗中的功率损耗的情况下,各线路中的负荷功率为各段线路的功率损耗为

$$\dot{S}_{\mathrm{I}} = \dot{S}_{la}$$
$$\dot{S}_{\mathrm{II}} = \dot{S}_{la} + \dot{S}_{lb}$$
$$\dot{S}_{\mathrm{III}} = \dot{S}_{la} + \dot{S}_{lb} + \dot{S}_{lc}$$

各段线路的功率损耗为

$$\Delta \dot{S}_i = \left(\frac{S_i}{U_N}\right)^2 (R_i + jX_i) \tag{3-60}$$

式中,i 各段线路编号,$i = \mathrm{I}, \mathrm{II}, \mathrm{III}$。

各段线路电压降的纵分量为

$$\Delta U = \frac{P_i R_i + Q_i X_i}{U_N} \tag{3-61}$$

式中,下标 i 同样代表线路的编号。

略去电压降的横分量后,电压降的纵分量即是各段线路的电压损耗,由于计算各段线路电压降的纵分量时均以线路的额定电压 U_N 代入,因而各段线路电压损耗可以代数求和,所以 $d \sim a$ 间的最大电压损耗为:

$$\Delta U_{da} = \Delta U_{\mathrm{I}} + \Delta U_{\mathrm{II}} + \Delta U_{\mathrm{III}} = \frac{\sum_{i=\mathrm{I}}^{\mathrm{III}}(P_i R_i + Q_i X_i)}{U_N} \tag{3-62}$$

故末端口点的电压为:

$$U_a = U_d - \Delta U_{da}$$

以上的计算方法可以推广到有乃段线路和几个集中负荷的开式网。对于如图 3-38 所示有分支线路的同一电压等级开式网,同样可根据网络的已知条件,用前述的方法计算。

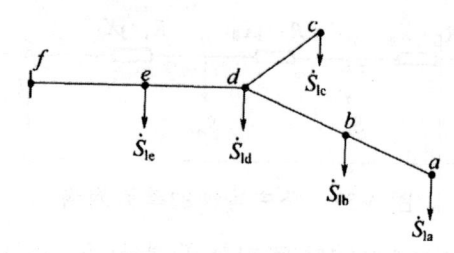

图 3-38 有分支的开式网

2. 不同电压等级开式网计算

图 3-39 所示是一个两级电压开式网。降压变压器实际变比为 K,变压器的阻抗及导纳习惯上均归算到一次侧(升压变压器则归算到二次侧)。末端的负荷已知为 $\dot{S}_1$。这种电力网计算的特殊性在于变压器的表示方式,一旦变压器的表示方式确定之后,即可制定电力网的等值网络,并根据已知条件,按计算同一电压等级电力网的类似方法进行计算。

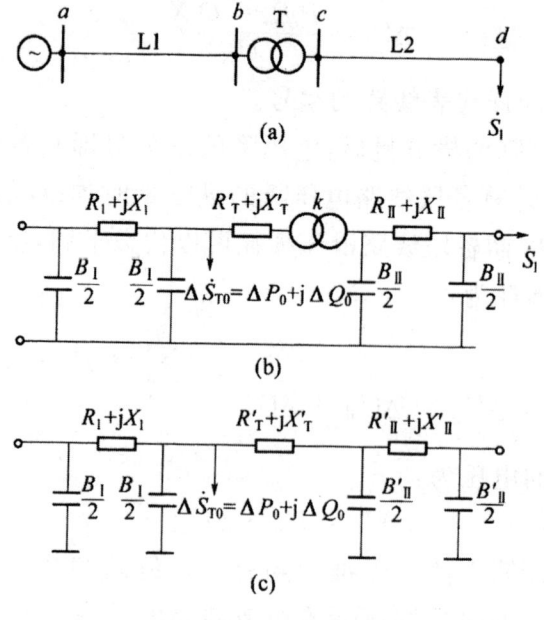

图 3-39 不同电压等级的开式网
(a)开式网接线图;(b)采用理想变压器表示的等值电路;
(c)用折算后的阻抗表示的等值电路

变压器有三种表示方式。第一种是用折算后的阻抗与具有变比为尼的理想变压器串联等值电路表示变压器,此时开式网的等值电路如图 3-39(b)所示。第二种是将变压器只用折算后的阻抗表示,这时需要把二次侧(或一次侧)线路的参数按变比尼折算到一次侧(或二次侧),这种方法表示的开式网等值电路如图 3-39(c)所示。参数的归算按以下关系进行:

$$R'_2 = k^2 R_1$$
$$X'_2 = k^2 X_1$$
$$B'_2 = k^2 B_1$$

第三种方式是将变压器同 π 形等值电路表示。用这种方法表示变压器,不需进行阻抗、电压等归算,多用于大型电力网的计算。

如已知电力网首端电压 U_a,欲求 b、c、d 各点电压及网络中的功率损耗,同样可设上述各点电压等于电力网的额定电压,然后以此电压由末端起推算出各段线路的功率损耗以及通过各段线路首端的功率,再由首端起逐段求出各点电压。但是在计算中需要注意:第一种方法表示变压器,由于变压器等值电路两侧的电压不同,经过变压器时要进行归算,但功率通过变压器时不变化。用第二种方法表示变压器,由于已将二次侧(或一次侧)参数做了归算。开始按一次侧(或二次侧)额定电压计算,计算的最后结果需用变比后进行相反的归算还原成实际电压。

3.4.2 两端供电网潮流计算

若电力网中仅有两个电源同时从两侧向网内供电,就构成了两端供电的电力网,简称两端供电网。图 3-40(a)所示为一简单的两端供电网,具有三段线路,两个集中负荷为 $\dot{S}_{l1}$、$\dot{S}_{l2}$,两侧电源电压分别为 $\dot{U}_A$、$\dot{U}'_A$。为便于分析,略去线路的导纳,其等值电路如图 3-40(b)所示。

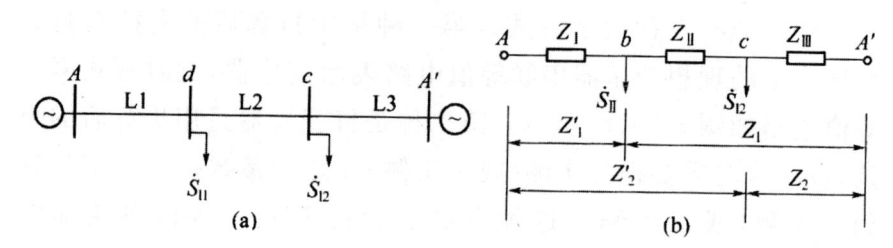

图 3-40 两端供电网

(a)接线图；(b)等值电路

设集中负荷以电流 $\dot{I}_{l1}$、$\dot{I}_{l2}$ 表示，线路 $L1$、$L2$、$L3$ 分别用线路Ⅰ、Ⅱ、Ⅲ表示，如线路Ⅰ的电流为 $\dot{I}_{\rm I}$，线路Ⅱ、Ⅲ中的电流分别是：

$$\dot{I}_{\rm II} = \dot{I}_{\rm I} - \dot{I}_{l1}$$

$$\dot{I}_{\rm III} = \dot{I}_{\rm II} - \dot{I}_{l2} = \dot{I}_{\rm I} - \dot{I}_{l1} - \dot{I}_{l2}$$

根据基尔霍夫第二定律可以写出等值网络的电压方程为：

$$\dot{U}_{{\rm A}\varphi} - \dot{U}'_{{\rm A}\varphi} = Z_{\rm I}\dot{I}_{\rm I} + Z_{\rm II}(\dot{I}_{\rm I} - \dot{I}_{l1}) + Z_{\rm III}(\dot{I}_{\rm I} - \dot{I}_{l1} - \dot{I}_{l2})$$

由此式推出线路Ⅰ中的电流为：

$$\dot{I}_{\rm I} = \frac{\dot{I}_{l1}(Z_{\rm II} + Z_{\rm III}) + \dot{I}_{l2}Z_{\rm III}}{Z_{\rm I} + Z_{\rm II} + Z_{\rm III}} + \frac{\dot{U}_{{\rm A}\varphi} - \dot{U}'_{{\rm A}\varphi}}{Z_{\rm I} + Z_{\rm II} + Z_{\rm III}}$$

如果忽略线路中的功率损耗，并设网络中各点电压均为额定电定 $\dot{U}_{{\rm N}\varphi}$，将上式取共轭后与 $\dot{U}_{{\rm N}\varphi}$ 相乘，考虑到线电压 $\dot{U}_{\rm A}$ 比相电压 $\dot{U}_{{\rm A}\varphi}$ 数值大 $\sqrt{3}$ 倍，相位超前 $30°$，再把单相功率乘以 3 倍，即可得到由电源 A 送入两端供电网的功率为：

$$\dot{S}_{\rm I} = \frac{\dot{S}_{l1}(\overset{*}{Z}_{\rm II} + \overset{*}{Z}_{\rm III}) + \dot{S}_{l2}\overset{*}{Z}_{\rm III}}{\overset{*}{Z}_{\rm I} + \overset{*}{Z}_{\rm II} + \overset{*}{Z}_{\rm III}} + \frac{(\dot{U}_{\rm A} - \dot{U}'_{\rm A})\dot{U}_{\rm N}}{\overset{*}{Z}_{\rm I} + \overset{*}{Z}_{\rm II} + \overset{*}{Z}_{\rm III}} \quad (3\text{-}63)$$

该式等号右侧两部分的分母是两电源间各线路阻抗共轭值的代数和，可以用 $\overset{*}{Z}_{\Sigma}$ 表示。第一部分的分子由两项组成，第一项是负荷 $\dot{S}_{l1}$ 与所在点至电源 A' 的线路阻抗共轭值的乘积。第二项是负荷 $\dot{S}_{l1}$ 与所在点至电源 A' 的线路阻抗共轭值的乘积。

若令

$$\overset{*}{Z}_{1} = \overset{*}{Z}_{\rm II} + \overset{*}{Z}_{\rm III}$$

$$\overset{*}{Z}_{2} = \overset{*}{Z}_{\rm III}$$

则式(3-63)可以表示成：

$$\dot{S}_{\mathrm{I}} = \frac{\sum_{i=1}^{2}\dot{S}_{li}\overset{*}{Z}_i}{\overset{*}{Z}_{\Sigma}} + \frac{(\overset{*}{U}_{\mathrm{A}} - \overset{*}{U}'_{\mathrm{A}})\dot{U}_{\mathrm{N}}}{\overset{*}{Z}_{\Sigma}} \qquad (3\text{-}64)$$

假定上述推导从 A' 端出发，同样可以得到由电源 A' 送入两端供电网的功率为：

$$\dot{S}_{\mathrm{III}} = \frac{\sum_{i=1}^{2}\dot{S}_{li}\overset{*}{Z}'_i}{\overset{*}{Z}_{\Sigma}} + \frac{(\overset{*}{U}'_{\mathrm{A}} - \overset{*}{U}_{\mathrm{A}})\dot{U}_{\mathrm{N}}}{\overset{*}{Z}_{\Sigma}} \qquad (3\text{-}65)$$

特别注意，当求某一端电源提供的功率时，Z_i、Z'_i 表示各负荷点到对端电源的总阻抗。

显然，由于求得了线路 I（或线路 III）中的功率，在忽略线路功率损耗的情况下，其他各段线路中的功率均可以求出：

$$\dot{S}_{\mathrm{II}} = \dot{S}_{\mathrm{I}} - \dot{S}_{l1} \qquad (3\text{-}66)$$

$$\dot{S}_{\mathrm{III}} = \dot{S}_{\mathrm{II}} - \dot{S}_{l2} \qquad (3\text{-}67)$$

上述计算可以推广到两个电源之间有 $n-1$ 线段路、n 个负荷的情况，此时式(3-64)、式(3-65)表示为：

$$\dot{S}_{\mathrm{I}} = \frac{\sum_{i=1}^{n}\dot{S}_{li}\overset{*}{Z}_i}{\overset{*}{Z}_{\Sigma}} + \frac{(\overset{*}{U}_{\mathrm{A}} - \overset{*}{U}'_{\mathrm{A}})\dot{U}_{\mathrm{N}}}{\overset{*}{Z}_{\Sigma}} \qquad (3\text{-}68)$$

$$\dot{S}_{n+1} = \frac{\sum_{i=1}^{n}\dot{S}_{li}\overset{*}{Z}'_i}{\overset{*}{Z}_{\Sigma}} + \frac{(\overset{*}{U}'_{\mathrm{A}} - \overset{*}{U}_{\mathrm{A}})\dot{U}_{\mathrm{N}}}{\overset{*}{Z}_{\Sigma}} \qquad (3\text{-}69)$$

$$\overset{*}{Z}_{\Sigma} = \sum_{j=1}^{n+1}\overset{*}{Z}_j$$

式(3-68)、式(3-69)均由两部分组成。第一部分表示为：

$$\dot{S}_{\mathrm{ID}} = \frac{\sum_{i=1}^{n}\dot{S}_{li}\overset{*}{Z}_i}{\overset{*}{Z}_{\Sigma}} \qquad (3\text{-}70)$$

$$\dot{S}'_{\mathrm{ID}} = \frac{\sum_{i=1}^{n}\dot{S}_{li}\overset{*}{Z}_i}{\overset{*}{Z}_{\Sigma}} \qquad (3\text{-}71)$$

是由集中负荷与线路参数决定的通过两端电源出线的功率。第二部分表示为：

$$\dot{S}_{cu} = \frac{(\overset{*}{U}_A - \overset{*}{U}'_A)\dot{U}_N}{\overset{*}{Z}_\Sigma}$$

$$\dot{S}'_{cu} = \frac{(\overset{*}{U}'_A - \overset{*}{U}_A)\dot{U}_N}{\overset{*}{Z}_\Sigma}$$

其值取决于两电源电压相量的差，且与线路总阻抗成反比，称为循环功率。无论从哪一端算起，循环功率的值大小相等，但是方向不同，可表示成：

$$\dot{S}_{cu} = -\dot{S}'_{cu}$$

假定两端供电网中各段线路的电抗和电阻之比相等，即 $\frac{X_i}{R_i}=$ 常数，则称为均一电力网。式(3-70)可以作以下变换：

$$\dot{S}_{ID} = \frac{\sum_{i=1}^n \dot{S}_{li}(R_i - jX_i)}{R_\Sigma - jX_\Sigma} = \frac{\sum_{i=1}^n \dot{S}_{li}R_i}{R_\Sigma} - \frac{\sum_{i=1}^n \dot{S}_{li}X_i}{X_\Sigma} \quad (3-72)$$

若均一网中各段线路的单位长度电阻相同，式(3-72)可以进一步简化：

$$\dot{S}_{ID} = \frac{\sum_{i=1}^n \dot{S}_{li} l_i}{l_\Sigma} \quad (3-73)$$

式中，l 为线路的长度。

在计算各段线路的功率分布时，如计算结果表明某节点的功率是由两侧电源分别供给时，称该节点为功率分点，并以符号▼标注在该节点的上方。有功功率的功率分点和无功功率的功率分点有可能不在同一个节点，此时要将这两种功率分点分别标注。有功功率分点仍以▼标注，无功功率分点则以符号▽标注。具体标注如图3-41所示。

上面求出的功率分布仅是不计线路功率损耗时的初步功率分布，用该分布找出功率分点后。可将二端供电网拆成单端供电网作进一步的计算如图3-42所示。

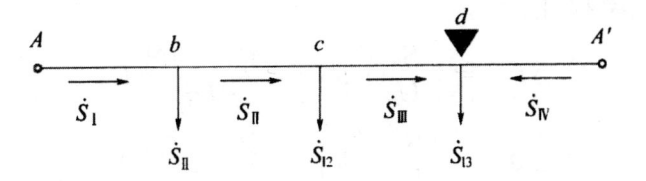

图 3-41 功率分点表示图

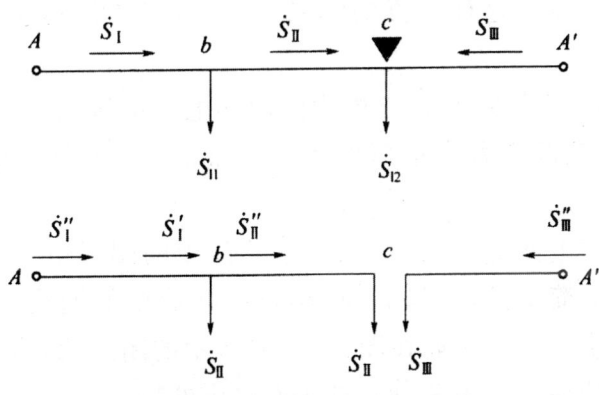

图 3-42 在功率分点拆开网络

将二端供电网从功率分点拆开,如图 3-42 所示,形成两个开式网,按前述计算开式网潮流的方法进行计算。线路 Ⅱ 中的功率损耗为

$$\Delta P_{\text{Ⅱ}} = \left(\frac{S_{\text{Ⅱ}}}{U_c}\right)^2 R_{\text{Ⅱ}} = \frac{P_{\text{Ⅱ}}^2 + Q_{\text{Ⅱ}}^2}{U_c^2} R_{\text{Ⅱ}}$$

$$\Delta Q_{\text{Ⅱ}} = \left(\frac{S_{\text{Ⅱ}}}{U_c}\right)^2 X_{\text{Ⅱ}} = \frac{P_{\text{Ⅱ}}^2 + Q_{\text{Ⅱ}}^2}{U_c^2} X_{\text{Ⅱ}}$$

计算出线路 Ⅱ 首端功率

$$\dot{S}''_{\text{Ⅱ}} = \dot{S}_{\text{l2}} + \Delta P_{\text{Ⅱ}} + \mathrm{j}\Delta Q_{\text{Ⅱ}}$$

线路 Ⅰ 末端的功率

$$\dot{S}'_{\text{Ⅰ}} = \dot{S}''_{\text{Ⅱ}} + \dot{S}_{\text{l1}}$$

线路Ⅰ功率损耗：
$$\Delta P_{\mathrm{I}} = \left(\frac{S_{\mathrm{I}}}{U_{\mathrm{b}}}\right)^2 R_{\mathrm{I}} = \frac{P_{\mathrm{I}}^2 + Q_{\mathrm{I}}^2}{U_{\mathrm{b}}^2} R_{\mathrm{I}}$$

$$\Delta Q_{\mathrm{I}} = \left(\frac{S_{\mathrm{I}}}{U_{\mathrm{b}}}\right)^2 X_{\mathrm{I}} = \frac{P_{\mathrm{I}}^2 + Q_{\mathrm{I}}^2}{U_{\mathrm{b}}^2} X_{\mathrm{I}}$$

线路Ⅰ首端功率则为：
$$\dot{S}''_{\mathrm{I}} = \dot{S}'_{\mathrm{I}} + \Delta P_{\mathrm{I}} + \mathrm{j}\Delta Q_{\mathrm{I}}$$

同理可以对另一半网络进行计算，求出线路Ⅲ中的功率损耗及首端功率。

求功率损耗时，除电源节点外，电力网中功率分点以及其他点的电压通常是未知的，故计算不能用实际电压，而近似代以线路的额定电压。这样计算的结果有误差，但数值不大，能满足工程要求。

计算循环功率时，由于电力网两端电源电压及额定电压的相位角未知，实际上各点电压的相位角差很小，故可以用有效值代入进行计算。

两端供电网计算法，可用于计算简单的闭式电力网（简称闭式网），因为简单的闭式网往往经过一些简单的变换后可以转化成为两端供电网。例如在图 3-43(a)所示的闭式网，当 A' 侧发电机的发电功率指定为 $\dot{S}_{\mathrm{G}}$ 时，欲求网络中的功率和电压，可在 A 点将网络拆开变成一个两端供电网进行计算，拆成的两端供电网如图 3-43(b)所示，其中 $\dot{S}_{l2} = -\dot{S}_{\mathrm{G}} + \Delta S_{\mathrm{TA}'}$。

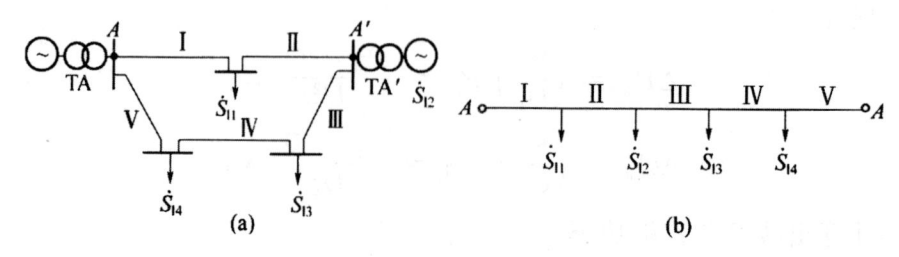

图 3-43 简单闭式网拆成两端供电网

(a)接线图；(b)等效为两端供电网示意图

3.4.3 多级电压闭式网潮流计算

闭式网中具有变压器时构成不同电压等级的闭式网,习惯上称电磁环网。图 3-44(a)是由两台变压器构成的电磁环网。变压器的变比分别是 k_1 及 k_2,其值可能相等,也可能不等。

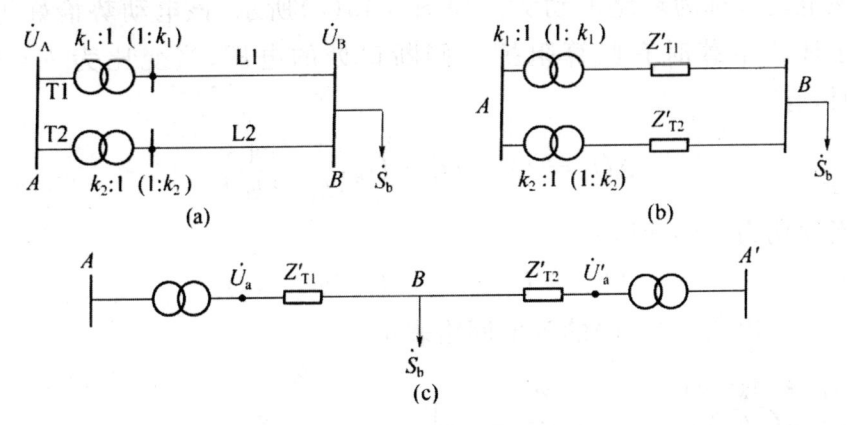

图 3-44 简单电磁环网
(a)接线图;(b)等值电路;(c)两端供电网络

为便于分析,略去变压器及线路的导纳。把变压器阻抗归算到二次侧与线路阻抗合并可以形成图 3-44(b)所示的等值网络。将网络从电源点 A 处分开,把电源电压归算到变压器二次侧可得到图 3-44(c)所示的两端供电网。在图 3-44(a)中变压器变比为 $k:1$ 时,变压器二次侧的电压为

$$\dot{U}_a = \frac{\dot{U}_A}{k_1}$$

$$\dot{U}'_a = \frac{\dot{U}_A}{k_2}$$

当图 3-44(a)中变压器的变比为 $1:k$ 时,变压器二次侧的电压为

$$\dot{U}_a = k_1 \dot{U}_A$$

$$\dot{U}'_a = k_2 \dot{U}_A$$

因此可用公式(3-68)及式(3-69)计算其群分布。当变比 $k_1 \neq k_2$

时,两端电压 $\dot{U}_\mathrm{a} \neq \dot{U}'_\mathrm{a}$。当变比为 $k:1$ 时,产生的电压降落可以用下式计算

$$\Delta \dot{E} = \dot{U}_\mathrm{a} - \dot{U}'_\mathrm{a} = \dot{U}_\mathrm{A} \left(\frac{1}{k_1} - \frac{1}{k_2} \right) \quad (3\text{-}74)$$

当变比为 $1:k$ 时,产生的电压降落可以用下式计算

$$\Delta \dot{E} = \dot{U}_\mathrm{a} - \dot{U}'_\mathrm{a} = \dot{U}_\mathrm{A} (k_1 - k_2) \quad (3\text{-}75)$$

该电动势称为环路电动势。如图 3-45(a)所示,该电动势恰好等于环路空载时有归算阻抗一侧断口处的电压,当变比为 $k:1$ 时,有

$$\Delta \dot{U}_i = \dot{U}_i - \dot{U}'_i = \dot{U}_\mathrm{A} \left(\frac{1}{k_1} - \frac{1}{k_2} \right)$$

当变比为 $1:k$ 时,有

$$\Delta \dot{U}_i = \dot{U}_i - \dot{U}'_i = \dot{U}_\mathrm{A} (k_1 - k_2)$$

故可以用图 3-45(b)的等值网络表示。

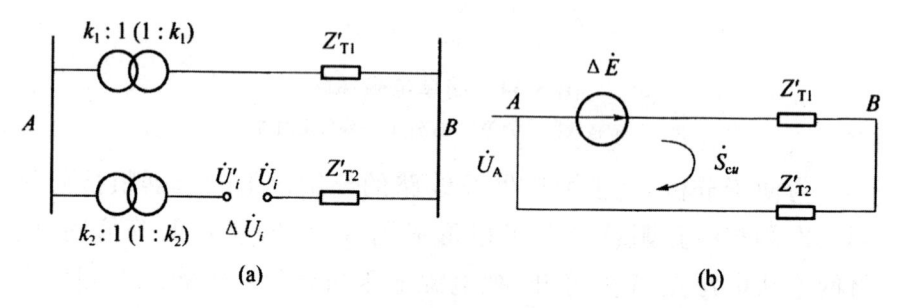

图 3-45 环路电动势表示图

(a)环路空载网络;(b)等值网络

环路电动势引起的循环功率,当变比为 $k:1$ 时,有

$$\dot{S}_\mathrm{cu} = \frac{(\overset{*}{\dot{U}}_i - \overset{*}{\dot{U}}'_i)\dot{U}_\mathrm{N}}{\overset{*}{Z}'_{\mathrm{T}\Sigma}} = \frac{\overset{*}{\Delta \dot{E}}\dot{U}_\mathrm{N}}{\overset{*}{Z}'_{\mathrm{T}\Sigma}} = \frac{\dot{U}_\mathrm{N}\overset{*}{\dot{U}}_\mathrm{A}}{\overset{*}{Z}'_{\mathrm{T}\Sigma}} \left(\frac{1}{k_1} - \frac{1}{k_2} \right) \quad (3\text{-}76)$$

当变比为 $1:k$ 时,有

$$\dot{S}_\mathrm{cu} = \frac{\dot{U}_\mathrm{N}\overset{*}{\dot{U}}_\mathrm{A}}{\overset{*}{Z}'_{\mathrm{T}\Sigma}} (k_1 - k_2) \quad (3\text{-}77)$$

其方向与环路电动势一致。

如变压器用 π 形等值网络表示,可以直接利用两端供电网的

公式计算。

无论是含有变压器的多级电压复杂电力网还是不含有变压器的同一电压等级的复杂电力网,其计算都是十分繁琐和困难的。为了获得可靠的计算结果,现在通常采用计算机计算。

3.5 输电线路导线截面的选择

3.5.1 按发热条件选择导线截面

按发热条件选择三相系统中的相线截面时,应使导线的允许载流量 I_{al} 不小于通过相线的计算电流 I_{30},即

$$I_{al} \geqslant I_{30} \tag{3-78}$$

如果导线敷设地点的环境温度与导线允许载流量所采用的环境温度不同时,则导线的允许载流量应乘以温度校正系数 K_θ,即

$$K_\theta = \sqrt{\frac{\theta_{al} - \theta'_0}{\theta_{al} - \theta_0}} \tag{3-79}$$

式中,θ_{al} 为导线材料的最高允许温度;θ_0 为导线的允许载流量所采用的环境温度;θ'_0 为导线敷设地点的实际环境温度。

此时,按发热条件选择截面的条件为

$$K_\theta I_{al} \geqslant I_{30} \tag{3-80}$$

必须注意,按发热条件选择导线或电缆截面时,还必须与其相应的过电流保护装置的动作电流相配合,应满足的条件是:

$$I_{op} \leqslant K_{OL} I_{al} \tag{3-81}$$

式中,I_{op} 为过电流保护装置的动作电流,对于熔断器为熔体的额定电流 $I_{N \cdot FE}$;K_{OL} 为绝缘导线或电缆的允许短时过负荷系数。

3.5.2 按允许电压损耗选择导线截面

电压损耗的纵分量由两部分组成,可表示如下:

$$\Delta U = \sum_{i=1}^{n} \frac{p_i R_i + q_i X_i}{U_N} = \Delta U_a + \Delta U_r \tag{3-82}$$

式中，ΔU_a 为有功功率在导线电阻上的电压损耗；ΔU_r 为无功功率在导线电抗上的电压损耗。

由前面的分析可知，导线截面对线路电抗的影响不大，故式(3-82)的第二项中电抗可用平均电抗来计算。因此，可初选一种导线的单位长度电抗值(6～110 kV 架空线路取 0.3～0.4 Ω/km，电缆线路取 0.07～0.08 Ω/km)，按下式计算无功功率在导线电抗上的电压损耗，即

$$\Delta U_r = \frac{\sum_{i=1}^{n} q_i X_i}{U_N} = \frac{x_1 \sum_{i=1}^{n} q_i L_i}{U_N} \tag{3-83}$$

而电压损耗的允许值为：

$$\Delta U_{al} = \frac{\Delta U_{al}}{100} \times U_N \tag{3-84}$$

则线路电阻部分中的电压损耗为：

$$\Delta U_a = \Delta U_{al} - U_r \tag{3-85}$$

由于

$$\Delta U_a = \frac{\sum_{i=1}^{n} p_i R_i}{U_N} = \frac{r_1 \sum_{i=1}^{n} p_i L_i}{U_N} = \frac{\sum_{i=1}^{n} p_i L_i}{\gamma A U_N}$$

所以，导线截面面积为：

$$A = \frac{\sum_{i=1}^{n} p_i L_i}{\gamma \Delta U_a U_N} \tag{3-86}$$

式中，A 为导线截面面积(mm^2)；U_N 为线路的额定电压(kV)；γ 为导线材料的电导率($km/\Omega \cdot mm^2$)，铜取 0.053，铝取 0.032；ΔU_a 为电阻上的电压损耗(V)；p_i 为各支线的有功负荷(kW)；L_i 为电源至各负荷间的距离(km)。

若 $\cos\varphi \approx 1$，可不计 ΔU，则

$$A = \frac{\sum_{i=1}^{n} p_i L_i}{\gamma \Delta U_{al} U_N} \tag{3-87}$$

式中，ΔU_{al} 允许电压损耗(V)。

3.5.3 按经济电流密度选择导线截面

对应于经济截面的导线电流密度，称为经济电流密度，用 A/mm² 表示。我国现行的经济电流密度规定见表 3-2。

表 3-2 经济电流密度 （单位：A/mm²）

导线材料	年最大负荷利用时间/h		
	小于 3000	3000～5000	大于 5000
铝线	1.65	1.15	0.9
铜线	3.00	2.25	1.75
铝芯电缆	1.92	1.73	1.54
铜芯电缆	2.50	2.25	2.00

图 3-46 是年运行费用 F 与导线截面 A 的关系曲线。其中曲线 1 表示年折旧费和线路的年维修管理费之和与导线截面面积的关系曲线；曲线 2 表示线路的年电能损耗费与导线截面面积的关系曲线；曲线 3 为曲线 1 与曲线 2 的叠加，表示线路的年运行费与导线截面面积的关系曲线。

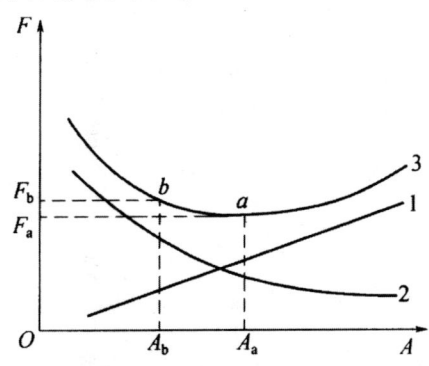

图 3-46 线路年运行费用与导线截面关系曲线

由图 3-46 可以看出，曲线 3 的最低点（a 点）的年运行费用 F_a 具有最小值，但与 a 点相对应的导线截面面积 $4a$ 并不一定是最为经济合理的截面面积，因为曲线 3 在 a 点附近比较平坦。如果将导线截面面积再选小一些，例如选为 A_b（b 点），年运行费 F_b 增加不多，但导线截面面积（即有色金属消耗量）却减少很多。因此从综合经济效益考虑，导线截面面积选 A_b 比选 A_a 更为经济合理，即 A_b 为经济截面面积。

按经济电流密度选择导线截面时，可按下式计算：

$$A_{ec} = \frac{I_{30}}{j_{ec}} \tag{3-88}$$

式中，I_{30} 为线路的计算电流。

根据式（3-88）计算出经济截面 A_{ec} 后，应选最接近而又偏小一点的标准截面，这样可节省初投资和有色金属消耗量。

第4章 电力系统的短路计算

电力网络的短路故障是不可避免的,因此有必要对短路产生的原因、可能造成的危害、短路种类加以阐述。同时,对短路故障时电力网络参数的计算是对电气设备进行选择和校验以及继电保护装置选择和整定计算的基础。本章重点研究无限大容量和有限容量电力网络发生三相短路时的暂态过程,用标幺值法计算短路回路元件阻抗和三相短路电流的方法;同时研究不对称短路电流的计算;短路电流的热效应和电动力效应。

4.1 短路故障

要保证电力系统的安全和稳定运行,在对电力系统分析和设计的时候,不单要考虑电力系统的正常运行状态,还要考虑电力系统故障时候的状态以及可能由此引发的后果。在电力系统的各种可能故障当中,短路是出现频率最高且危害最为严重的一种。

所谓短路,就是电力网络中的一相或者多相载流导体之间或者导体与地之间产生通路并由此引发超出规定值的大电流的情况。

4.1.1 短路的原因和后果

电力网络产生短路的原因主要有以下几种。

①电力设备由于绝缘老化或者其他原因造成的机械损坏。

②电力设备由于设计、安装或者维护不良而导致的缺陷。

③架空线由于自然灾害引起的覆冰或倒塌,或由于鸟兽跨接裸露导体。

短路故障一旦发生,由于故障所在路段的阻抗大为减小,因此将在系统中产生几倍甚至于几十倍正常工作电流的短路电流。如此大的短路电流,将造成严重后果。

4.1.2 短路的类型

电力网络中的短路类型与其电源的中性点是否接地有关,主要包括:三相短路、两相短路、单相(接地)短路和两相接地短路。三相短路时,由于被短路的三相阻抗相等,因此电压和电流依旧对称,又被称为对称短路。其余几种短路发生时,由于系统的三相对称遭到破坏,电压和电流不再对称,因此被统称为不对称短路。表 4-1 列出了各种短路的示意图和表示符号。

表 4-1 短路类型

短路类型	示意图	代表符号	所占比例
三相短路		$k^{(3)}$	5%
两相短路		$k^{(2)}$	10%
单相(接地)短路		$k^{(1)}$	65%
两相接地短路		$k^{(1,1)}$	20%

4.1.3 短路电流的计算目的及假设

为确保电气设备在短路情况下不致损坏,减轻短路危害和防止故障扩大,必须事先对短路电流进行计算。选择电气设备和进行保护整定,需要知道系统的最大短路电流。因此,应考虑系统最大运行方式和最小运行方式下的短路计算结果。

如图 4-1 所示,假设电源短路容量一定(实际存在最大短路容量和最小短路容量),当 k 点短路时,若变压器阻抗不同,就有 9 种运行方式。

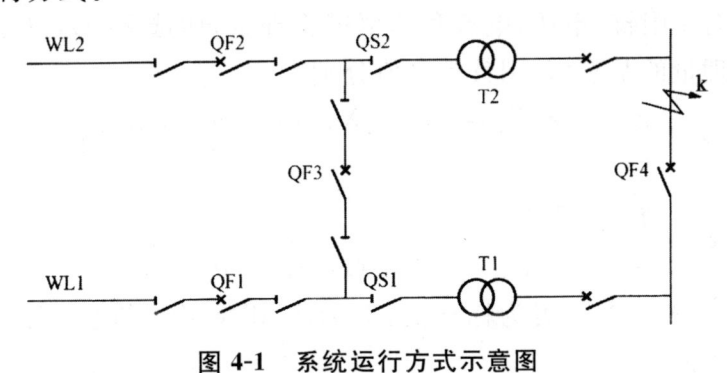

图 4-1 系统运行方式示意图

4.2 标幺制

进行电力系统计算时,除采用有单位的电流、电压、功率、阻抗和导纳等物理量外,也可以采用没有单位的这些物理量的相对值。前者称为有名制,后者称为标幺制。由于标幺制具有计算结果清晰、便于迅速判断计算结果的正确性、可大量简化计算等优点,因此能在相当宽广的范围内取代有名制。

4.2.1 标幺值

标幺制中,各个物理量都以相对值出现,必然要有所对应的

基准,即所谓基准值。标幺值、有名值与基准值之间的关系为

标幺值＝有名值(任意单位)/基准值(与有名值同单位)

(4-1)

由于相比的有名值、基准值具有相同的单位,因而标幺值没有单位。

在进行标幺值计算时,首先需选定基准值。例如,某电气设备的实际工作电压为10 kV,若选定10 kV 为电压的基准值,则依式(4-1),此电气设备工作电压的标幺值为1。基准值可以任意选定,基准值选得不同,同一物理量的标幺值也不同。因此,当说一个量的标幺值时,必须同时说明它的基准值才有意义。

对于阻抗、电压、电流和功率等物理量,如选 Z_d、U_d、I_d、S_d 为各物理量的基准值,则其标幺值分别为

$$\left. \begin{aligned} Z_* &= Z/Z_d = (R+jX)/Z_d = R_* + jX_* \\ U_* &= U/U_d \\ I_* &= I/I_d \\ S_* &= S/S_d = (P+jQ)/S_d = P_* + jQ_* \end{aligned} \right\} \quad (4\text{-}2)$$

式中,下标注"＊"者为标幺值;下标注"d"者为基准值,无下标者为有名值。

4.2.2 基准值的选择

在电力系统计算中,主要涉及对称三相电路,计算时习惯上采用线电压、线电流、三相功率和一相等值阻抗,这四个物理量应服从功率方程式和电路的欧姆定律,即

$$\left. \begin{aligned} S &= \sqrt{3}UI \\ U &= \sqrt{3}ZI \end{aligned} \right\} \quad (4\text{-}3)$$

如选定各物理量的基准值满足

$$\left. \begin{aligned} S_d &= \sqrt{3}U_d I_d \\ U_d &= \sqrt{3}Z_d I_d \end{aligned} \right\} \quad (4\text{-}4)$$

将式(4-3)与式(4-4)相除后得

$$\left.\begin{array}{l}S_* = U_* I_* \\ U_* = Z_* I_*\end{array}\right\} \quad (4\text{-}5)$$

式(4-5)表明,在标幺制中,三相电路计算公式与单相电路的计算公式完全相同。因此,有名制中单相电路的基本公式,可直接应用于三相电路中标幺值的运算。

由于上述四个基准值受式(4-4)两个方程的约束,所以,其中只有两个值则任意选择,而其余两个值则根据式(4-4)求出。工程计算中,通常选定功率基准值 S_d 和电压基准值 U_d,这时,电流和阻抗的基准值分别为

$$\left.\begin{array}{l} I_d = \dfrac{S_d}{\sqrt{3} U_d} \\ Z_d = \dfrac{U_d}{\sqrt{3} I_d} = \dfrac{U_d^2}{S_d} \end{array}\right\} \quad (4\text{-}6)$$

其标幺值则分别为

$$\left.\begin{array}{l} I_* = \dfrac{I}{I_d} = \dfrac{\sqrt{3} U}{S_d} I \\ Z_* = \dfrac{R+jX}{Z_d} = R_* + jX_* = \dfrac{S_d}{U_d^2} R + j\dfrac{S_d}{U_d^2} X \end{array}\right\} \quad (4\text{-}7)$$

应用标幺值计算,最后还需要将所得结果换算成有名值,其换算公式为

$$\left.\begin{array}{l} U = U_* U_d \\ I = I_* I_d = I_* \dfrac{S_d}{\sqrt{3} U_d} \\ Z = (R_* + jX_*) \dfrac{U_d^2}{S_d} \\ S = S_* S_d \end{array}\right\} \quad (4\text{-}8)$$

4.2.3 基准值改变时标幺值的换算

电力系统中的发电机、变压器、电抗器等电气设备的铭牌数据中所给出的阻抗参数,是以各自的额定电压 U_N 和额定功率 S_N

作为基准值的。因此,必须把不同基准值的标幺值换算成统一基准值的标幺值。

换算的方法是:先将以各自额定值作基准值的标幺值还原为有名值。例如,对于电抗,按式(4-8)得

$$X_{(\Omega)} = X_{(N)*} \frac{U_N^2}{S_N}$$

在选定了电压基准值 U_d 和功率基准值 S_d 后,则以此为基准的电抗标幺值为

$$X_{d*} = X_{(\Omega)} \frac{S_d}{U_d^2} = X_{(N)*} \frac{U_N^2}{S_N} \frac{S_d}{U_d^2} \tag{4-9}$$

发电机铭牌上一般给出额定电压 U_N、额定功率 S_N 及以 U_N 和 S_N 为基准值的电抗标幺值 $X_{G(N)*}$,可用式(4-9)将其换算为统一基准值的标幺值。

变压器通常给出 U_N、S_N 及短路电压 U_k 的百分 $U_k\%$,以 U_N、S_N 为基准值的变压器电抗标幺值为

$$X_{T(N)*} = \frac{U_k\%}{100}$$

这样,在统一基准值下变压器阻抗的标幺值即可依下式求得

$$X_{R(d)*} = \frac{U_R\%}{100} \frac{U_N}{\sqrt{3} I_N} \frac{S_d}{U_d^2} \tag{4-10}$$

电力系统中常采用电抗器以限制短路电流。电抗器通常给出其额定电压 U_N、额定电流 I_N 及电抗百分值 $U_R\%$,电抗百分值与其标幺值之间的关系为

$$X_{R(N)*} = \frac{U_R\%}{100}$$

电抗器在统一基准下的电抗标幺值可写成

$$X_{R(d)*} = \frac{U_R\%}{100} \frac{U_N}{\sqrt{3} I_N} \frac{S_d}{U_d^2} \tag{4-11}$$

输电线路的电抗,通常给出每公里欧姆值,则将它换算为统一基准值下的标幺值的计算式为

$$X_{L(d)*} = \frac{X_L}{Z_d} = X_L \frac{S_d}{U_d^2} \tag{4-12}$$

4.2.4 标幺值的计算步骤

按标幺值法进行短路电流计算时,首先要绘出短路的计算电路图,确定基准值,取 $S_d=100$ MV·A,$U_d=U_c$(有几个电压级就取几个 U_d),并求出所有短路计算点电压下的 I_d。针对各短路计算点分别简化电路,绘出短路电路的等效电路图,并求其总电抗标幺值,然后按有关公式计算其所有短路电流和短路容量。

例 4.1 无限大功率电源供电的系统如图 4-2 所示。已知电力系统出口断路器的断流容量为 500 MV·A,试求用户配电所 10 kV 母线上 $k-1$ 点短路和车间变电所低压 380 V 母线上 $k-2$ 点电路上的三相短路电流和短路容量。

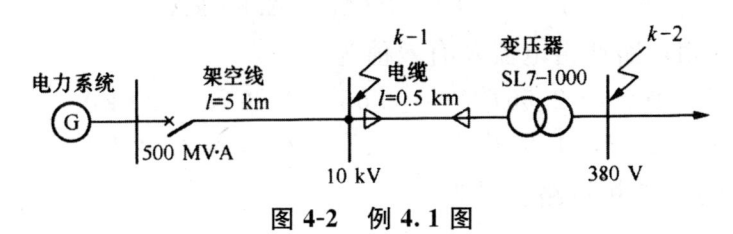

图 4-2 例 4.1 图

解:

1. 先用欧姆法求解

(1) 先求 $k-1$ 点的三相短路电流及短路容量($U_{c1}=10.5$ kV)

①短路电路中各元件的电抗及总电抗计算如下。

电力系统的电抗:$X_1 = \dfrac{U_{c1}^2}{S_{oc}} = \dfrac{10.5^2}{500} \approx 0.22\ \Omega$

架空线的电抗(查手册可知 $X_0 = 0.38\ \Omega/\text{km}$):$X_2 = X_0 l = 0.38 \times 5 = 1.9\ \Omega$

因此,可绘制 $k-1$ 点的等效电路图,如图 4-3(a)所示。因此,其总电抗为

$$X_{\sum(k-1)} = X_1 + X_2 = 0.22 + 1.9 = 2.12\ \Omega$$

②接着可以计算 $k-1$ 点的三相短路电流和容量。

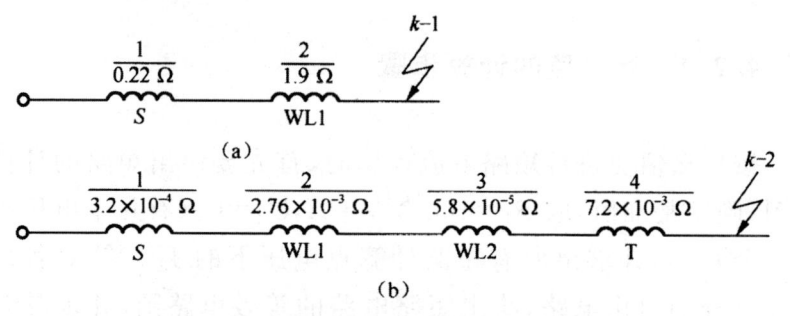

```
     1        2         k-1
   0.22 Ω   1.9 Ω       ⚡
  ─○──WWW──────WWW──────
      S       WL1
              (a)

     1           2            3            4          k-2
  3.2×10⁻⁴ Ω  2.76×10⁻³ Ω  5.8×10⁻⁵ Ω  7.2×10⁻³ Ω    ⚡
  ─○──WWW──────WWW──────────WWW──────────WWW──────
      S        WL1          WL2          T
                    (b)
```

图 4-3 例 4.1 的等效电路图（欧姆法）

三相短路电流周期分量有效值为

$$I_{k-1}^{(3)} = \frac{U_{c1}}{\sqrt{3} X_{\sum(k-1)}} = \frac{10.5}{\sqrt{3} \times 2.12} \approx 2.86 \text{ kA}$$

三相次暂态短路电流和短路稳态电流为

$$I''^{(3)} = I_{\infty}^{(3)} = I_{k-1}^{(3)} = 2.86 \text{ kA}$$

三相短路冲击电流及有效值为

$$i_{sh}^{(3)} = 2.55 I''^{(3)} = 2.55 \times 2.86 \approx 7.29 \text{ kA}$$

$$I_{sh}^{(3)} = 1.51 I''^{(3)} = 1.51 \times 2.86 \approx 4.32 \text{ kA}$$

因此，三相短路容量为

$$S_{k-1}^{(3)} = \sqrt{3} U_{c1} I_{k-1}^{(3)} = \sqrt{3} \times 10.5 \times 2.86 \approx 52.01 \text{ MV} \cdot \text{A}$$

（2）再求 $k-2$ 点的三相短路电流和短路容量（$U_{c2}=0.4$ kV）

①步骤如上，还是先计算短路电路中各元件的电抗和总电抗。

电力系统的电抗：$X_1' = \dfrac{U_{c2}'}{S_{OC}} = \dfrac{0.4^2}{500} \approx 3.2 \times 10^{-4}$ Ω

架空线的电抗（查手册可知 $X_0 = 0.38$ Ω/km）为

$$X_2' = X_0 l \left(\frac{U_{c2}}{U_{c1}}\right)^2 = 0.38 \times 5 \times \left(\frac{0.4}{10.5}\right)^2 = 2.76 \times 10^{-3} \text{ Ω}$$

电缆线路的电抗（查手册可知 $X_0 = 0.08$ Ω/km）为

$$X_3' = X_0 l \left(\frac{U_{c2}}{U_{c1}}\right)^2 = 0.08 \times 0.5 \times \left(\frac{0.4}{10.5}\right)^2 = 5.8 \times 10^{-5} \text{ Ω}$$

电力变压器的电抗（查手册可知 $U_k\% = 4.5$）为

$$X_4 = \frac{U_k\%}{100} \frac{U_{c2}^2}{S_N} = \frac{4.5}{100} \times \frac{0.4^2}{1000} = 7.2 \times 10^3 \text{ Ω}$$

因此,可绘制 $k-2$ 点的等效电路图如图 4-3(b)所示。所以其总电抗为

$$X_{\sum(k-1)} = X_1' + X_2' + X_3' + X_4$$
$$= 3.2 \times 10^{-4} + 2.76 \times 10^{-3} + 5.8 \times 10^{-5} + 7.2 \times 10^{-3}$$
$$= 0.01034 \ \Omega$$

②计算 $k-2$ 点的三相短路电流和容量。

三相短路电流周期分量有效值为

$$I_{k-2}^{(3)} = \frac{U_{c2}}{\sqrt{3} X_{\sum(k-2)}} = \frac{0.4}{\sqrt{3} \times 0.01034} \approx 22.3 \ \text{kA}$$

三相次暂态短路电流和短路稳态电流为

$$I''^{(3)} = I_\infty^{(3)} = I_{k-2}^{(3)} = 22.3 \ \text{kA}$$

三相短路冲击电流及有效值为

$$i_{sh}^{(3)} = 1.84 I''^{(3)} = 1.84 \times 22.3 \approx 41.0 \ \text{kA}$$
$$I_{sh}^{(3)} = 1.09 I''^{(3)} = 1.09 \times 22.3 \approx 24.3 \ \text{kA}$$

因此,三相铺路容量为

$$S_{k-2}^{(3)} = \sqrt{3} U_{c2} I_{k-2}^{(3)} = \sqrt{3} \times 0.4 \times 22.3 \approx 15.5 \ \text{MV} \cdot \text{A}$$

2. 采用标幺值求解

先确定基准值 $S_d = 100 \ \text{MVA}, U_{c1} = 10.5 \ \text{kV}, U_{c2} = 0.4 \ \text{kA}$,因此

$$I_{d1} = \frac{S_d}{\sqrt{3} U_{c1}} = 5.50 \ \text{kA}, I_{d2} = \frac{S_d}{\sqrt{3} U_{c2}} = 144 \ \text{kA}$$

再计算短路电路中各主要元件的电抗标幺值。

电力系统(可知 $S_{oc} = 500 \ \text{MV} \cdot \text{A}$)

$$X_1^* = 100/500 = 0.2$$

架空线($X_0 = 0.38 \ \Omega/\text{km}$)

$$X_2^* = 0.38 \times 5 \times 100/10.5^2 = 0.036$$

电缆线路($X_0 = 0.08 \ \Omega/\text{km}$)

$$X_3^* = 0.08 \times 0.5 \times 100/10.5^2 = 0.036$$

电力变压器($U_k\% = 4.5$)

$$X_4^* = \frac{U_k\% S_d}{100 S_N} = \frac{4.5 \times 100 \times 10^3}{100 \times 1000} = 4.5$$

据此,可绘制短路线路的等效电路图,如图 4-4 所示,在图上标出各元件的序号及电抗标幺值。

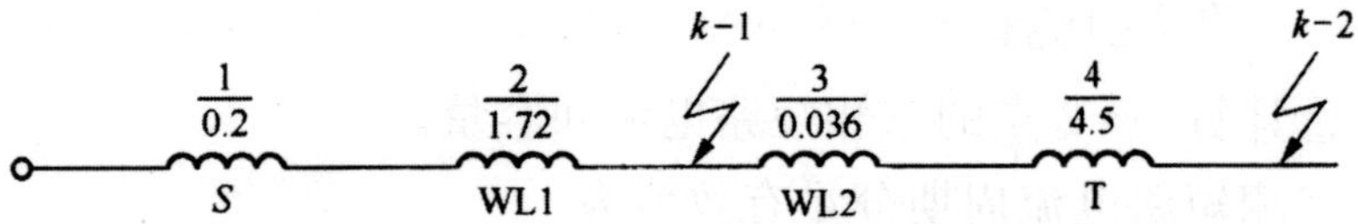

图 4-4 例 4.1 的等效电路图(标幺值法)

① 求 $k-1$ 点的短路电路总电抗标幺值及三相短路电流和容量。总电抗标幺值

$$X_{\Sigma(k-1)}^* = X_1^* + X_2^* = 0.2 + 1.72 = 1.92$$

三相短路电流周期分量有效值

$$I_{k-1}^{(3)} = \frac{I_{d1}}{X_{\Sigma(k-1)}^*} = \frac{5.50}{1.92} = 2.86 \text{ kA}$$

其他三相短路电流

$$I''^{(3)} = I_\infty^{(3)} = I_{k-1}^{(3)} = 2.86 \text{ kA}$$

三相短路冲击电流及有效值为

$$i_{sh}^{(3)} = 2.55 I''^{(3)} = 2.55 \times 2.86 \approx 7.29 \text{ kA}$$

$$I_{sh}^{(3)} = 1.51 I''^{(3)} = 1.51 \times 2.86 \approx 4.32 \text{ kA}$$

因此,三相短路容量为

$$S_{k-2}^{(3)} = \frac{S_d}{X_{\Sigma(k-1)}^*} = \frac{100}{1.92} \approx 52.0 \text{ MV} \cdot \text{A}$$

② 求 $k-2$ 点的短路电路总电抗标幺值及三相短路电流和容量。总电抗标幺值

$$X_{\Sigma(k-2)}^* = X_1^* + X_2^* + X_3^* + X_4^*$$
$$= 0.2 + 1.72 + 0.036 + 4.5 = 6.456$$

三相短路电流周期分量有效值

$$I_{k-2}^{(3)} = \frac{I_{d2}}{X_{\Sigma(k-2)}^*} = \frac{144}{6.456} = 22.3 \text{ kA}$$

其他三相短路电流

$$I''^{(3)} = I_\infty^{(3)} = I_{k-2}^{(3)} = 22.3 \text{ kA}$$

三相短路冲击电流及有效值为

$$i_{\text{sh}}^{(3)} = 1.84 I''^{(3)} = 1.84 \times 22.3 \approx 41.0 \text{ kA}$$

$$I_{\text{sh}}^{(3)} = 1.09 I''^{(3)} = 1.09 \times 22.3 \approx 24.3 \text{ kA}$$

因此,三相短路容量为

$$S_{k-2}^{(3)} = \frac{S_d}{X_{\sum(k-2)}^*} = \frac{100}{6.456} \approx 15.5 \text{ MV} \cdot \text{A}$$

两种方法的计算结果一致,但是后者明显要比前者简便。

4.3 无限大功率电源供电网的三相短路电流计算

所谓无限大功率电源是指无论由此电源供电的网络中发生什么扰动,电源的电压幅值和频率均为恒定的电源。对这种电路进行短路暂态过程的分析,能比较容易得到短路电流的各种分量,衰减时间常数及冲击电流,最大有效值电流等概念,为进一步分析同步电机的短路暂态过程打下基础。

4.3.1 三相短路的暂态过程

图 4-5 为一由无限大功率电源供电的三相对称电路。短路发生前,电路处于三相对称的稳定状态,以 A 相为例,其电压和电流可表示为

$$u_A = U_m \sin(\omega t - \alpha) \tag{4-13}$$

$$i_A = I_{m|0|} \sin(\omega t + \alpha - \varphi_{|0|}) \tag{4-14}$$

$$I_{m|0|} = \frac{U_m}{\sqrt{(R+R')^2 + \omega^2(L+L')^2}}$$

$$\varphi_{|0|} = \arctan \frac{\omega(L+L')}{R+R'}$$

式中,u_A,i_A 分别为 A 相电压和电流的瞬时值;$I_{m|0|}$ 为短路前的电流幅值,下标 |0| 表示短路前稳态运行状态;U_m 为电源的电压

幅值；α 为电源电动势的初相角。

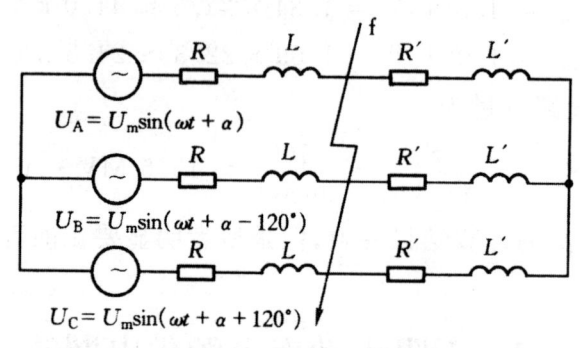

图 4-5　无限大功率电源供电的三相电路

当电源在 f 点发生三相短路后，原电路被分成两个独立的回路，左侧回路仍与电源相连，但每相阻抗由 $(R+R')+j\omega(L+L')$ 减小到 $R+j\omega L$。短路后电源供给的电流从原来的稳态值逐渐过渡到由电源和新阻抗所决定的短路稳态值。右侧回路中没有电源，该回路电流则逐渐衰减到零。

设短路发生在 $t=0$ 时刻，由于左侧电路仍为三相对称电路，仍可只研究其中的一相。对于 A 相，其微分方程式如下

$$L\frac{\mathrm{d}i_A}{\mathrm{d}t}+Ri_A=U_m\sin(\omega t+\alpha) \tag{4-15}$$

式(4-15)是一个一阶常系数线性非齐次微分方程。解式(4-15)，得 A 相的短路电流为

$$i_A=I_{pm}\sin(\omega t+\alpha-\varphi)+ce^{-t/T_a} \tag{4-16}$$

式中，I_{pm} 为短路电流交流分量(也称为周期分量)的幅值，$I_{pm}=\dfrac{U_m}{\sqrt{R^2+(\omega L)^2}}$；$\varphi$ 为短路的阻抗角，$\varphi=\arctan\left(\dfrac{\omega L}{R}\right)$；$c$ 为积分常数，由初始条件决定，其值为短路电流直流分量(也称为非周期分量)的起始值；T_a 为直流分量电流衰减时间常数，$T_a=\dfrac{L}{R}$。

式(4-16)中的积分常数 c 可由初始条件来决定。在电感性的电路中，通过电感的电流不能突变，短路发生后瞬间的电流 i_{A0} 应等于短路前瞬间的电流值 $i_{A|0|}$。即在 $t=0$ 时有

$$i_{\mathrm{A}|0|} = I_{\mathrm{m}|0|}\sin(\alpha - \varphi_{|0|}) = i_{\mathrm{A}0} = I_{\mathrm{pm}}\sin(\alpha - \varphi) + c$$

所以

$$c = I_{\mathrm{m}|0|}\sin(\alpha - \varphi_{|0|}) - I_{\mathrm{pm}}\sin(\alpha - \varphi) \tag{4-17}$$

将式(4-17)代入式(4-16)中,得

$$\begin{aligned}i_{\mathrm{A}} = & I_{\mathrm{pm}}\sin(\omega t + \alpha - \varphi) \\ & + [I_{\mathrm{m}|0|}\sin(\alpha - \varphi_{|0|}) - I_{\mathrm{pm}}\sin(\alpha - \varphi)]\mathrm{e}^{-t/T_{\mathrm{a}}}\end{aligned} \tag{4-18}$$

式(4-18)为 A 相短路电流的表达式。由于三相对称,用 $\alpha - 120°$ 或 $\alpha + 120°$ 代替公式(4-18)中的 α,可以得到 B 相和 C 相短路电流的如下表达式

$$\left.\begin{aligned}i_{\mathrm{B}} = & I_{\mathrm{pm}}\sin(\omega t + \alpha - 120° - \varphi) + \\ & [I_{\mathrm{m}|0|}\sin(\alpha - 120° - \varphi_{|0|}) - I_{\mathrm{pm}}\sin(\alpha - 120° - \varphi)]\mathrm{e}^{-t/T_{\mathrm{a}}} \\ i_{\mathrm{C}} = & I_{\mathrm{pm}}\sin(\omega t + \alpha + 120° - \varphi) + \\ & [I_{\mathrm{m}|0|}\sin(\alpha + 120° - \varphi_{|0|}) - I_{\mathrm{pm}}\sin(\alpha + 120° - \varphi)]\mathrm{e}^{-t/T_{\mathrm{a}}}\end{aligned}\right\} \tag{4-19}$$

由式(4-18),式(4-19)可见,三相短路电流的稳态分量分别为三个幅值相等,相位相差120°的交流分量。每相短路电流中包含有逐渐衰减的直流分量。显然,三相的直流分量电流在每一时刻都不相等。

4.3.2 短路冲击电流和最大有效值电流

1. 短路冲击电流

图 4-6 为三相短路电流变化的波形图,图中 $i_{\mathrm{A}|0|}$,$i_{\mathrm{B}|0|}$,$i_{\mathrm{C}|0|}$ 分别为 A,B,C 相短路前瞬间的电流;$i_{a\mathrm{A}0}$,$i_{a\mathrm{B}0}$,$i_{a\mathrm{C}0}$ 分别为 A,B,C 相短路电流直流分量的起始值;$i_{\mathrm{pA}0}$,$i_{\mathrm{pB}0}$,$i_{\mathrm{pC}0}$ 分别为 A,B,C 相短路电流交流分量的起始值。由图可见,由于存在直流分量,短路后将出现比短路电流交流分量幅值还大的短路电流最大瞬时值,此电流称为短路冲击电流。短路电流在电气设备中产生的电动力与短路冲击电流的平方成正比。为了校验电气设备的动稳定

度,必须计算短路冲击电流。

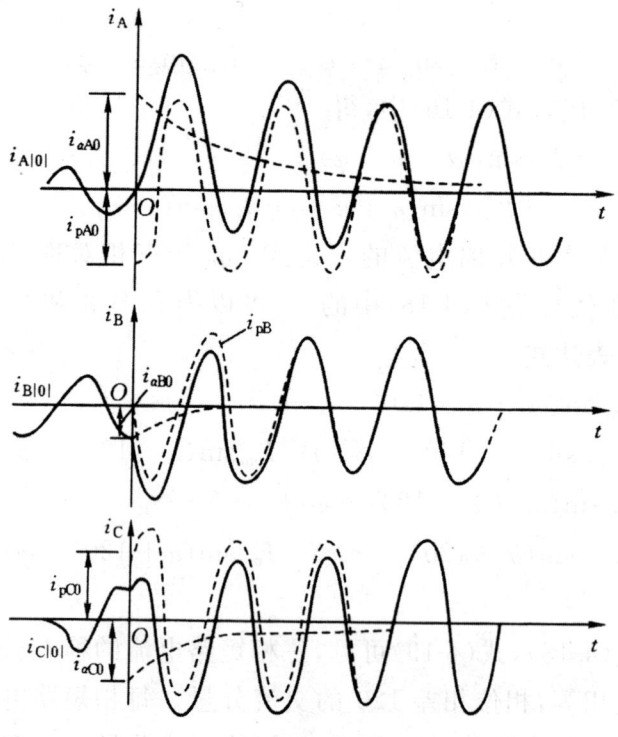

图 4-6 三相短路电流变化的波形图

下面分析在什么条件下短路将出现最大的短路冲击电流。

图 4-7 为 $t=0$ 时刻 A 相的电源电压(U_{mA})、短路前的电流($\dot{I}_{mA|0|}$)和短路电流交流分量($\dot{I}_{pmA}$)的相量图。图中相量 $\dot{I}_{mA|0|}$,$\dot{I}_{pmA}$ 在时间轴 t 上的投影分别代表短路前电流和短路后交流分量在 $t=0$ 时刻的瞬时值 $i_{A|0|}$ 和 i_{pA0},它们的差值即为直流分量的起始值 i_{aA0}。由图可见,如果改变 α,使相量差 $\dot{I}_{mA|0|}-\dot{I}_{pmA}$ 与时间轴平行,则直流分量 i_{aA0} 值最大;若相量差 $\dot{I}_{mA|0|}-\dot{I}_{pmA}$ 与时间轴垂直,则 $i_{aA0}=0$,自由分量不存在,即在短路发生瞬间,短路前电流的瞬时值正好等于短路后交流分量的瞬时值,从而使 A 相电流从一种稳态直接进入另一种稳态,没有暂态过程。

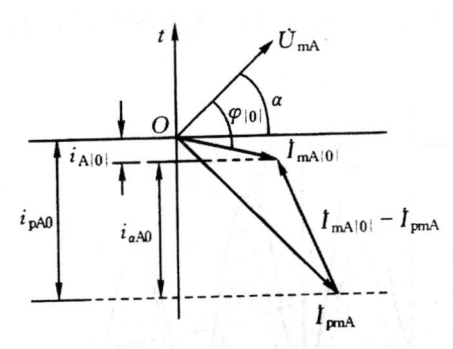

图 4-7 短路前有载的初始状态电流相量图

由以上分析可知,若短路前空载,即 $\dot{I}_{mA|0|}=0$,这时 $\dot{I}_{pmA}$ 在 t 轴上的投影即为 i_{aA0},若短路时电源电压正好过零,即 $\alpha=0$,且电路为纯电感电路时($\varphi=90°$),短路瞬时直流分量有最大的起始值,即等于交流分量的幅值。将这些条件代入式(4-18)中,可得到 A 相全电流的表达式

$$i_A = -I_{pm}\cos\omega t + I_{pm}e^{-t/T_a} \qquad (4-20)$$

此时 A 相的冲击电流最大,其波形图示于图 4-8 中。

以上是 A 相的情况,对 B,C 相也可以作类似的分析。三相短路电流中的直流分量起始值不可能同时最大或同时为零。在任意初相角下,总有一相的直流分量起始值最大。

由图 4-8 可见,短路电流的最大瞬时值,短路冲击电流,将在短路发生后的半个周期时出现。在 $f=50$ Hz 的情况下,大约为 0.01 s 时出现冲击电流。由此可得冲击电流值

$$i_M = I_{pm} + I_{pm}e^{-0.01/T_a} = (1+e^{-0.01/T_a})I_{pm} = K_M I_{pm}$$
$$(4-21)$$

式中,K_M 称为冲击系数,它表示冲击电流为短路电流交流分量幅值的倍数。当时间常数 T_a 由零变到无限大时,冲击系数的变化范围为

$$1 \leqslant K_M \leqslant 2$$

在实用计算中,当短路发生在单机容量为 12 MW 及以上的发电机母线上时,取 $K_M=1.9$,当短路发生在其它地点时,取 $K_M=1.8$,当短路发生在发电厂高压侧母线时,取 $K_M=1.85$。冲

击电流主要用于检验电气设备和载流导体的动稳定度。

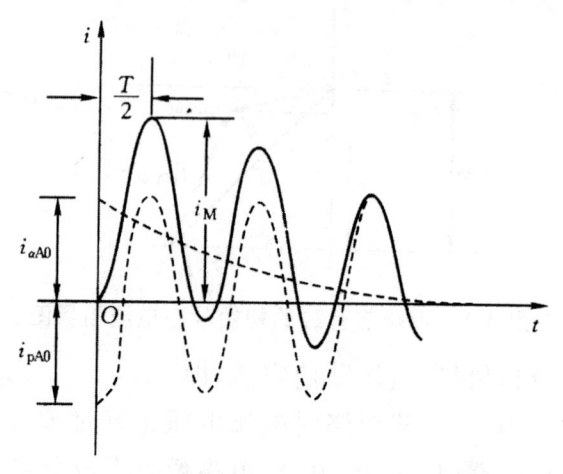

图 4-8 非周期分量最大时的短路电流波形

2. 短路电流的最大有效值

在短路过程中,任一时刻 t 的短路电流的有效值 I_t,是以时刻 t 为中心的一个周期 T 内瞬时电流的方均根值,即

$$I_t = \sqrt{\frac{1}{T}\int_{t-\frac{T}{2}}^{t+\frac{T}{2}} i_t^2 \mathrm{d}t} = \sqrt{\frac{1}{T}\int_{t-\frac{T}{2}}^{t+\frac{T}{2}}(i_{pt} + i_{\alpha t})\mathrm{d}t} \quad (4\text{-}22)$$

式中,$i_t, i_{pt}, i_{\alpha t}$ 分别为 t 时刻的短路电流,短路电流的交流分量瞬时值和短路电流直流分量的瞬时值。

如上所述,直流分量电流是随时间衰减的。在实际的电力系统中,短路电流交流分量的幅值也是随时间衰减的。因此,严格按式(4-22)计算短路电流的有效值相当复杂。为了简化计算,通常近似认为直流分量在以时间 t 为中心的一个周期 T 内恒定不变,因而它在时间 t 的有效值就等于它在 t 时刻的瞬时值,即

$$I_{\alpha t} = i_{\alpha t}$$

对于交流的分量,也认为它在所计算的周期内幅值是恒定的。因此,t 时刻交流分量的有效值为:

$$I_{pt} = I_{pm}/\sqrt{2} = 0.707 I_{pm}$$

由图 4-8 可知,最大有效值电流发生在短路后约半个周期时,

因此最大有效值电流根据式(4-20),式(4-21)可表示为

$$i_M = \sqrt{\left(\frac{I_{pm}}{\sqrt{2}}\right)^2 + i_{at(t=0.01\,s)}^2} = 0.707 I_{pm}\sqrt{1+2(K_M-1)^2}$$

当 $K_M = 1.8$ 时,$I_M = 1.0675 I_{pm}$;当 $K_M = 1.9$ 时,$I_M = 1.145 I_{pm}$。

短路电流的最大有效值常用于校验断路器的断流能力。

4.4 有限容量电力网三相短路电流的实用计算

4.4.1 有限容量系统供电时三相短路的物理过程

当电源容量比较小,或者短路点靠近电源时,这种情况称为有限容量系统供电的短路。在短路过程中,由于发电机电枢反应的去磁作用增大,使短路电流周期分量幅值和有效值逐渐减小,其变化曲线如图 4-9 所示。

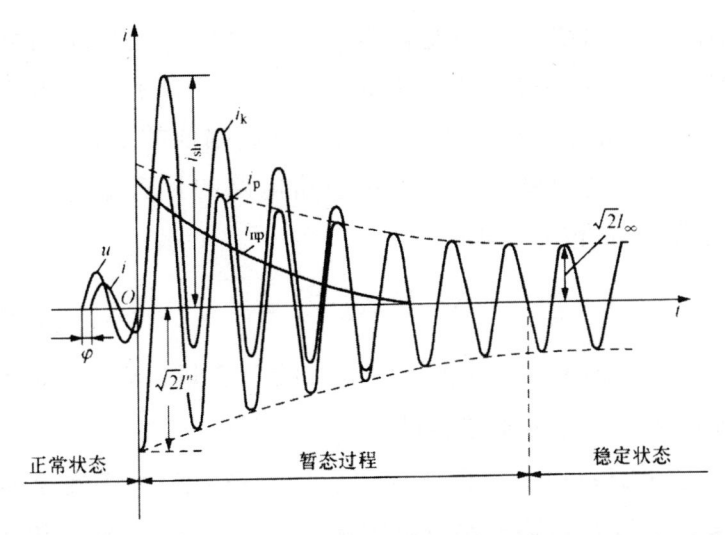

图 4-9 发电机没有自动调节励磁装置时的三相短路暂态过程

为了使发电机电压变动时,能自动调节励磁电流,现在的同

步发电机一般装有自动调节励磁装置。在有自动调节励磁装置的发电机电路发生短路时，短路电流周期分量最初仍是减小，随着自动调节励磁装置的作用逐渐增大，短路电流也开始增大，最后过渡到稳态，其变化曲线如图 4-10 所示。

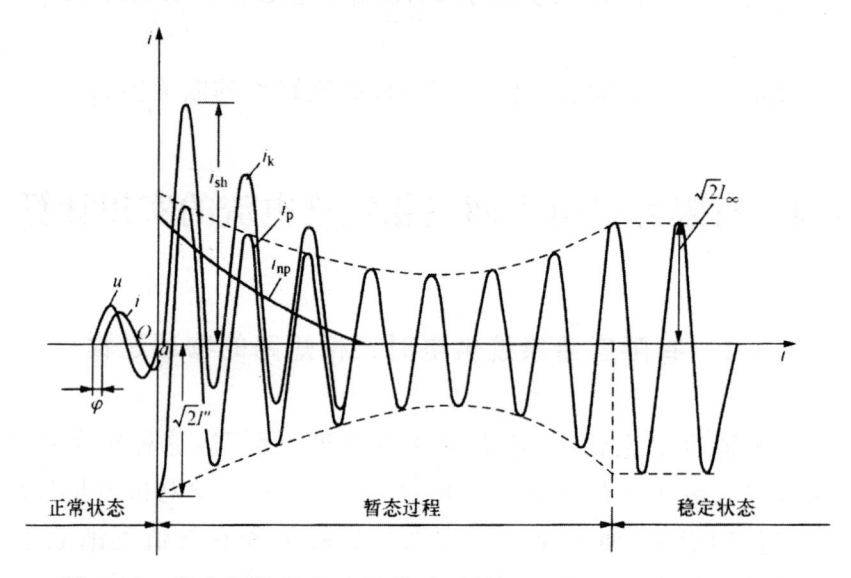

图 4-10　发电机装设自动调节励磁装置时短路电流的变化曲线

短路电流周期分量的变化不仅与发电机有无自动调节励磁装置有关，还和短路点与发电机之间的电气距离有关。电气距离越大，发电机端电压下降得越小，周期分量幅值的变化也越小；反之则越大。电气距离的大小可用短路电路的计算电抗 X_c^* 来表示，其数值可按下式计算：

$$X_c^* = X_\Sigma^* \frac{S_{N\Sigma}}{S_d} \tag{4-23}$$

式中，$S_{N\Sigma}$ 为短路电路所连接发电机的总容量；X_Σ^* 为短路回路总电抗标幺值；S_d 为基准容量。

由式(4-23)可见，计算电抗 X_c^* 与短路电路所连接全部发电机总容 $S_{N\Sigma}$ 以及短路电路总电抗标幺值 X_Σ^* 有关。$S_{N\Sigma}$ 和 X_Σ^* 越大，则 X_c^* 越大，发电机电压下降得越小，反之则越大。显然，不同的 X_c^* 值对短路电流周期分量的变化有不同的影响。

4.4.2 起始暂态电流和冲击电流的计算

如前所述,在突然短路瞬间,系统中所有同步电机的次暂态电势均保持短路发生前瞬间的值。为了简化计算,应用图 4-11 所示的同步电机简化相量图,可求得其次暂态电势的近似值

$$E_0'' = E_{[0]}'' = U_{[0]} + X'' I_{[0]} \sin\varphi_{[0]} \tag{4-24}$$

其中,$U_{[0]}$,$I_{[0]}$,$\varphi_{[0]}$ 分别为同步发电机短路前瞬间的电压、电流和功率因数角。

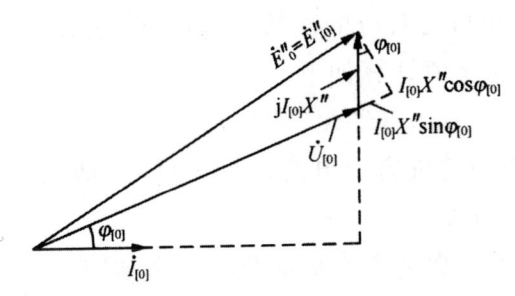

图 4-11 同步电机简化相量图

假设同步电机转子结构对称,则有

$$X'' = X_d'' = X_q'' \tag{4-25}$$

若同步发电机短路前在额定电压下满载运行,$X'' = X_d'' = 0.125$,$\cos\varphi = 0.8$,$U_{[0]} = 1$,$I_{[0]} = 1$,则有发电机的次暂态电势为:$E'' = 1 + 1 \times 0.125 \times 0.6 = 1.075$。

若在空载情况下短路或者不计负载影响,则有 $E_0'' = 0$,$I_{[0]} = 0$。通常情况下,发电机的次暂态电势标幺值在 $1.05 \sim 1.15$。

求得次暂态电势后,起始次暂态电流可依据图 4-12 进行计算,有

$$I'' = \frac{E_0''}{X'' + X_k} \tag{4-26}$$

其中,X_k 为发电机端到短路点之间的组合电抗。若是发电机端短路,则有 $X_k = 0$。

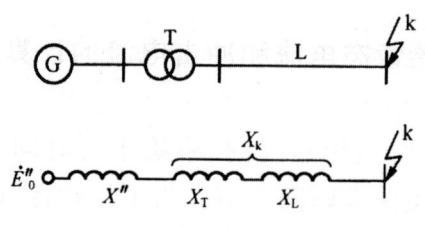

图 4-12 次暂态电流计算示意图

在计算过程中，用起始次暂态电流的最大值 I''_m 代替稳态电流最大值 I_{pm}。另外，电力系统负荷中有大量异步电动机，异步电动机在突然短路时的等值电路可用与其转子绕组总磁链成正比的次暂态电势 E''_0 和与之对应的次暂态电抗 X'' 来表示。异步电动机的次暂态电抗标幺值计算如下

$$X'' = 1/I_{st} \tag{4-27}$$

其中，I_{st} 为异步电动机启动电流的标幺值，一般为 4～7，因此，可近似认为 $X'' = 0.2$。

异步电动机的次暂态参数简化相量图如图 4-13 所示，根据图可得异步电动机次暂态电势的近似计算公式为

$$E''_0 = U_{[0]} - X'' I_{[0]} \sin\varphi_{[0]} \tag{4-28}$$

其中，$U_{[0]}$，$I_{[0]}$，$\varphi_{[0]}$ 分别为异步电动机的端电压、电流和两者的相位差。

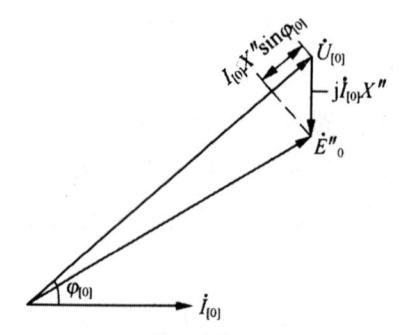

图 4-13 异步电动机简化相量图

如果短路前异步电动机处于额定运行状态（$U_{[0]} = 1$，$I_{[0]} = 1$），且 $X'' = 0.2$，$\cos\varphi = 0.8$，则 $E''_0 = 1 - 1 \times 0.2 \times 0.6 = 0.88$。

由于网络中的电动机数量众多，发生短路前的运行状态很难

完全弄清楚,因此实际计算中,往往只考虑短路点附近的大型电动机,其余的电动机则作为综合负荷进行考虑。以额定运行参数为基准,综合负荷的电势和电抗的标幺值可取 $E'' = 0.8$ 和 $X'' = 0.35$。X'' 由电动机本身的次暂态电抗(0.2)以及降压变压器和馈电线路的电抗(0.15)组成。在实际计算时,综合负荷提供的冲击电流为:

$$i_{shLD} = K_{shLD} \sqrt{2} I''_{LD} \tag{4-29}$$

其中,I''_{LD} 表示负荷提供的起始次暂态电流有效值;K_{shLD} 为负荷冲击系数,对小容量电机和综合负荷,取 1;对大容量电动机,则取 1.3~1.8。

例 4.2 试计算图 4-14 所示网络当 k 点发生三相短路时的冲击电流。

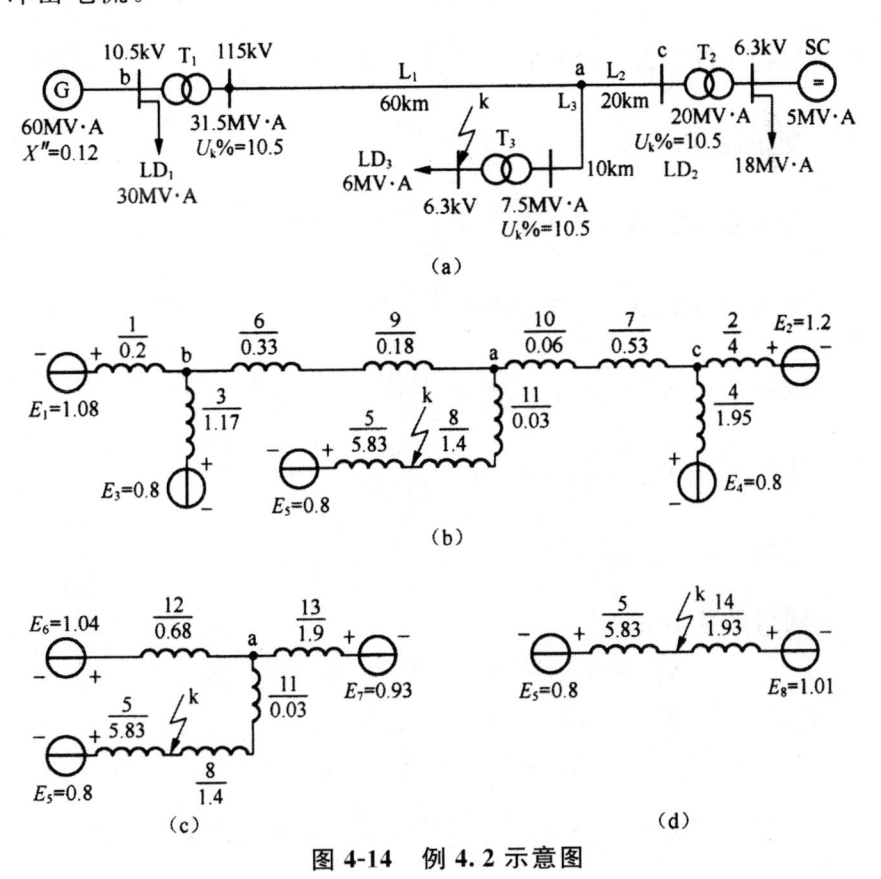

图 4-14 例 4.2 示意图

解：对于发电机 G，取 $E'' = 1.08, X'' = 0.12$
同步调相机 SC，取 $E'' = 1.2, X'' = 0.2$
负荷 $E'' = 0.8, X'' = 0.35$
线路电抗为 $0.4\ \Omega/\mathrm{km}$
取 $S_d = 100\ \mathrm{MV \cdot A}, U_d = U_{av}$，各元件的电抗标幺值计算如下：

发电机：$X_1 = 0.012 \times \dfrac{100}{60} = 0.2$

调相机：$X_2 = 0.2 \times \dfrac{100}{5} = 4$

负荷 LD1：$X_3 = 0.35 \times \dfrac{100}{30} = 1.17$

负荷 LD2：$X_4 = 0.35 \times \dfrac{100}{18} = 1.94$

负荷 LD3：$X_5 = 0.35 \times \dfrac{100}{6} = 5.83$

变压器 T1：$X_6 = 0.105 \times \dfrac{100}{20} = 0.53$

变压器 T2：$X_7 = 0.105 \times \dfrac{100}{20} = 0.53$

变压器 T3：$X_8 = 0.105 \times \dfrac{100}{7.5} = 1.4$

线路 L1：$X_9 = 0.4 \times 20 \times \dfrac{100}{115^2} = 0.18$

线路 L2：$X_{10} = 0.4 \times 20 \times \dfrac{100}{115^2} = 0.06$

线路 L3：$X_{11} = 0.4 \times 10 \times \dfrac{100}{115^2} = 0.03$

网络简化后，
$$X_{12} = (X_1 \cdot X_3) + X_6 + X_9 = 0.68$$
$$X_{13} = (X_4 \cdot X_2) + X_7 + X_{10} = 1.9$$
$$X_{14} = (X_{12} \cdot X_{13}) + X_8 + X_{11} = 1.93$$
$$E_6 = E_1 \cdot E_3 = \dfrac{E_1 X_3 + E_3 X_1}{X_1 + X_3} = 1.04$$

$$E_7 = E_2 \cdot E_4 = \frac{E_2 X_4 + E_4 X_2}{X_4 + X_2} = 0.93$$

$$E_8 = E_6 \cdot E_7 = \frac{E_2 X_{13} + E_4 X_{12}}{X_{13} + X_{12}} = 1.01$$

各起始暂态电流如下。

变压器 T3 提供的：$I'' = \dfrac{E_8}{X_{14}} = 0.523$

负荷 LD3 提供的：$I''_{LD3} = \dfrac{E_5}{X_5} = 0.137$

a 点残余电压为：$U_a = I''(X_8 + X_{11}) = 0.75$

线路 L1 的电流为：$I''_{L1} = \dfrac{E_6 - U_a}{X_{12}} = 0.427$

b 点残余电压为：$U_b = U_a + I''_{L1}(X_9 + X_6) = 0.97$

c 点残余电压为：$U_c = U_a + I''_{L2}(X_{10} + X_7) = 0.807$

因为 U_b 和 U_c 都大于 0.8，亦即 $E''_0 < U$，所以负荷 LD1 和负荷 LD2 不提供短路电流。因此来自变压器 T3 方向的短路电流均由发电机和调相机提供，可取 $K_{sh} = 1.8$。负荷 LD3 提供的短路电流可取 $K_{sh} = 1$。

短路点电压级的基准电流为

$$I_d = \frac{100}{\sqrt{3} \times 6.3} = 9.16 \text{ kA}$$

短路点的冲击电流为

$$I_{sh} = I_d(1.8 \times \sqrt{2} I'' + 1 \times \sqrt{2} I''_{LD}) = 13.97 \text{ kA}$$

考虑到负荷 LD1 和负荷 LD2 距离短路点都比较远，将其忽略。将同步发电机和调相机的次暂态电势均取 1，则网络对短路点总电抗近似计算为

$$X_{14} = (X_1 + X_6 + X_9) \cdot (X_2 + X_7 + X_{10}) + X_{11} + X_8 = 2.05$$

则由变压器 T3 提供的短路电流为

$$I'' = \frac{1}{2.05} = 0.49$$

短路点的冲击电流为

$$i_{sh} = I_d(1.8 \times \sqrt{2} I'' + 1 \times \sqrt{2} I''_{LD}) = 13.2 \text{ kA}$$

近似计算结果较前面的计算结果小 6%,在实际应用中,这种近似计算一般是允许的。

4.5 电力系统各元件的负序与零序参数

4.5.1 序阻抗的概念

设该线路每相的自阻抗为 Z_s,相间互阻抗为 Z_m,当线路上流过三相不对称电流时,元件各相的电压降为

$$\begin{bmatrix} \Delta \dot{U}_a \\ \Delta \dot{U}_b \\ \Delta \dot{U}_c \end{bmatrix} = \begin{bmatrix} Z_s & Z_m & Z_m \\ Z_m & Z_s & Z_m \\ Z_m & Z_m & Z_s \end{bmatrix} \begin{bmatrix} \dot{I}_a \\ \dot{I}_b \\ \dot{I}_c \end{bmatrix} \quad (4\text{-}30)$$

可简写为

$$\Delta U_{abc} = Z I_{abc} \quad (4\text{-}31)$$

将三相量变换为对称分量,得:

$$\Delta U_{120} = SZS^{-1} I_{120} = Z_s I_{120} \quad (4\text{-}32)$$

式中

$$\begin{aligned} Z_s = SZS^{-1} &= \begin{bmatrix} Z_s - Z_m & 0 & 0 \\ 0 & Z_s - Z_m & 0 \\ 0 & 0 & Z_s - Z_m \end{bmatrix} \\ &= \begin{bmatrix} Z_1 & 0 & 0 \\ 0 & Z_2 & 0 \\ 0 & 0 & Z_0 \end{bmatrix} \end{aligned} \quad (4\text{-}33)$$

上式称为序阻抗矩阵。代入式(4-32)并展开,有

$$\left. \begin{aligned} \Delta \dot{U}_{a1} &= Z_1 \dot{I}_{a1} \\ \Delta \dot{U}_{a2} &= Z_2 \dot{I}_{a2} \\ \Delta \dot{U}_{a0} &= Z_0 \dot{I}_{a0} \end{aligned} \right\} \quad (4\text{-}34)$$

式(4-34)表明,当电路通以某序对称分量的电流时,只产生同一序对称分量的电压降。反之,电路也只产生同一序对称分量

的电流。这样,便可以对正序、负序、零序分量分别进行计算。

据以上分析,所谓元件的序阻抗,是指元件三相参数对称时,元件两端某一序的电压降与通过该元件同一序电流的比值,即

$$\left.\begin{array}{l} Z_1 = \Delta \dot{U}_{a1}/\dot{I}_{a1} \\ Z_2 = \Delta \dot{U}_{a2}/\dot{I}_{a2} \\ Z_0 = \Delta \dot{U}_{a0}/\dot{I}_{a0} \end{array}\right\} \tag{4-35}$$

式中,Z_1,Z_2 和 Z_0 分别称为元件的正序阻抗、负序阻抗和零序阻抗。

4.5.2 同步发电机的负序电抗和零序电抗

在短路电流的实用计算中,同步发电机的负序电抗通常取

$$X_2 = \frac{1}{2}(X''_d + X''_q) \tag{4-36}$$

如无电机的确切参数,同步电机的负序电抗和零序电抗可按表 4-2 取值。

表 4-2 各种同步电机的负序和零序电抗

电机类型	X_2	X_0	电机类型	X_2	X_0
汽轮发电机	0.16	0.06	无阻尼绕水轮发电机	0.45	0.07
有阻尼绕组水轮发电机	0.25	0.07	同步调相机和大型同步电动机	0.24	0.08

注:均为以电机额定值为基准的标幺值。

4.5.3 异步电动机的负序电抗和零序电抗

异步电动机在扰动瞬时的正序电抗为 X''。假设异步电动机在正常情况下的转差率为 s,则转子对负序磁通的转差率为 $2-s$,即异步电动机的负序参数可以按转差率为 $2-s$ 来确定。

图 4-15 示出了异步电动机的等值电路图和电抗、电阻与转差率的关系曲线。其中,X_{ms},R_{ms} 是转差率为 s 时的电抗和电阻;X_{mN},R_{mN} 为额定运行情况下的电抗和电阻。在转差率小的部分

时,曲线变化很缓慢。因此,异步电动机的负序参数可用 $s=1$,即转子制动情况下的参数来代替,即 $X_2 \approx X''$。

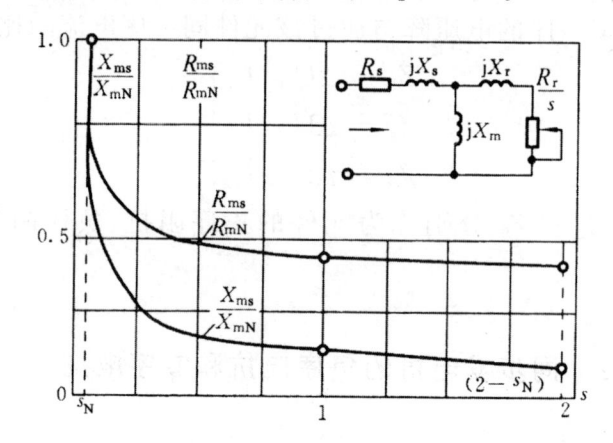

图 4-15 异步电动机等值电抗、电阻与转差率关系曲线

4.5.4 变压器的零序等值电路及其参数

1. 普通变压器的零序等值电路及其参数

变压器的正序、负序和零序等值电路具有相同的构成形式,如图 4-16 所示。

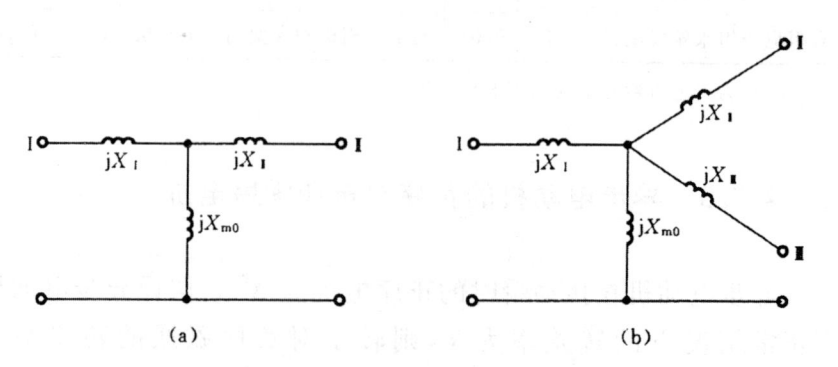

图 4-16 变压器的零序等值电路

(a)双绕组变压器;(b)三绕组变压器

变压器的漏抗($X_Ⅰ$、$X_Ⅱ$、$X_Ⅲ$)反映原、副边绕组间磁耦合的紧密情况,而励磁电抗 X_m 取决于主磁通路径的磁导。当变压器

通以负序电流时,主磁通的路径与通以正序电流时完全相同。由此可见,变压器正、负序等值电路及其参数是完全相同的。图4-17所示为三种常用的变压器铁芯结构及零序励磁磁通的路径。

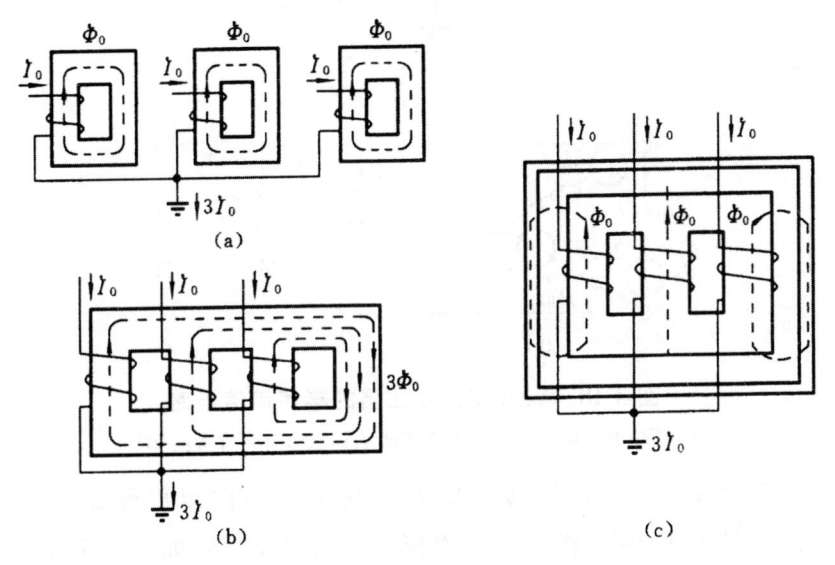

图 4-17 零序主磁通的磁路
(a)三相变压器组；(b)三相四柱式；(c)三相三柱式

2.变压器的负序阻抗和零序阻抗

变压器的零序电抗和正序、负序电抗很不相同,其绕组中有无零序电流以及零序电流的大小与变压器三相绕组的接线方式、变压器的结构密切相关。因此,下面只讨论变压器一次侧为接地星形的情形。

(1) YNd($Y_0/\triangle$)接线变压器。变压器星形侧流过零序电流时,电流在三角形绕组中形成环流,但流不到外电路上去,如图4-18(a)所示。三角形侧感应的电动势完全降落在该侧的漏电抗上[图4-18(b)],相当于该侧绕组短接。其零序等值电路如图4-18(c)所示,零序电抗为

$$X_0 = X_\mathrm{I} + \frac{X_\mathrm{II} X_\mathrm{m0}}{X_\mathrm{II} + X_\mathrm{m0}} \tag{4-37}$$

式中,X_I、X_II分别为变压器两侧绕组的漏抗；X_m0为零序励磁

电抗。

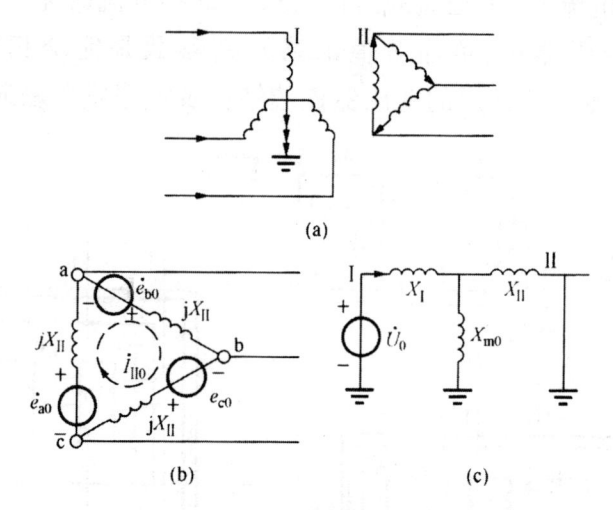

图 4-18 YNd 接线变压器的零序等值电路
(a)零序电流的流通；(b)三角形侧的零序环流；(c)零序等值网络

(2)YNy($Y_0/\triangle$)接线变压器。变压器一次星形侧流过零序电流，二次星形侧各相绕组中将感应零序电动势，如图 4-19(a)所示。此时，变压器对零序系统而言相当于空载，零序等值电路如图 4-19(b)所示，其零序电抗为

$$X_0 = X_{\rm I} + X_{m0} \tag{4-38}$$

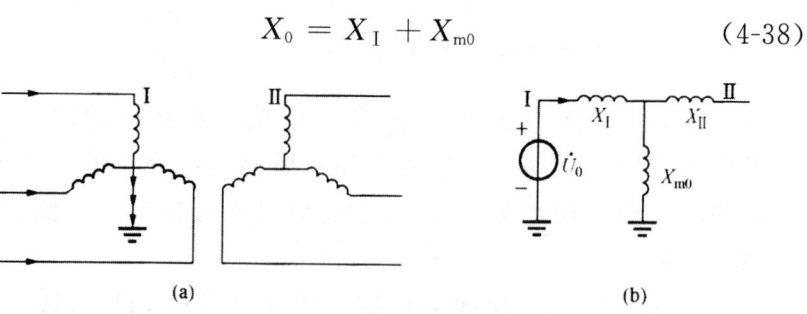

图 4-19 YNy 接线变压器的零序等值电路
(a)零序电流的流通；(b)零序等值电路

(3)YNyn(Y_0/Y_0)接线变压器。变压器一次星形侧流过零序电流，二次星形侧各相绕组中将感应零序电动势。如与二次侧相连的电路还有另一个接地中性点，则二次绕组中将有零序电流流过，如图 4-20(a)所示，等值电路如图 4-20(b)所示。

对于由三个单相变压器每相零序主磁通都有独立的铁心磁

路，磁阻很小，零序励磁电抗的数值很大，可以认为 $X_{m0} = \infty$。因此，当接线为 YNd 和 YNyn（外电路有接地中性点）时，$X_0 = X_I + X_{II} = X_1$ 当接线为 YNd 时，$X_0 = \infty$。

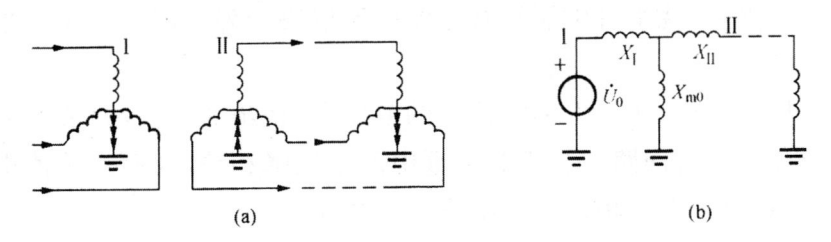

图 4-20 YNyn 接线变压器的零序等值电路
(a)零序电流的流通；(b)零序等值电路

对于三相三柱式变压器，零序磁通必须经过气隙由油箱壁中返回，要遇到很大的磁阻，励磁电抗比正、负序等值电路中的励磁电抗小得多，可大致取 $X_{m0}=0.3\sim1.0$，因此需计入 X_{m0} 的具体值。

对于图 4-21(a)所示变压器星形侧中性点经阻抗 Z_n 接地的情况，当变压器流过零序电流时，以 $3Z_n$ 反映中性点阻抗[图 4-21(b)]，也可以等效地将 $3Z_n$ 同它所接入的该侧绕组的漏抗相串联[图 4-21(c)]。

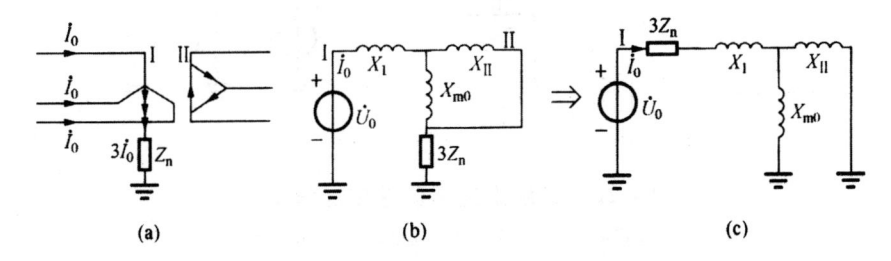

图 4-21 中性点经阻抗接地的 YNd 变压器及其等值电路
(a)中性点经阻抗接地的 YNd 变压器；(b)等值电路一；(c)等值电路二

（4）三绕组变压器。在三绕组变压器中，为了消除三次谐波磁通的影响，一般总有一个绕组是连成三角形的，以提供三次谐波电流的通路。通常的接线形式为 YNdy（$Y_0/\triangle/Y$）、YNdyn（$Y_0/\triangle/Y_0$）和 YNdd（$Y_0/\triangle/\triangle$）等。忽略励磁电流后，它们的等值电路如图 4-22 所示。

图 4-22(a)所示 YNdy 连接的变压器，绕组Ⅲ中没有零序电

流通过,因此,变压器零序电抗为

$$X_0 = X_Ⅰ + X_Ⅱ \tag{4-39}$$

图 4-22(b)所示 YNdyn 连接的变压器,绕组Ⅱ、Ⅲ中都可通过零序电流,绕组Ⅲ中能否有零序电流取决于外电路中有无接地中性点。

图 4-22(c)所示 YNdd 连接的变压器,绕组Ⅱ、Ⅲ各自成为零序电流的闭合回路。绕组Ⅱ和Ⅲ中的电压降相等,因而在等值电路中 $X_Ⅱ$ 和 $X_Ⅲ$ 并联。变压器的零序电抗为

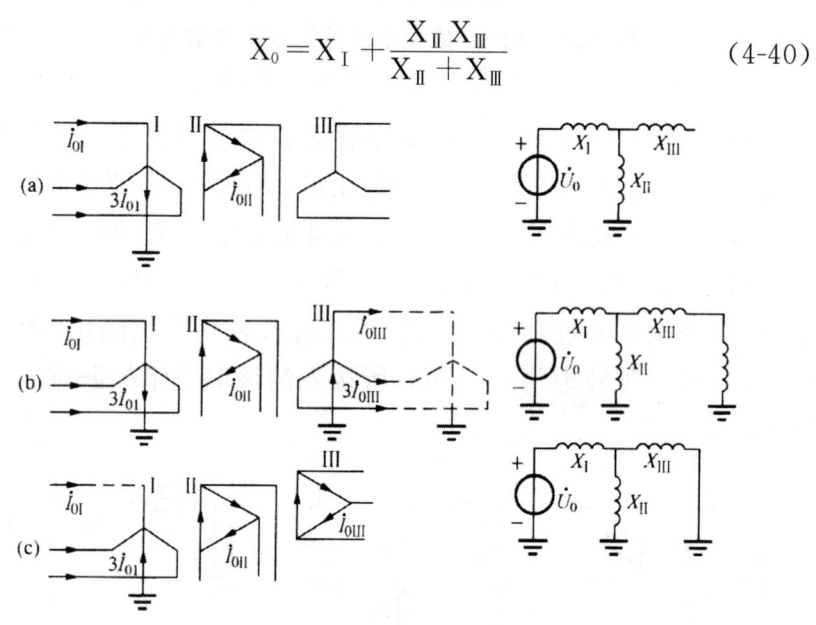

$$X_0 = X_Ⅰ + \frac{X_Ⅱ X_Ⅲ}{X_Ⅱ + X_Ⅲ} \tag{4-40}$$

图 4-22 三绕组变压器零序等值电路
(a)YNdy 连接;(b)YNdyn 连接;(c)YNdd 连接

4.6 电力系统各序网络的建立

4.6.1 应用对称分量法分析不对称短路

当电力系统发生不对称短路时,三相电路的对称条件受到破

坏。因此,分析电力系统不对称短路可以从研究这一局部的不对称对电力系统其余对称部分的影响入手。

现在根据图 4-23 所示的简单系统发生单相接地短路(a 相)来阐明应用对称分量法进行分析的基本方法。

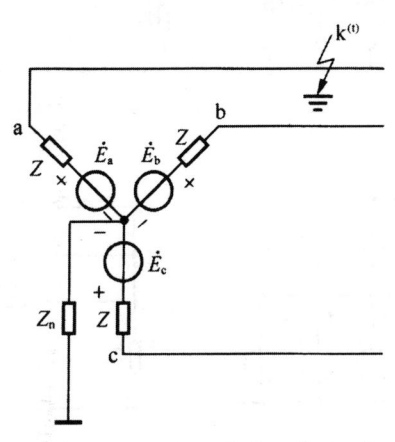

图 4-23 简单系统的三相短路

设同步发电机直接与空载的输电线相连,其中性点经阻抗 Z_n 接地。若在 a 相线路上某一点发生接地故障,故障点三相对地阻抗便出现不对称,短路相 $Z_a=0$,其余两相对地阻抗则不为零,各相对地电压亦不对称,短路相 $U_a=0$,其余两相不为零。

实现上述转化的依据是对称分量法。发生不对称短路时,短路点出现了一组不对称的三相电压,如图 4-24(a)所示。这组三相不对称的电压,可以用与它们的大小相等、方向相反的一组三相不对称的电势来替代,如图 4-24(b)所示。显然这种情况同发生不对称短路的情况是等效的。利用对称分量法将这组不对称电势分解为正序、负序及零序三组对称的电势,如图 4-24(c)所示。由于电路的其余部分仍然保持三相对称,可根据叠加原理,可以将图 4-24(c)分解为图 4-24(d)、(e)、(f)所示的 3 个电路。

对于每一序的网络,由于三相对称,可以只取出一相来计算,如取 a 相为基准相,便得到相应的 a 相正序、负序及零序网络,如图 4-25(a)、(b)、(c)所示。其中 $\dot{E}_{a\sum} = \dot{E}_a, Z_{a\sum} = Z_{G1} + Z_{L1}, Z_{2\sum} = Z_{G2} + Z_{L2}, Z_{0\sum} = Z_{G0} + Z_{L0} + 3Z_n$。

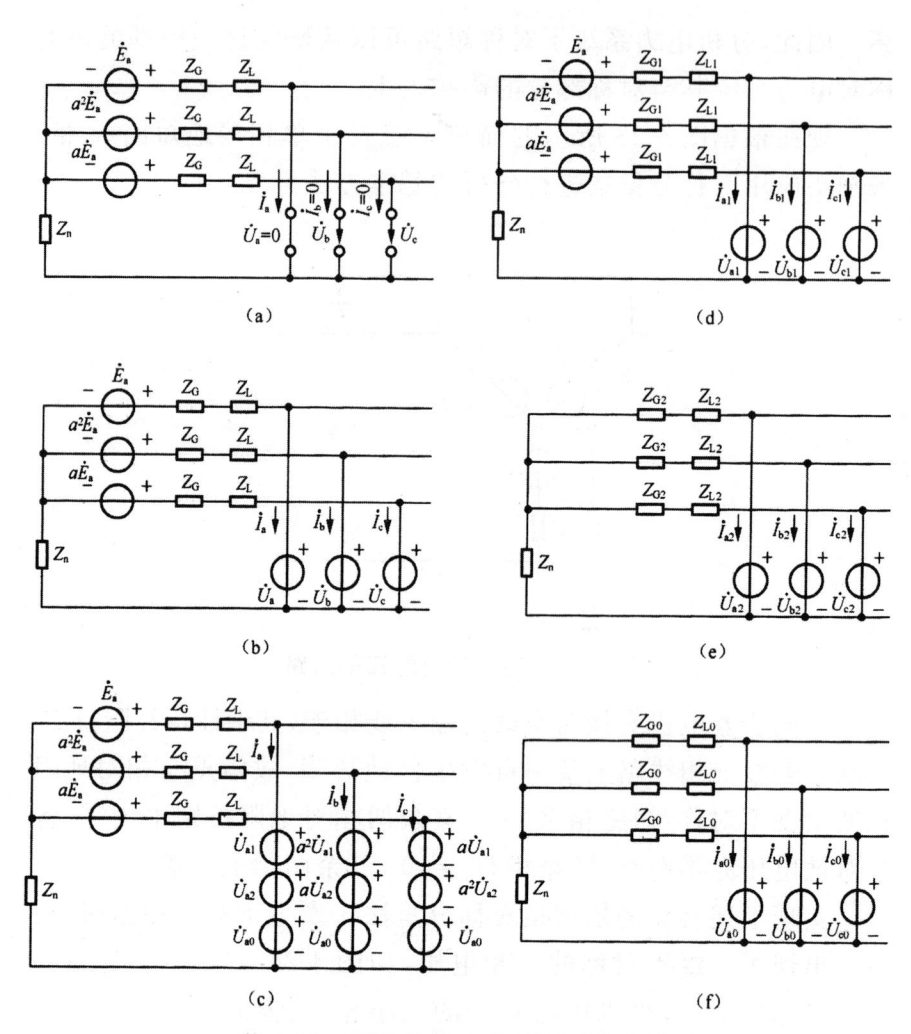

图 4-24 对称分量法分析不对称短路

(a)~(c)不对称电路转化为对称的过程；(d)~(f)正序、负序、零序网络

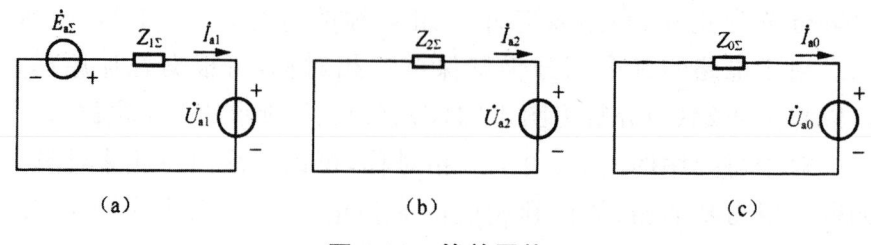

图 4-25 等效网络

(a)正序；(b)负序；(c)零序

虽然实际系统要比上述系统复杂得多。但是通过网络化简,总可以根据其各序的等值网络,列出各序网络在短路点处的电压方程式,如下

$$\left.\begin{array}{l}\dot{U}_{a1} = \dot{E}_{a\sum} - Z_1 \dot{I}_{a1} \\ \dot{U}_{a2} = 0 - Z_{2\sum} \dot{I}_{a2} \\ \dot{U}_{a0} = 0 - Z_{0\sum} \dot{I}_{a0}\end{array}\right\} \quad (4\text{-}41)$$

其中,$\dot{E}_{a\sum}$ 为正序网络相对短路点的组合电势;$E_{1\sum}$,$E_{2\sum}$,$E_{3\sum}$ 分别为正序、负序、零序网络中短路点的组合阻抗;$\dot{I}_{a1}$,$\dot{I}_{a2}$,$\dot{I}_{a0}$ 分别为短路点的正序、负序、零序电流;$\dot{U}_{a1}$,$\dot{U}_{a2}$,$\dot{U}_{a0}$ 分别为短路点的正序、负序、零序电压。

式(4-41)又被称为序网方程,它表明了发生各种不对称故障时各序电流和电压之间的相互关系。式中共有 $\dot{I}_{a1}$,$\dot{I}_{a2}$,$\dot{I}_{a0}$,$\dot{U}_{a1}$,$\dot{U}_{a2}$,$\dot{U}_{a0}$ 6个未知量,因此还需要另外3个方程进行联立才可以求解。比如,对于单相(a)接地短路,其故障边界条件为

$$\left.\begin{array}{l}\dot{U}_a = 0 = \dot{U}_{a1} + \dot{U}_{a2} + \dot{U}_{a3} \\ \dot{I}_b = 0 = \dot{I}_{b1} + \dot{I}_{b2} + \dot{I}_{b0} = a^2 \dot{I}_{a1} + a \dot{I}_{a2} + \dot{I}_{a0} \\ \dot{I}_c = 0 = \dot{I}_{c1} + \dot{I}_{c2} + \dot{I}_{c0} = a \dot{I}_{a1} + a^2 \dot{I}_{a2} + \dot{I}_{a0}\end{array}\right\} \quad (4\text{-}42)$$

联立式(4-41)和式(4-42)便可解出单相接地短路时短路点各序电流和各序电压。而故障点的各相电流及电压可由相应的序分量相加求得。

4.6.2 正序网络

正序网络与计算三相短路时的等值网络完全相同。在 10 kV 以上电力网的简化短路电流计算中,一般可不计电阻的影响。图 4-26(a)所示网络的正序网络如图 4-26(b)所示。正序网络为有源网络,根据等效发电机定理,从故障端口 k_1,O_1 处看正序网络,可将其简化为图 4-26(c)所示的等效网络。

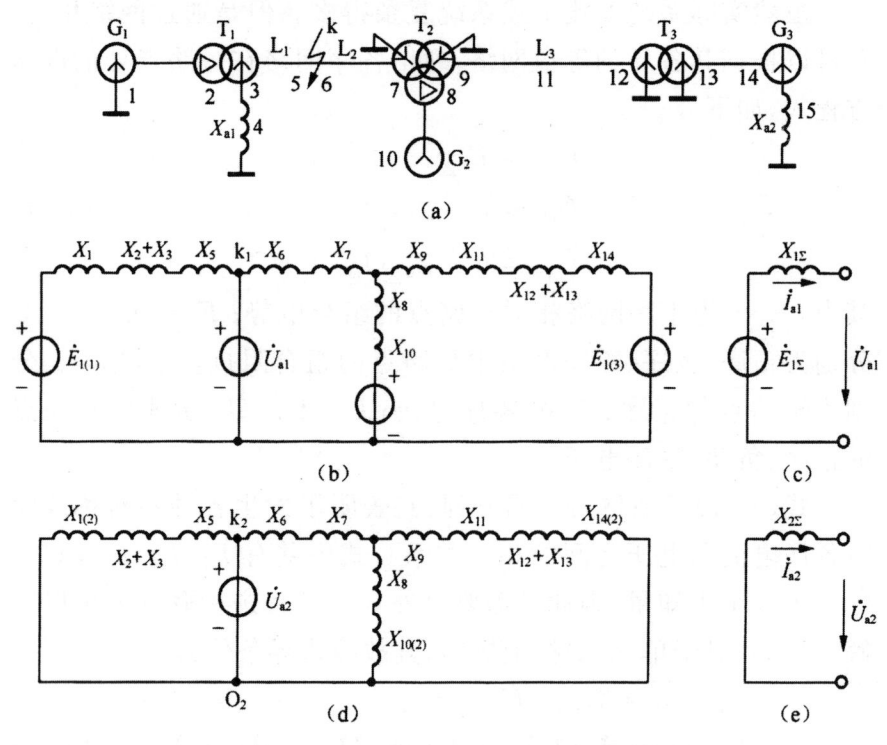

图 4-26　电力系统正序、负序网络的建立

(a)系统接线图；(b)、(c)正序网络；(d)、(e)负序网络

4.7　简单不对称短路的计算

4.7.1　两相短路电流的计算

在进行继电保护装置灵敏度校验时，需要知道供配电系统发生两相短路时的短路电流值。图 4-27 绘出了三相电路中发生两相短路的情况。

对一般用户供电系统可以认为电源为无限大容量系统，则其短路电流可如下求得

$$I_k^{(2)} = \frac{U_c}{2|Z_\Sigma|} \tag{4-43}$$

其中 U_c 为短路点计算电压。只计电抗时,则短路电流为

$$I_k^{(2)} = \frac{U_c}{2X_\Sigma} \tag{4-44}$$

其他两相短路电流 $I''^{(2)}$,$I_\infty^{(2)}$ 以及 $i_{sh}^{(2)}$,$I_{sh}^{(2)}$ 都可按前面对应的三相短路电流的公式计算。关于两相短路电流与三相短路电流的关系,可由 $I_k^{(2)} = \dfrac{U_c}{2|Z_\Sigma|}$ 和 $I_k^{(3)} = \dfrac{U_c}{\sqrt{3}|Z_\Sigma|}$ 求得,即

$$I_k^{(2)} = \frac{\sqrt{3}}{2} I_k^{(3)} = 0.866 I_k^{(3)} \tag{4-45}$$

上式说明,同一地点的两相短路电流为三相短路电流的 0.866 倍。因此,无限大容量系统中的两相短路电流,可在求出三相短路电流后利用式(4-45)直接求得。

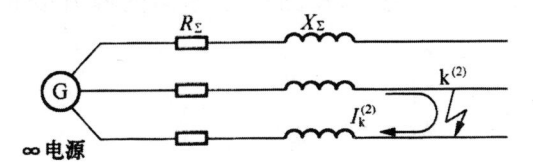

图 4-27 无限大容量系统中发生两相短路

4.7.2 单相短路电流的计算

在工程设计中,可利用下面两式计算单相短路电流

$$I_k^{(1)} = \frac{U_\phi}{|Z_{\phi-0}|} \tag{4-46}$$

$$|Z_{\phi-0}| = \sqrt{(R_T + R_{\phi-0})^2 + (X_T + X_{\phi-0})^2} \tag{4-47}$$

其中,U_ϕ 为电源相电压;$Z_{\phi-0}$ 为单相回路的阻抗,可查有关手册,或按式(4-47)计算;R_T,X_T 分别为变压器单相的等效电阻和电抗;$R_{\phi-0}$,$X_{\phi-0}$ 分别为相线与中性线或与保护线、保护中性线的回路的电阻和电抗。

4.8 电力网短路电流的效应

4.8.1 短路电流的热效应

1. 短路时导体的发热过程

由于短路电流超出正常电流许多倍时,将使电气设备的有关部分受到破坏。因此,通常把电气设备具有承受短路电流的热效应而不至于因短时过热而损坏的能力,称为电气设备具有足够的热稳定度。如图 4-28 表示短路前后导体的温升变化情况。

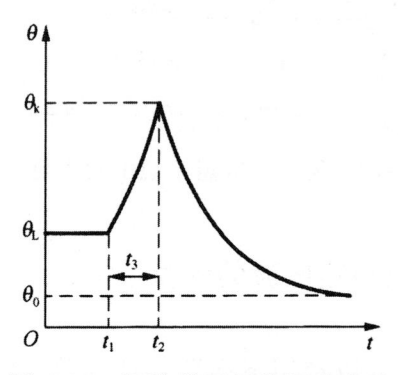

图 4-28 短路前后导体温升变化

按照导体的允许发热条件,导体在正常和短路时的最高允许温度可查表。例如铝母线,正常时的最高允许温度为 70℃,而短路时的最高允许温度为 200℃,即 $\theta_L \leqslant 70℃$,$\theta_k \leqslant 200℃$。

2. 短路时导体的发热计算

要计算短路后导体达到的最高温度 θ_k,按理就必须先求出短路期间实际的短路全电流 i_k 或 $I_{k(t)}$ 在导体中产生的热量 Q_k。但是 i_k 或 $I_{k(t)}$ 都是变动的电流,要计算 Q_k 是相当困难的,因此一般是采用一个恒定的短路稳态电流 I_∞ 来等效计算实际短路电流所产生的热量。由于通过导体的短路电流实际上不是 I_∞，因此就假定一个时间 i_{ima}，在这一时间内，导体通过 I_∞ 所产生的热量，恰好与实际短路电流 i_k 或 $I_{k(t)}$ 在短路时间 t_k 内所产生的热量相等。即

$$Q_k = \int_0^k I_{k(t)}^2 R dt = I_\infty^2 R t_{ima} \tag{4-48}$$

其中，R 为导体电阻；i_{ima} 为短路发热假想时间或热效时间，如图 4-29 所示。

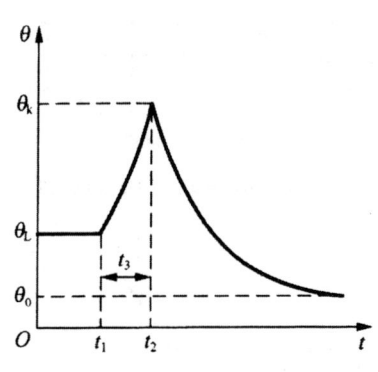

图 4-29 短路假想发热时间

短路发热假想时间可按照下式近似地计算

$$i_{ima} = t_k + 0.05(I''/I_\infty)^2 \tag{4-49}$$

在无限大容量电源系统中发生短路，由于 $I'' = I_\infty$，因此

$$i_{ima} = t_k + 0.05 \tag{4-50}$$

当 $t_k > 1$ s 时，可认为 $i_{ima} = t_k$。

短路时间 t_k 为短路保护装置实际最长的动作时间 t_{op} 与断路器（开关）的断路时间 t_{oc} 之和，即

$$t_k = t_{op} + t_{oc} \tag{4-51}$$

式中，t_{oc} 为断路器的固有分闸时间与其电弧延续时间之和。对于一般高压断路器（如油断路器），可取 $t_{oc} = 0.2$ s；对于高速断路器（如真空断路器），可取 $t_{oc} = 0.1 \sim 0.15$ s。

在工程设计中，一般是利用图 4-30 所示曲线来确定 θ_k。该曲线的横坐标用导体加热系数 K 来表示，纵坐标表示导体周围介质的温度 θ。由 θ_L 查 θ_k 的步骤如图 4-31 所示。

(1) 从纵坐标轴上找出导体在正常负荷时的温度 θ_L 值。

(2)由向既右查得相应曲线上的 a 点。

(3)由 a 点向下查得横坐标轴上的 K_L。

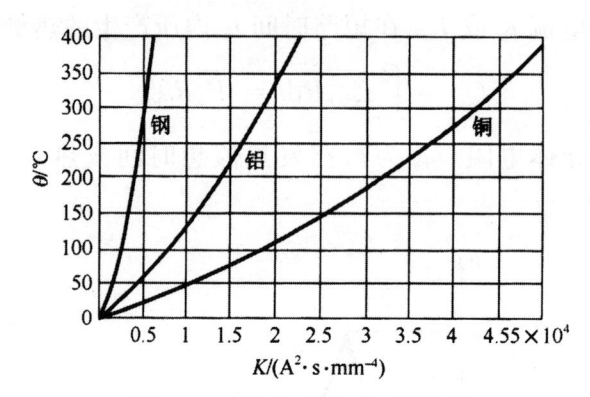

图 4-30 用来确定 θ_k 的曲线

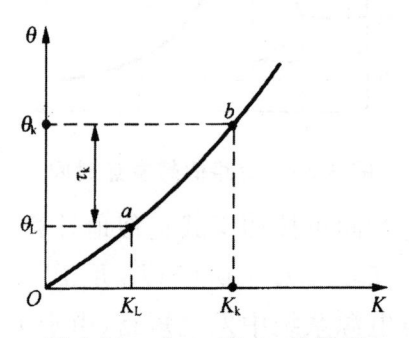

图 4-31 由 θ_L 查 θ_k 的说明

(4)利用式(4-52)计算，
$$K_k = K_L (I_\infty/A)^2 t_{ima} \tag{4-52}$$

其中，A 为导体的截面积，单位为 mm^2；I_∞ 为短路稳态电流，单位为 kA；t_{ima} 为短路发热假想时间，单位为 s。

4.8.2 短路电流的电动效应

物理学的知识告诉我们，处在空气中的两平行导体分别通以电流 i_1, i_2，而两导体的轴线距离为 a，档距（即相邻的两支持点间距离）为 L 时，则导体间的电动力为

$$F = \frac{\mu_0 K_f i_1 i_2 L}{2\pi a} = \frac{2 K_f i_1 i_2 L}{a} \times 10^{-7} (\text{N}) \tag{4-53}$$

其中，$\mu_0 = 4\pi \times 10^{-7}$ N/A² 为真空和空气的磁导率；K_f 为形状系数。

形状系数 K_f 与导体截面形状和相对位置有关，只有当导体截面非常小、长度 L 比导体之间距离 a 大得多，并且假定全部电流集中在导体轴线时，K_f 才等于 1。但在实际计算中，对于圆截面和矩形截面导体，当导体之间距离足够大时，可以认为 $K_f = 1$。在其他情况下，$K_f \neq 1$（如大工作电流的配电装置中各相母线有多条时，条间距离很小）。因此，对于导体间的净空距离大于截面周长且每相只有一条矩形截面导体的线路，式(4-53)中取 $K_f = 1$ 是适用的。

如果三相线路中发生两相短路，则两相短路冲击电流 $I_{sh}^{(2)}$ 通过两相导体时产生的电动力最大，为

$$F^{(2)} = \frac{2(i_{sh}^{(2)})^2 L}{a} \times 10^{-7} \text{(N)} \qquad (4-54)$$

如果三相线路中发生三相短路，则三相短路冲击电流 $i_{sh}^{(3)}$ 在中间相产生的电动力最大，为

$$F^{(3)} = \frac{\sqrt{3}(i_{sh}^{(3)})^2 L}{a} \times 10^{-7} \text{(N)} \qquad (4-55)$$

由于三相短路冲击电流与两相短路冲击电流有下列关系

$$\frac{I_{sh}^{(3)}}{I_{sh}^{(2)}} = \frac{2}{\sqrt{3}} = 1.15$$

因此三相短路与两相短路的最大电动力之比为

$$\frac{F^{(3)}}{F^{(2)}} = \frac{2}{\sqrt{3}} = 1.15$$

由此可见，校验电器和载流部分的动稳定度，一般都采用三相短路冲击电流盘 $i_{sh}^{(3)}$ 或短路后第一个周期的三相短路全电流有效值 $I_{sh}^{(3)}$。

4.8.3 短路电流的力效应

1. 两平行导体间的电动力

两根平行敷设的载流导体，当其分别流过电流 i_1, i_2 时，它们

之间的作用力为

$$F = 2Ki_1i_2\frac{l}{s} \times 10^{-7} \tag{4-56}$$

式中，F 为两平行导体间的电动力（N）；i_1，i_2 为载流导体中的电流（A）；l 为平行敷设的载流导体的长度（m）；s 为两载流导体轴线间的距离（m）；K 表示与载流导体形状和相对位置有关的形状系数，对圆形和管形导体，取 $K = 1$，对矩形导体，其值可根据 $\frac{s-b}{b+h}$ 和 $m = \frac{b}{h}$ 查图 4-32 得到。由图 4-32 可知，K 值在 $0\sim1.4$ 范围内变化，当 $\frac{s-b}{b+h} \geqslant 2$ 时，$K \approx 1$。

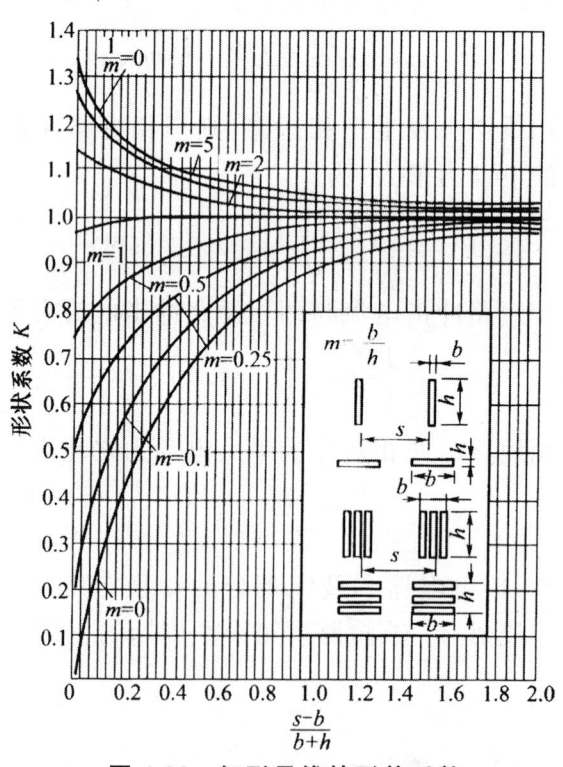

图 4-32 矩形母线的形状系数

2.三相平行母线间的电动力

若三相矩形母线水平等距离排列，当三相短路电流 i_{kA}，i_{kB}，i_{kC} 通过三相母线时，短路电流周期分量的瞬时值不会在同一时刻同方向,可分为图 4-33 所示的两种情况。图 4-33 中画出了三相母线中每条母线的受力情况。

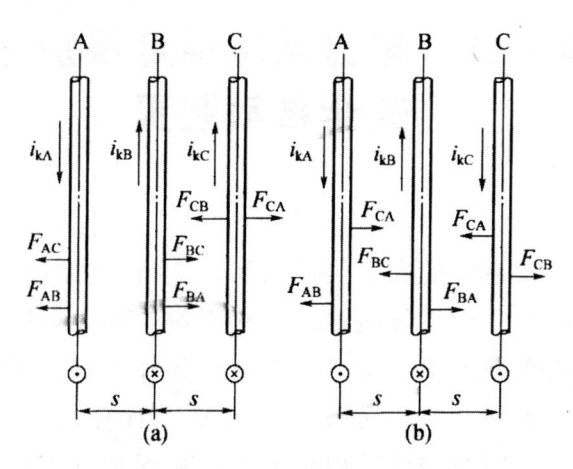

图 4-33 三相母线的受力情况
(a)边相电流与其余两相方向相反;(b)中间相电流与其余两相方向相反

经分析知:当边相电流与其余两相方向相反时,中间相(B相)受力最大,此时,B相所受电动力为

$$F_B = F_{BA} + F_{BC} = 2K(i_{kB} + i_{kC})\frac{l}{s} \times 10^{-7} \quad (4-57)$$

显然,母线间产生电动力最严重的时刻是通过冲击电流的瞬间,因此,最大电动力发生在中间相(B 相)通过最大冲击电流的时候,即

$$F_{B\max} = 2Ki_{shB}(i_{shA} + i_{shC})\frac{l}{s} \times 10^{-7} \quad (4-58)$$

式中,i_{shA},i_{shB},i_{shC} 通过各相导体中的冲击短路电流。

众所周知,最大的冲击短路电流只可能发生在一相,如 i_{shB},则 $i_{shA} + i_{shC}$ 的合成值将比 i_{shB} 略小,大约为 i_{shB} 的 $\sqrt{3}/2$ 倍。于是,三相平行母线的最大动力可按下式计算

$$F_{\max} = \sqrt{3}Ki_{sh}^2 \frac{l}{s} \times 10^{-7} \quad (4-59)$$

式中,$F_{\max}$ 为三相母线所受的最大电动力(N);i_{sh} 最大冲击短路电流(A)。

第 5 章　电力系统继电保护与安全自动装置

为保证一次系统的安全、可靠、经济运行,在发电厂和变电所中设置了专门为一次系统服务的二次系统。其中,继电保护是二次系统中非常重要的组成部分。本章首先介绍保护的作用,重点阐述线路电流电压保护的基本原理及整定计算,在此基础上,简要介绍距离保护以及变压器保护和发电机保护基本原理,最后介绍距离保护和安全自动装置的基础知识。

5.1　继电保护概述

5.1.1　继电保护的基本知识

1. 继电保护的作用

继电保护装置是指能反应电力系统中电气设备所发生的各种故障时,及时发出信号的一种反事故自动装置。继电保护是一种电力系统安全保障技术,也是电力系统的重要组成部分,它对保障系统安全运行,保证电能质量,防止故障扩大和事故发生,都有极其重要的作用。

2. 继电保护的基本原理

在电力系统中,可以利用流过某一元件电流方向的不同判定是保护区内还是区外故障,或是判定为正向故障还是反向故障

（方向电流保护），也可以利用不对称故障时出现的负序和零序分量作为判据构成各种保护。

继电保护装置是由一个或若干个继电器以一定的方式连接与组合，以实现上述各种保护原理的系统，其原理结构如图 5-1 所示，主要由测量环节、逻辑环节及执行环节组成。

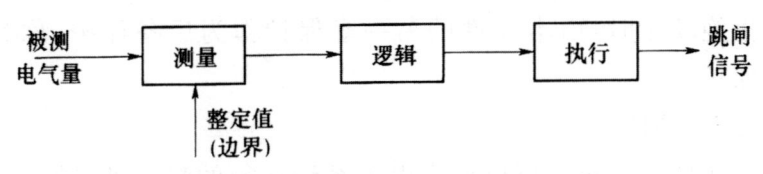

图 5-1　继电保护装置的原理结构图

3. 对继电保护的基本要求

无论构成原理如何，动作于断路器跳闸的继电保护装置，在技术上一般应满足选择性、速动性和灵敏性这三个基本要求。

(1)选择性

继电保护装置的选择性是指当电力系统中出现故障时，继电保护装置发出跳闸命令，使得故障停电范围尽可能小，保护无故障部分继续运行。

对于图 5-2 所示单侧电源供电网络，当 $k1$ 点故障时，按照选择性要求，断路器 QF1 和 QF2 的保护装置动作，断路器 QF1 和 QF2 跳闸，切除发生在线路 L1 上的故障，保证无故障部分继续运行。

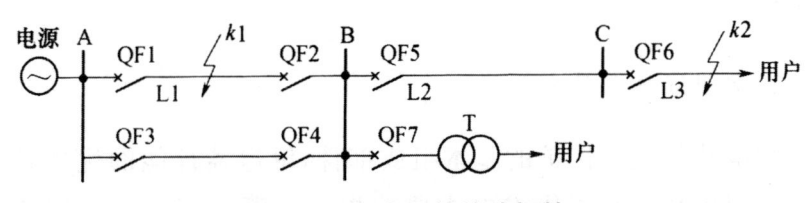

图 5-2　继电保护的选择性

当图 5-2 所示系统中 $k2$ 点短路时，根据选择性的要求，QF6 的保护装置应该动作，跳开 QF6，切除故障线路 L3。当由于某种原因，故障便不能消除，此时可由其前面一条线路 L2 的保护装置动作，切除故障。

QF5 保护装置的这种作用称为相邻元件的后备保护。同理，QF1 和 QF3 的保护可以作为 QF5 和 QF7 的后备保护。

后备保护又可以分为远后备、近后备。当后备保护是在远处（不是本线路上的保护）实现的，称为远后备保护；当本元件的主保护拒绝动作时，由本元件的另一套保护作为后备保护，称为近后备保护。

(2)速动性

快速地切除故障可以提高电力系统运行的稳定性，减少用户在电压降低的情况下工作的时间，缩小故障元件的损坏程度。因此，在发生故障时应力求保护装置能迅速动作切除故障。

(3)灵敏性

继电保护装置的灵敏性是指其对于保护范围内发生故障或非正常运行状态的反应能力。不论短路点的位置、短路的类型以及短路点是否有过渡电阻，都能敏锐感觉，正确反应。

对反应故障时参数增大的保护，即

K_s＝保护区内故障参量的最小计算值/保护装置的整定值

对反应故障时参数减小的保护，即

K_s＝保护装置的整定值/保护区内故障参量的最大计算值

5.1.2　常用保护继电器及操作电源

1.常用继电器简介

继电器是继电保护的基本组成部件，继电器性能的优劣是评价继电保护装置性能优劣的主要依据。下面介绍几种常用的继电器。

(1)电磁型电流继电器

电磁型继电器是根据电磁原理构成，从结构形式上可以分为三种，即螺管线圈式、吸引衔铁式和转动衔铁式继电器(又称舌片式继电器)。常用的 DL-10 系列电磁型电流继电器的基本结构如图 5-3 所示。

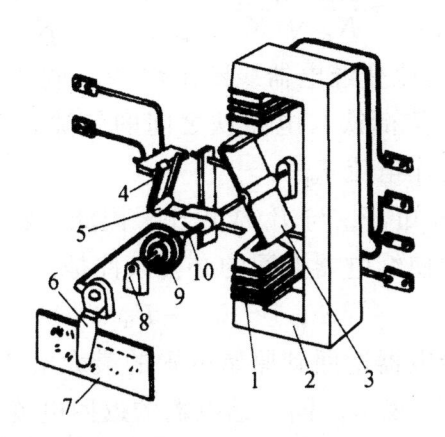

图 5-3 电磁型电流继电器的结构图

1—线圈;2—电磁铁;3—钢舌片;4—静触点;5—动触点;
6—起动电流调节转杆;7—标度盘(铭盘);8—轴承;9—反作用弹簧;10—转轴

当继电器线圈 1 中通过电流 I_K 时,在电磁铁 2 中产生磁通 Φ,电磁铁产生的电磁力 F_{em} 力图使 Z 形钢舌片 3 向磁极方向偏转。与此同时,转轴 10 上的反作用弹簧 9 又力图阻止钢舌片偏转。当继电器线圈中通过的电流足够大,使电磁力 F_{em} 大于弹簧的反作用力 F_{sp} 和摩擦力 F_{fr} 之和时,钢舌片被电磁铁吸引而偏转,导致继电器触点切换,使常开触点闭合,而常闭触点断开,这就叫作继电器动作。

电磁力 F_{em} 与磁通 Φ 的平方成正比,而磁通与磁势 $I_K N_K$ 成正比,与磁阻 R_m 成反比,因此

$$F_{em} = K \frac{I_K^2 N_K^2}{R_m^2} \tag{5-1}$$

式中,N_K 为继电器线圈的匝数;R_m 是磁通所经磁路的磁阻;K 是常数。

欲使继电器动作的必要条件是

$$F_{em} \geqslant F_{sp} + F_{fr} \tag{5-2}$$

能使电流继电器产生动作的最小电流,称为继电器的动作电流,用 $I_{op \cdot K}$ 表示。由式(5-1)和式(5-2)可知,继电器的动作电

流为

$$I_{\text{op}\cdot K} = \frac{R_{\text{m}}}{N_{\text{K}}}\sqrt{\frac{F_{\text{em}}}{K}} = \frac{R_{\text{m}}}{N_{\text{K}}}\sqrt{\frac{F_{\text{sp}} + F_{\text{fr}}}{K}} \tag{5-3}$$

由上式可知,改变继电器线圈匝数 N_{K}、调节反作用弹簧的松紧(调节 F_{sp})、调整衔铁与电磁铁之间的气隙长度(调节 R_{m}),均可改变继电器动作电流 $I_{\text{op}\cdot K}$。

由式(5-1)可知,F_{em} 与 I_{K}^2 成正比。因此,减小 I_{K} 就能使继电器返回原位。欲使继电器返回的必要条件是

$$F_{\text{sp}} \geqslant F_{\text{em}} + F_{\text{fr}} \tag{5-4}$$

能使电流继电器返回到原始位置的最大电流,称为继电器的返回电流,用 $I_{\text{re}\cdot K}$ 表示。同一继电器的返回电流与动作电流的比值,称为电流继电器的返回系数,用 K_{re} 表示,即

$$K_{\text{re}} = \frac{I_{\text{re}\cdot K}}{I_{\text{op}\cdot K}} \tag{5-5}$$

对于增量继电器(如过电流继电器),$K_{\text{re}} < 1$,一般要求 $K_{\text{re}} = 0.8 \sim 0.9$,$K_{\text{re}}$ 越接近于 1,说明继电器越灵敏;对减量继电器(如低电压继电器),$K_{\text{re}} > 1$,一般要求 $K_{\text{re}} = 1.06 \sim 1.2$。常用的电磁型过电流继电器返回系数一般为 0.85。

(2)电压继电器

过电压继电器的触点形式、动作值、返回值的定义与过电流继电器相类似,不再赘述。低电压继电器的触点为常闭触点。系统正常运行时低电压继电器的触点打开,一旦出现故障,引起母线电压下降达到一定程度(动作电压),继电器触点闭合,保护动作;当故障清除,系统电压恢复上升达到一定数值(返回电压)时,继电器触点打开,保护返回。

(3)中间继电器

中间继电器的主要作用是在继电保护装置和自动装置中用以增加触点数量以及容量,该类继电器一般都有几对触点,可以是常开触点或是常闭触点。

(4)信号继电器

信号继电器用作继电保护装置和自动装置动作的信号指示,

标示装置所处的状态或接通灯光(音响)信号回路。信号继电器动作之后触点自保持,不能自动返回,需由值班人员手动复归或电动复归。

几种常用继电器的图形及文字符号见表5-1。

表5-1 常用继电器图形及文字符号

序号	元件	文件符号	图形符号	序号	元件	文件符号	图形符号
1	过电流继电器	KA	$I>$	4	中间继电器	KM	
2	欠电压继电器	KV	$U<$	5	信号继电器	KS	
3	时间继电器	KT	t	6	差动继电器	KD	

2. 电力系统继电保护的工作配合

每一套保护都有预先严格划定的保护范围,只有在保护范围内发生故障,该保护才动作。保护范围划分的基本原则是任一个元件的故障都能可靠地被切除并且造成的停电范围最小,或对系统正常运行的影响最小,一般借助于断路器实现保护范围的划分。

图5-4给出了一个简单电力系统部分电力元件的保护范围的划分,其中每个虚线框表示一个保护范围。由图可见,发电机保护与低压母线保护、低压母线保护与变压器保护等上、下级电力元件的保护区间必须重叠,这是为了保证任意处的故障都置于保护区内。同时重叠区越小越好,因为在重叠区内发生短路时,会造成两个保护区内所有的断路器跳闸,扩大停电范围。

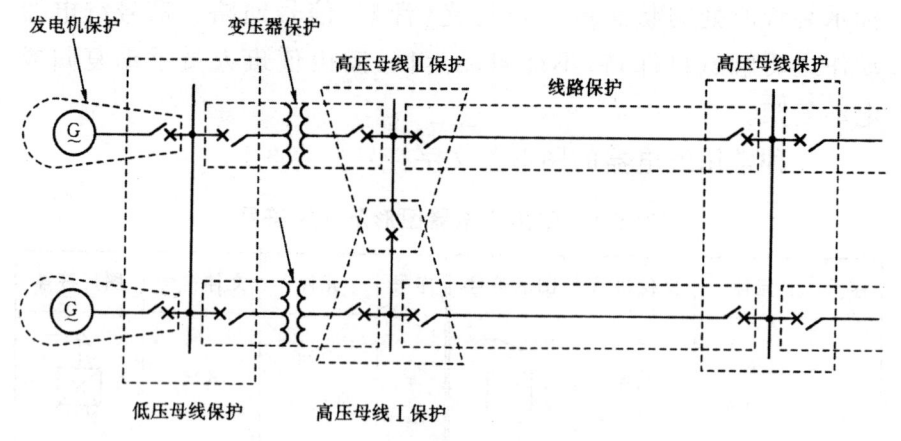

图 5-4 保护范围和配合关系示意图

5.2 电流保护

5.2.1 无时限速断保护（Ⅰ段）

在保证选择性和可靠性要求的前提下，根据对继电保护快速性的要求，切除故障的时间尽可能短，进行电流速断保护。①

1. 原理

图 5-5 所示的单侧电源电网，在短路时能够切除故障线路，在每条线路的电源侧（也称为线路的首端）都装设了断路器和相应的电流速断保护装置。线路 L_1 对应保护 1，线路 L_2 对应保护 2。当线路上任一点发生三相短路时，流过保护安装地点的电流最大值为

$$I_{k \cdot max}^{(3)} = \frac{E_S}{Z_S + Z_1 L_k} \tag{5-6}$$

最小值为

---

① 电流速断保护是指反应电流增加，且不带时限动作的电流保护。

第 5 章 电力系统继电保护与安全自动装置

$$I_{k \cdot min}^{(2)} = \frac{\sqrt{3}}{2} \cdot \frac{E_S}{Z_S + Z_1 L_k} \tag{5-7}$$

其中,E_S 为电源等效相电势;Z_S 为系统阻抗;Z_1 为线路单位长度的正序阻抗,单位为 Ω/km;L_k 为保护安装点至故障发生点的距离。

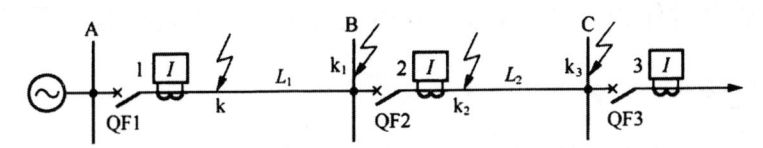

图 5-5　单侧电源电网无时限电流速断保护示意图

2.整定计算

(1)动作电流

对线路 L_1 而言,其所在区间的任意点 k 发生短路时,对应的保护 1 都应当瞬时动作;若线路 L_2 的首端 k_2 发生短路,保护 1 不应动作,而保护 2 应当瞬时动作,以保证选择性。因此保护 1 的动作电流 $I_{op \cdot 1}$ 应躲过 k_2 点的最大短路电流 $I_{k \cdot max \cdot 2}^{(3)}$,即应满足 $I_{op \cdot 1} > I_{k \cdot max \cdot 2}^{(3)}$,所以有

$$I_{op \cdot 1} = K_{rel} \cdot I_{k \cdot max \cdot 2}^{(3)} \tag{5-8}$$

其中,K_{rel} 为可靠系数,一般取 1.2~1.3。

(2)保护范围

保护范围常用来衡量电流速断保护的灵敏度,保护范围越长,表明保护越灵敏。系统为最大运行方式的三相短路时,保护范围最大($L_k = L_{max}$);系统为最小运行方式($Z_S = Z_{S \cdot max}$)的两相短路时保护范围最小($L_k = L_{min}$)。求保护范围时按照后者考虑,此时,根据式(5-8)有

$$L_{min} = \frac{1}{Z_1} \left[\frac{\sqrt{3}}{2} \cdot \frac{E_S}{I_{k \cdot min}^{(2)}} - Z_{S \cdot max} \right] \tag{5-9}$$

按照规定,保护范围的相对值要满足

$$L_k\% = \frac{L_{min}}{L} \times 100\% \geqslant 15\% \sim 20\% \tag{5-10}$$

其中 L 为保护所在线路的长度。

(3)动作时限

电流速断保护没有人为设置的延时,只需考虑继电保护固有的动作时间。考虑到线路中管型避雷器的放电时间约为 0.04~0.06 s,应在速断保护装置中加装保护出口中间继电器,一方面避免当避雷器放电时保护误动作,另一方面也可扩大接点的容量和数量。

3. 接线

电流速断保护的单相原理接线如图 5-6 所示。电流继电器 KA 接于电流互感器 TA 的二次侧,当流过它的电流大于它的动作电流后,电流继电器 KA 动作,启动中间继电器 KM,KM 触点闭合后,经信号继电器 KS 线圈、断路器辅助触点 QF 接通跳闸线圈 YR,使断路器跳闸。

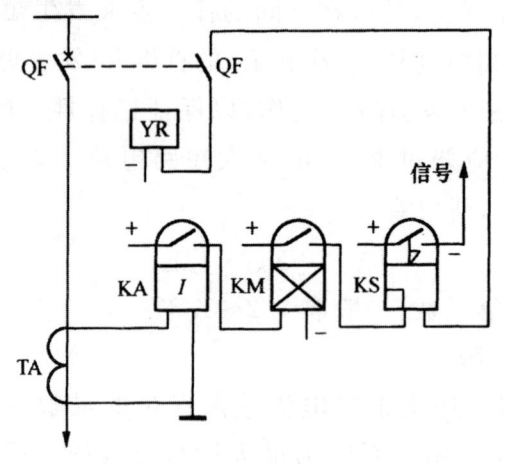

图 5-6 电流速断保护原理接线图

5.2.2 限时电流速断保护(Ⅱ段)

为了达到保护线路全长的目的,限时电路速断保护[①]的范围

---

① 限时电流速断保护是指电流速断保护具有不能保护其所在线路全长的缺点,为能够快速切除线路其余部分的短路,所增设的第二套保护。

必须能够延伸到下一条线路,其时限要有一定限制,尽量缩短。因为这一时限的大小与保护延伸范围相关,为了使时限尽可能小,要保证限时电流速断保护的保护范围不超过下一条线路电流速断保护的保护范围,即限时电流速断保护要躲过电流速断保护的动作。

1. 整定

(1) 动作电流

如前所述,限时电流速断保护的动作电流要躲开下一条线路电流速断保护的动作电流,即

$$I_{\text{op} \cdot 1}^{\text{II}} = K_{\text{rel}}^{\text{II}} \cdot I_{\text{op} \cdot 2}^{\text{I}} \tag{5-11}$$

其中,$I_{\text{op} \cdot 1}^{\text{II}}$ 为线路 L_1 的限时电流速断保护动作电流;$I_{\text{op} \cdot 2}^{\text{I}}$ 为线路 L_2 的电流速断保护的动作电流;$K_{\text{rel}}^{\text{II}}$ 为限时电流速断保护的可靠系数,取 1.1~1.2。

(2) 动作时限

为了保证一定的选择性,限时电流保护的动作时限应当比下一线路电流速断保护高出一个时限级差 Δt,即

$$t_1^{\text{II}} = t_2^{\text{I}} + \Delta t \tag{5-12}$$

其中,t_1^{II} 为线路 L_1 限时电流速断保护的动作时限;t_2^{I} 为线路 L_2 电流速断保护的动作时限;Δt 为时限极差,一般取 0.35~0.5 s,实际按照 0.5 s 取。

限时电流速断保护与下一条线路电流速断保护的时限配合如图 5-7 所示。电流速断保护和限时电流速断保护同时安装在线路上后,通过之间的相互配合,可保证在 0.5 s 内切除全线路范围内的故障。具有切除全线路范围故障能力的保护被称为该线路

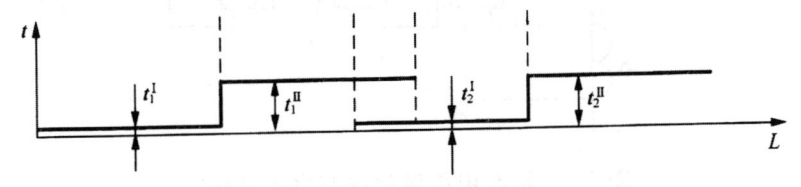

图 5-7 限时电流速断保护时限特性

的主保护。因此,电流速断保护和限时电流速断保护一起可构成线路的主保护。

2. 灵敏度校验

为了能够保护本线路的全长,限时电流速断保护在系统最小运行方式时,应具有足够的灵敏性,一般用灵敏系数来校验

$$K_{\text{sen}}^{\text{II}} = \frac{I_{\text{k·min}}^{(2)}}{I_{\text{op}}^{\text{II}}} \geqslant 1.3 \sim 1.5 \qquad (5-13)$$

其中,$K_{\text{sen}}^{\text{II}}$ 为限时电流速断保护的灵敏度系数;$I_{\text{k·min}}^{(2)}$ 为在最小运行方式下被保护线路末端发生两相短路时流过保护装置的短路电流;$I_{\text{op}}^{\text{II}}$ 为被保护线路限时电流速断保护的动作电流。

3. 原理接线图

限时电流速断保护的单线原理接线如图 5-8 所示。其动作过程与电流速断保护基本相同,不同的是用时间,继电器 KT 代替了中间继电器 KM。当电流继电器 KA 动作后,需经 KT 建立延时 t^{II} 后才能动作于跳闸。若在 t^{II} 之前故障已被切除,则已经启动的 KA 返回,使 KT 立即返回,整套保护装置不会误动作。

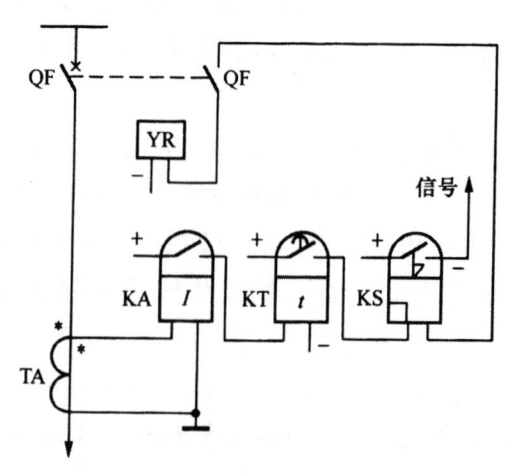

图 5-8 限时电流速断保护原理接线图

5.2.3 定时限过电流保护（Ⅲ段）

1. 工作原理

定时限过电流保护要反映短路电流的增大并产生动作，从而作为所在线路主保护的近后备保护。作为下一条线路的保护及断路器拒动时的远后备保护如图 5-9 所示。在最大负荷时，保护不应当动作。当 k 点发生短路故障时，QF$_1$（保护 1）和 QF$_2$（保护 2）的定时限电流保护都应启动，根据选择性的要求，应由 QF$_2$ 在短时内切除故障。然后变电站 B 的母线电压得到恢复，所接负荷的电动机自启动，此时流过 QF$_1$ 的最大电流为自启动电流（大于最大负荷电流），要注意使 QF$_1$ 在此电流下能可靠返回。

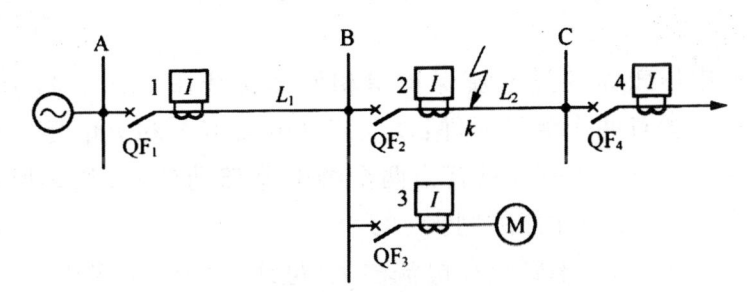

图 5-9 定时限过电流保护原理图

2. 整定

过电流保护的动作时限是按阶梯原则来选择的。从离电源最远的保护开始，如图 5-10 中保护 4 处于电网的末端，只要发生故障，它可以瞬时动作切除故障，所以 t_4 只是保护装置本身的固有动作时间，即 $t_4 \approx 0$ s。为保证选择性，保护 3 的动作时间 t_3 应比 t_4 高一个时间级差位，即

$$t_3 = t_4 + \Delta t = 0.5 \text{ s}$$

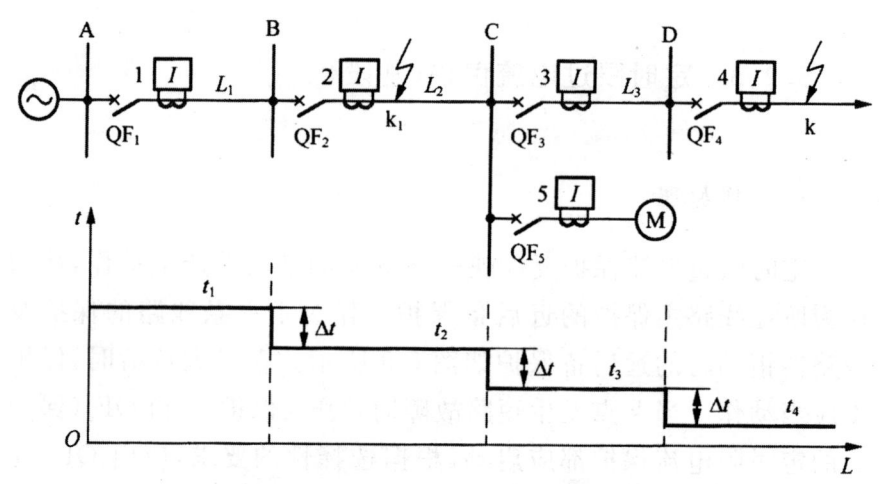

图 5-10 单侧电源辐射形电网过电流保护动作时限选择说明图

5.2.4 低电压闭锁的过电流保护

低电压闭锁的过电流保护单相原理接线图如图 5-11 所示。该保护装置有两个测量元件：过电流继电器 KA 和欠电压继电器 KV，它们的触点串联，只有当两个继电器都动作时，整套保护装置才会启动，保护才能跳闸。

正常运行时，不管负荷电流多大，母线上的电压变化不大，低电压继电器不会动作（正常时其常闭触点是断开的）。在此情况下，即使过电流继电器动作，保护也不会跳闸。因此，保护装置的动作电流可不按躲过最大自启动电流 $K_{st}I_{L\cdot max}$ 来整定，而按躲过正常工作负荷电流 I_N（或计算电流 I_{30}）整定即可，即

$$I_{op\cdot k} = \frac{K_{rel}K_w}{K_{re}K_i}I_{30} \tag{5-14}$$

这样就大大减小了继电器的动作电流，从而提高了保护的灵敏度。低电压继电器的动作电压按躲过母线的最小工作电压 $U_{w\cdot min}$ 来整定，即

$$U_{op\cdot k} = \frac{U_{w\cdot min}}{K_{rel}K_{re}K_u} \tag{5-15}$$

式中，$U_{w\cdot min}$ 为母线的最小工作电压，取 $0.9U_N$；K_{re} 为返回系数，取

1.25；K_{rel} 为可靠系数，取 1.1～1.2；K_u 为电压互感器的变压比。

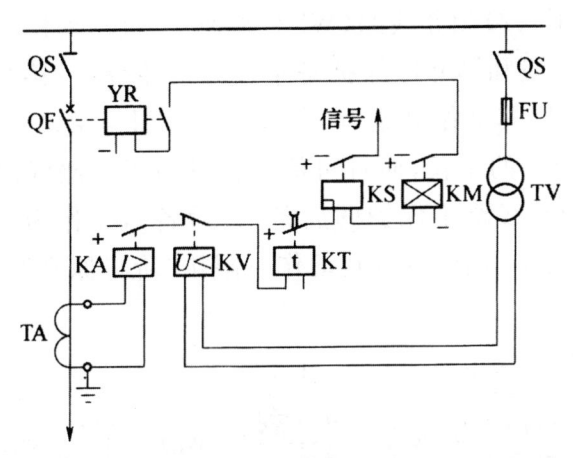

图 5-11 低电压闭锁的过电流保护原理接线图

5.2.5 三段式电流保护

由于前述的电流速断保护、限时电流速断保护及定时限过电流保护单独使用时各有优缺点。因此，为了迅速而有选择地切除本线路上的故障及作为相邻下一级线路的远后备保护，在 110 kV 以下单侧电源辐射形网络中往往采用由电流速断保护(称作第 I 段)、限时电流速断保护(称作第 II 段)和定时限过电流保护(称作第 III 段)配合构成整套保护。其中，I，II 段联合作为线路的主保护，III 段作为本线路的近后备和相邻线路的远后备保护。但为了简化，在有些情况下，可以只装设两段保护(如 I，III 段或 II，III 段)，甚至仅装一段。

1. 三段式电流保护的保护范围及时限配合

三段式过电流保护必须处理好两个配合关系，即保护区和动作时限的相互配合，如图 5-12 所示。线路 WL1 的第 1 段保护为电流速断保护，其动作电流为 $I_{op.1}^I$，保护范围为 l_1^I，动作时间 t_1^I 为继电器的固有动作时间，它只能保护本线路的一部分，其动作时限不需要考虑配合问题；第 II 段保护为限时电流速断保护，其

动作电流为 $I_{\text{op}.1}^{\text{II}}$，保护范围为 l_1^{II}，它不仅能保护本线路的全长，而且有可能向下一级相邻线路（WL2）延伸了一段，动作时限为 $t_1^{\text{II}} = t_2^{\text{I}} + \Delta t$，第Ⅰ段和第Ⅱ段保护是本线路的主保护；第Ⅲ段为定时限过电流保护，其动作电流为 $I_{\text{op}.1}^{\text{III}}$，保护范围为 l_1^{III}，它不仅保护了相邻线路 WL2 的全长，而且可能延伸到再下一级线路（WL3）一部分，既作为本线路主保护的后备（近后备），又作为下一级相邻线路保护的后备（远后备），其动作时限按"阶梯原则"整定为 $t_1^{\text{III}} = t_2^{\text{III}} + \Delta t$。

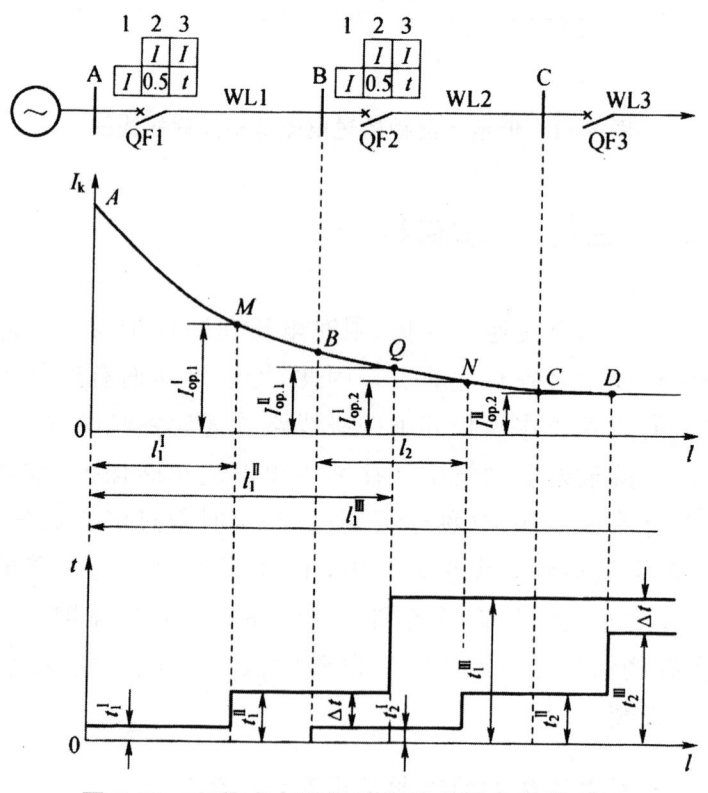

图 5-12 三段式电流保护保护范围和动作时限

2. 三段式电流保护的构成

由电磁式电流继电器构成的三段式电流保护的原理接线图和展开图如图 5-13 所示。保护采用不完全星形接线。它的第Ⅰ段保护由电流继电器 KA1、KA2，中间继电器 KM 和信号继电器

KS1 组成；第Ⅱ段保护由电流继电器 KA3、KA4，时间继电器 KT1 和信号继电器 KS2 组成；第Ⅲ段保护由电流继电器 KA5、KA6、KA7，时间继电器 KT2 和信号继电器 KS3 组成。为了提高在 Yd 接线变压器后两相短路时第Ⅲ段的灵敏度，故该段采用了两相三继电器接线。

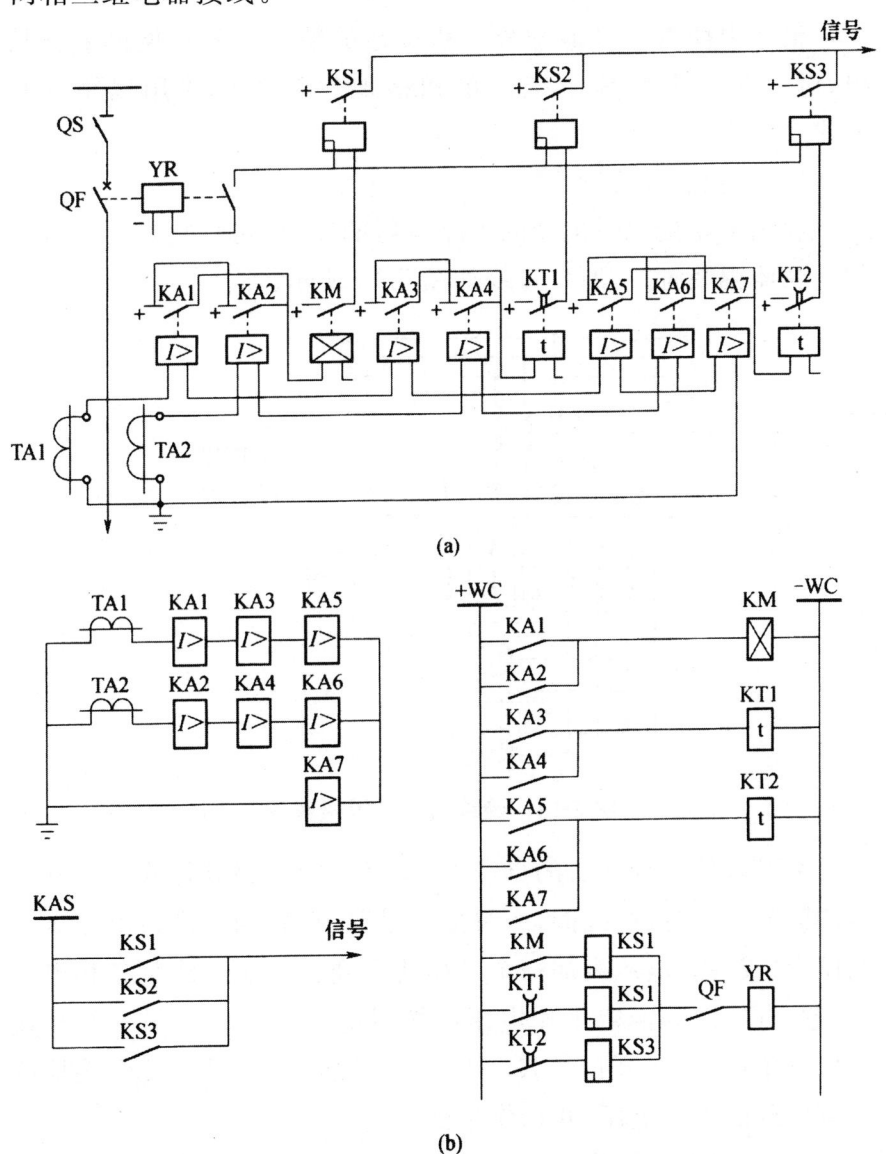

图 5-13　三段式电流保护

(a)原理图；(b)展开图

5.2.6 小电流接地系统零序电流保护

1. 中性点不接地系统的保护

根据中性点不接地系统单相接地的特点以及电网的具体情况,对中性点不接地系统的单相接地保护可以采用以下几种方式。

(1)绝缘监视装置

利用单相接地时出现的零序电压的特点,可以构成无选择性的绝缘监视装置,其原理接线如图5-14所示。

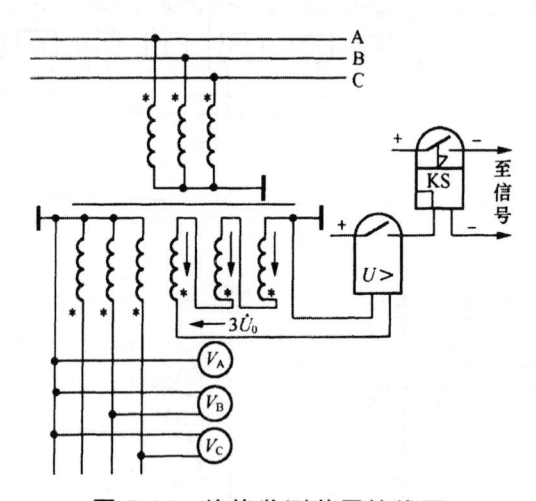

图 5-14 绝缘监测装置接线图

在发电厂或变电所的母线上,装有一套三相五柱式电压互感器,其二次侧有两组线圈,一组接成星形,在它的引出线上接3只电压表(或一只电压表加一个三相切换开关),用于测量各相电压(注意:电压表的额定工作电压应按线电压来选择);另一组接成开口三角形,并在开口处接一只过电压继电器,用于反应接地故障时出现的零序电压,并动作于信号。

(2)零序电流保护

对于架空线路,采用零序电流过滤器的接线方式,即将继电

第 5 章　电力系统继电保护与安全自动装置

器接在完全星形接线的中线上,如图 5-15 所示。对于电缆线路,采用零序电流互感器的接线方式,如图 5-16 所示。

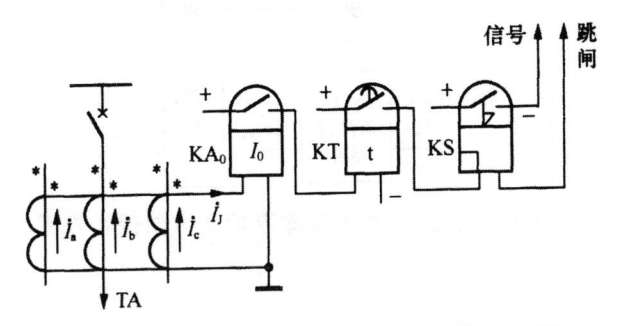

图 5-15　架空线路用零序电流保护原理图

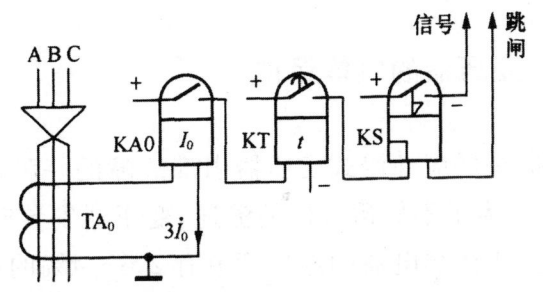

图 5-16　电缆线路用零序电流保护原理接线图

2.中性点经消弧线圈接地系统的保护

在中性点经消弧线圈接地的电网中,谐波电流中数值最大的是 5 次谐波分量。由于消弧线圈对 5 次谐波分量呈现的阻抗较基波分量时增大 5 倍 ($X_L = 5\omega L$),而线路的容抗则减小 5 倍 $\left(X_{C\Sigma} = \dfrac{1}{5\omega C_{0\Sigma}}\right)$,因此,消弧线圈已远远不能补偿 5 次谐波的电容电流。

图 5-17 所示就是反映 5 次谐波零序功率方向保护的方框结构图,输入的电流和电压分别经 5 次谐波过滤器后,只输出零序电流和零序电压的 5 次谐波分量,然后接入功率方向继电器,即可反应于它们的相位而动作。

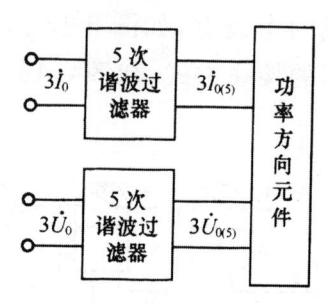

图 5-17　反映 5 次谐波零序功率方向保护框图

5.3　电力变压器保护

5.3.1　变压器的气体保护

气体保护是反应油浸式变压器内部故障的一种保护装置,如图 5-18 所示。为了不妨碍气体的流通,变压器安装时应有 1%～1.5%的坡度,通往继电器的连接管道有 2%～4%的坡度。

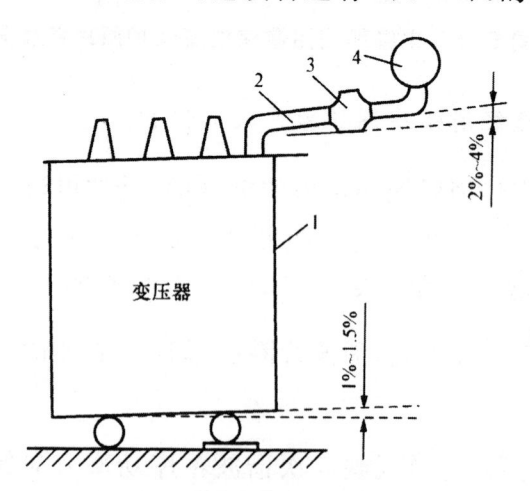

图 5-18　气体继电器的安装位置

1—变压器油箱;2—连接管;3—气体继电器;4—储油柜

气体继电器有两个输出触点,如图 5-19 所示,一个反应变压器内部的不正常情况或轻微故障,这时轻微气体保护动作于信号;另一个反应变压器严重故障,这时严重气体保护动作于变压器各侧断路器。

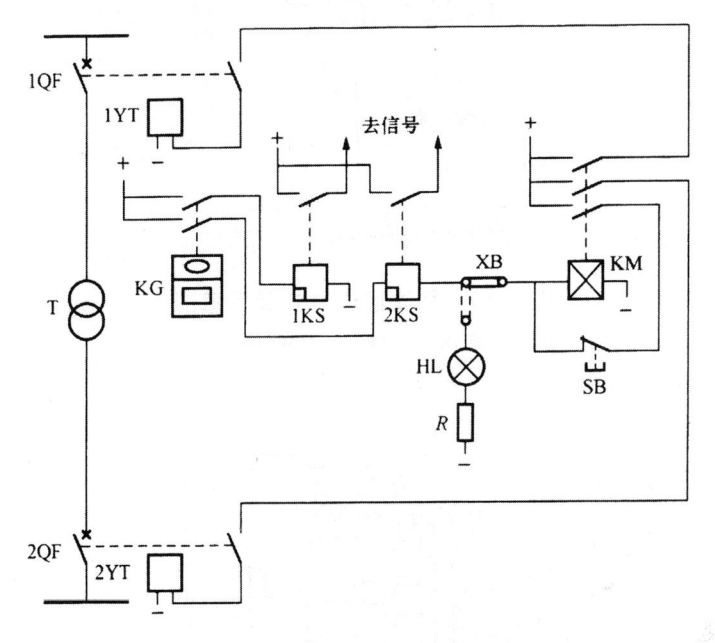

图 5-19　变压器气体保护原理图

KG—气体继电器;1KS—轻微故障信号;2KS—严重故障信号;
XB—连接片;KM—中间继电器;SB—按钮;1YT—断路器 1QF 跳闸线圈;
2YT—断路器;2QF—跳闸线圈

5.3.2　瓦斯保护

瓦斯保护[①]的主要元件是气体继电器,如图 5-20 所示。为了不妨碍气体的流通,变压器安装时顶盖与水平面应有 1‰～1.5‰ 的坡度,通往继电器的连接管道应有 2‰～4‰ 的坡度。

气体继电器的型式很多,目前在我国电力系统中推广应用的是开口杯挡板式气体继电器,其内部结构如图 5-21 所示。

---

① 瓦斯保护是反应油浸式变压器内部故障的一种保护装置。

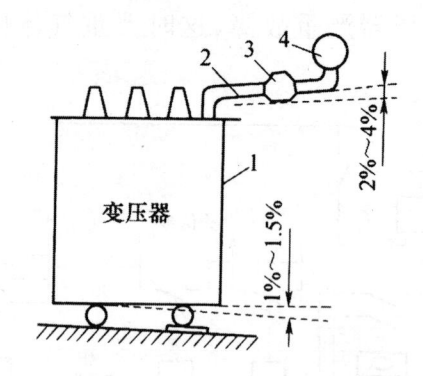

图 5-20 气体继电器安装示意图

1—变压器油箱；2—连接管；3—气体继电器；4—油枕

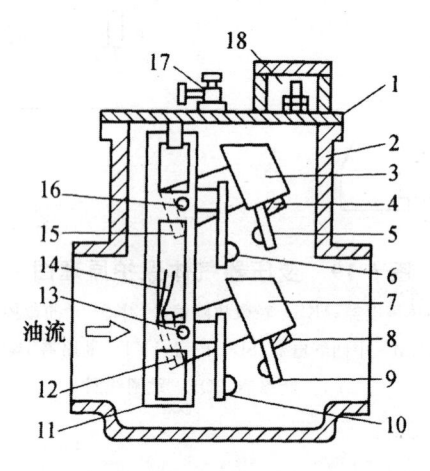

图 5-21 FJ3-80 型气体继电器的结构示意图

1—盖；2—容器；3—上开口杯；4—永久磁铁；5—上动触点；
6—上静触点；7—下开口杯；8—永久磁铁；9—下动触点；
10—下静触点；11—支架；12—下开口杯平衡锤；
13—下开口杯转轴；14—挡板；15—上开口杯平衡锤；
16—上开口杯转轴；17—放气阀；18—接线盒

瓦斯保护的原理接线如图 5-22 所示，上面的触点表示"轻瓦斯保护"，动作后经延时发出报警信号。下面的触点表示"重瓦斯保护"，动作后起动变压器保护的总出口继电器，使断路器跳闸。

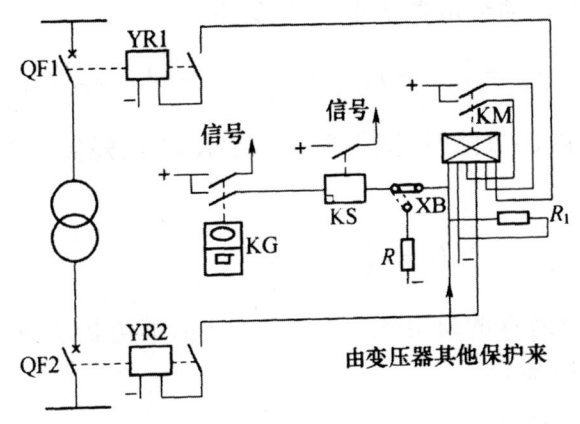

图 5-22 变压器瓦斯保护接线原理图

5.3.3 变压器的纵差动保护

1. 纵差动保护基本原理

纵差动保护,是由比较被保护元件两侧电流的大小和相位而构成的。现以图 5-23 所示双侧电源供电的短线路为例,简要说明纵差动保护的基本原理。

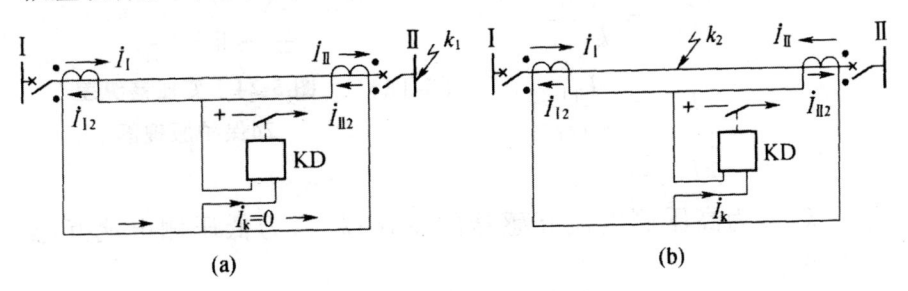

图 5-23 纵差动保护基本原理
(a)正常运行及外部短路;(b)内部短路

当正常运行及保护范围外部故障时(如图 5-22(a)所示 k_1 点短路),两侧电流互感器一次侧流过的两个电流相等,即 $\dot{I}_\mathrm{I} = \dot{I}_\mathrm{II}$。假定两侧电流互感器变比相同(均为 k_TA),在忽略互感器的励磁电流的理想情况下,二次侧的两个电流 $\dot{I}_\mathrm{I2}$ 和 $\dot{I}_\mathrm{II2}$ 大小也相

等,此时流入差动继电器的电流为零,即

$$\dot{I}_k = \dot{I}_{\mathrm{I}2} - \dot{I}_{\mathrm{II}2} = \frac{1}{k_{\mathrm{TA}}}(\dot{I}_{\mathrm{I}} - \dot{I}_{\mathrm{II}}) = 0$$

当线路内部故障时(图 5-22(b)所示 k_2 点短路),流入继电器的电流为

$$\dot{I}_k = \dot{I}_{\mathrm{I}2} - \dot{I}_{\mathrm{II}2} = \frac{\dot{I}_{k2}}{k_{\mathrm{TA}}}$$

式中,$\dot{I}_{k2}$ 为短路点的总电流,当 $I_k \geqslant I_{op}$ 时,继电器立即动作,跳开线路两侧断路器。

2. 变压器的纵差动保护

图 5-24 为双绕组变压器的纵差动保护的原理接线。由于变压器高压侧和低压侧的电流 $I_{\mathrm{I}1}$ 和 $I_{\mathrm{II}1}$ 是不相等的,为使变压器正常运行及外部故障时流入差动继电器的两个二次电流 $I_{\mathrm{I}2}$ 和 $I_{\mathrm{II}2}$ 的大小相等,必须适当选择两侧电流互感器的变比,使之满足下列条件:

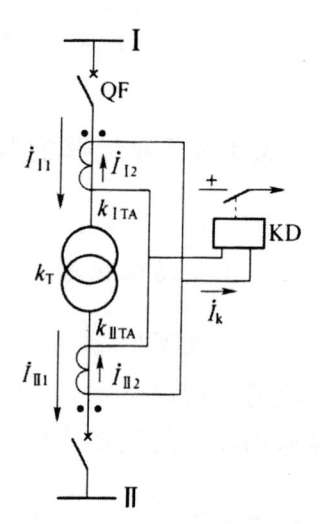

$$\begin{cases} I_{\mathrm{I}2} = \dfrac{I_{\mathrm{I}1}}{k_{\mathrm{I\,TA}}} \\ I_{\mathrm{II}2} = \dfrac{I_{\mathrm{II}1}}{k_{\mathrm{II\,TA}}} \\ I_{\mathrm{I}2} = I_{\mathrm{II}2} \end{cases} \quad (5-16)$$

图 5-24 变压器纵差动保护原理图

式中,$k_{\mathrm{I\,TA}}$ 为高压侧电流互感器的变比;$k_{\mathrm{II\,TA}}$ 为低压侧电流互感器的变比。

设变压器的变比为 k_T,则有

$$k_{\mathrm{T}} = \frac{I_{\mathrm{II}1}}{I_{\mathrm{I}1}} = \frac{k_{\mathrm{II\,TA}}}{k_{\mathrm{I\,TA}}} \quad (5-17)$$

变压器的纵差动保护同样需要躲过在正常运行及外部短路时各种因素造成的不平衡电流。下面分析不平衡电流产生的原因及防止其对差动保护影响的方法。

(1) 变压器励磁涌流造成的不平衡电流

在正常情况下,变压器铁芯中的磁通 Φ 落后于电压 U 90°。如图 5-25(a) 所示,如果变压器正好在电压 $u=0$ 时空载合闸,则铁芯中出现的磁通为 $(-\Phi_m)$。由磁链守恒定律,铁芯的磁通不能突变,瞬间保持为零,因而铁芯中会出现一个非周期分量的磁通 Φ_m 与 $(-\Phi_m)$ 相平衡。这样经过半个周期之后,铁芯中的磁通就达到 $2\Phi_m$,考虑到变压器剩磁多 Φ_{res} 的存在,总磁通 Φ_Σ 将为 $2\Phi_m + \Phi_{res}$。此时变压器的铁芯将严重饱和,励磁电流将由正常时的 I_{m1} 剧烈增大成为励磁涌流 I_{m2},如图 5-25(b) 所示。

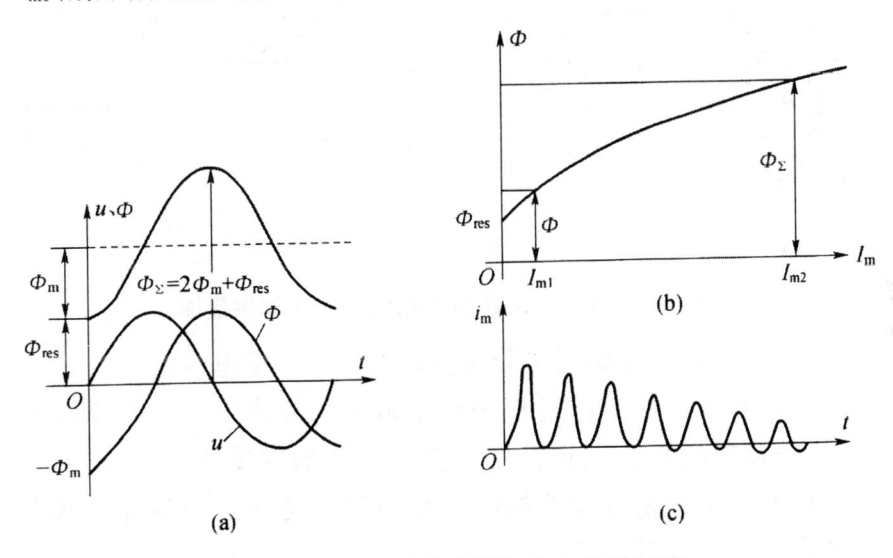

图 5-25 变压器励磁涌流的产生说明图

(a) $u=0$ 空载合闸时的磁通与电压的关系;(b) 铁芯磁化曲线;(c) 励磁涌流的波形

(2) 变压器两侧电流相位不同引起的不平衡电流

当变压器采用 Y,dⅡ 接线时,两侧电流的相位相差 30°。如果电流互感器二次侧不进行相位补偿,则在正常运行时,就会有较大的不平衡电流 I_{dsp} 流入差动继电器,如图 5-26 所示。

(3) 电流互感器变比标准化引起的不平衡电流

由于两侧电流互感器都是根据产品目录选取的标准变比,不一定满足 $\dfrac{k_{ⅠTA}}{k_{ⅡTA}} = k_T$ 的要求,差动回路会引起不平衡电流。

为减小这一不平衡电流,可将差动继电器的平衡线圈接入互感器二次电流较小的一侧,以平衡差动电流产生的磁势。

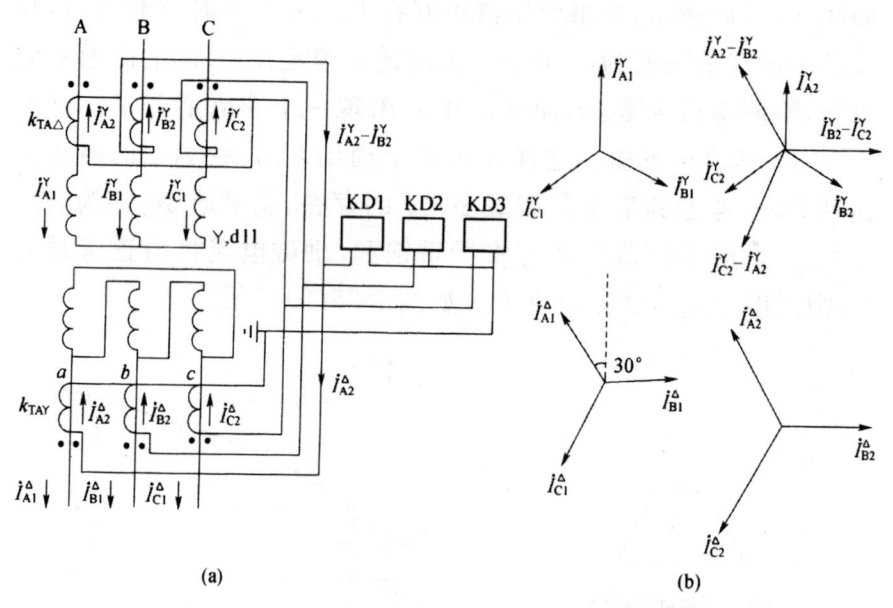

图 5-26　Y,dⅡ变压器差动保护接线与相量图

(4) 变压器带负荷调整分接头产生的不平衡电流

变压器在正常运行过程中由于调压的要求需带负荷调节分接头,分接头的改变实际上就改变了变压器的变比,必然会在差动保护的二次回路引起新的不平衡电流。这一点在纵差动保护的整定时应予以考虑。

综上所述,变压器外部短路时差动回路中流过的最大不平衡电流为

$$I_{\text{dopmax}} = (10\% + \Delta U + \Delta f) I_{\text{kmax}}/k_{\text{TA}} \tag{5-18}$$

式中,10%为电流互感器的相对误差;ΔU 为变压器带负荷调压引起的相对误差,一般取调压范围的 1/2;Δf 为电流互感器变比或平衡线圈匝数标准化后所引起的相对误差,一般取 0.05;$I_{\text{kmax}}/k_{\text{TA}}$ 为外部最大短路电流归算到二次侧的数值。

5.3.4 变压器相间短路的后备保护

变压器的主保护通常采用差动保护和瓦斯保护。除了主保护外,变压器还应装设相间短路和接地短路的后备保护。

1. 过电流保护

过电流保护应装在变压器的电源侧,采用完全星形接线,其单相原理接线如图 5-27 所示。保护动作后,跳开变压器两侧断路器。

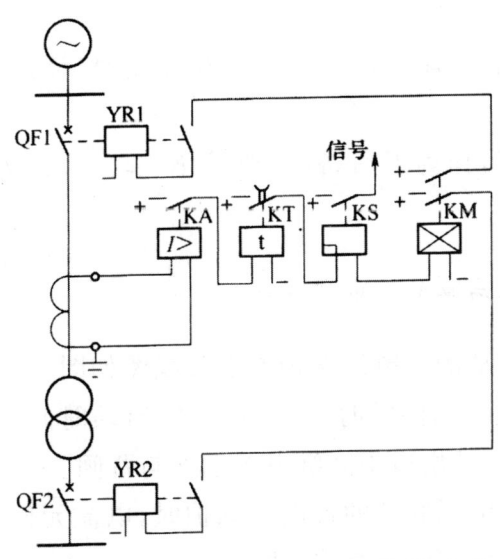

图 5-27 变压器过电流保护单相接线图

过电流保护装置的动作电流应按照躲开变压器可能出现的最大负荷电流来整定,具体问题应作如下考虑:

(1) 对并列运行的变压器,应考虑切除一台时所出现的过负荷,当各台变压器容量相同时,可按下式计算

$$I_{op} = \frac{K_{rel}}{K_{re}} \times \frac{n}{n-1} I_{NT} \tag{5-19}$$

式中,n 为并列运行变压器的台数;为 I_{NT} 每台变压器的额定电流。

(2)对于降压变压器,应考虑低压侧负荷电动机自启动时的最大电流,即

$$I_{op} = \frac{K_{rel}K_{st}}{K_{re}}I_{NT} \tag{5-20}$$

式中,K_{rel} 为可靠系数,取 1.2~1.3;K_{re} 为返回系数,取 0.85;K_{st} 为自启动系数,取 1.5~2.5。

保护装置的动作时限应比出线过电流保护的动作时限大一个时限级差 Δt。

保护装置的灵敏度按下式计算

$$K_s = \frac{I^{(2)}_{k \cdot min}}{I_{op}} \tag{5-21}$$

式中,$I^{(2)}_{k \cdot min}$ 为后备保护范围末端两相短路时,流过保护装置的最小短路电流。

规程规定,作为近后备时,要求 $K_s \geqslant 1.5$;作为远后备时,要求 $K_s \geqslant 1.2$。

2. 低电压启动的过电流保护

低电压启动的过电流保护原理接线图如图 5-28 所示,只有当电流元件和电压元件同时动作后,才能启动时间继电器,经过预定的延时后,启动出口中间继电器动作与跳闸。

当采用低电压起动的过电流保护时,电流元件的动作电流按躲开变压器的额定电流整定,即

$$I_{op} = \frac{K_{rel}}{K_{re}}I_{NT} \tag{5-22}$$

低电压元件的动作电压,按正常运行情况下母线上可能出现的最低工作电压来整定,同时,在外部故障切除后电动机自启动的过程中,保护必须返回。根据运行经验,通常取

$$U_{op} = 0.7U_{NT} \tag{5-23}$$

式中,U_{NT} 为变压器的额定电压。

低电压元件灵敏度按下式校验

$$K_{\text{s}} = \frac{U_{\text{op}}}{U_{\text{k·max}}} \geqslant 1.2 \qquad (5\text{-}24)$$

式中，$U_{\text{k·max}}$为最大运行方式下，相邻元件末端三相短路时，保护安装处的最大线电压。

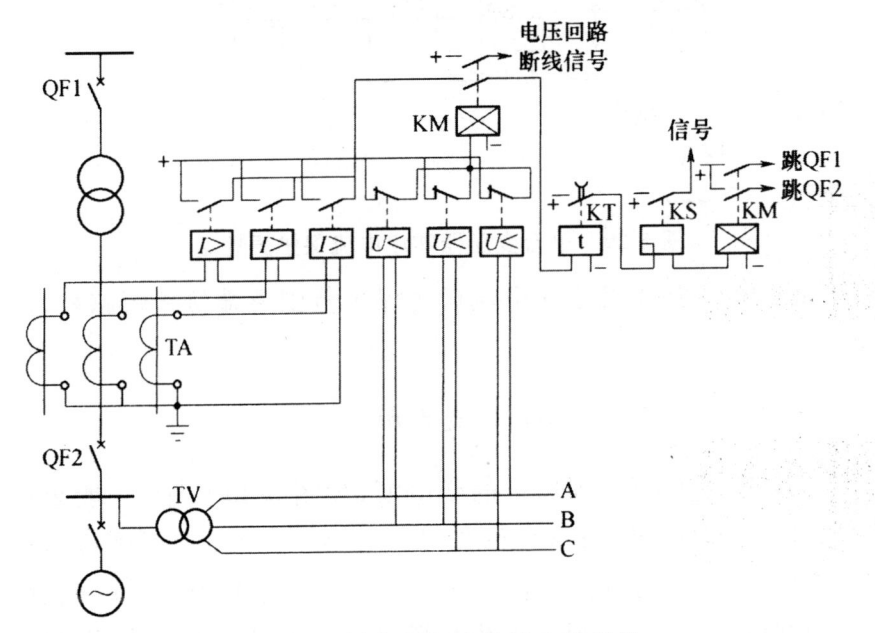

图 5-28 低电压起动的过电流保护

5.3.5 变压器的接地保护

1. 只有一台变压器的变电所

对只有一台变压器的变电所，通常装设普通的零序过电流保护，保护接于中性点引出线的电流互感器上，其原理接线图如图 5-29 所示。保护动作电流按与被保护侧母线引出线零序电流保护后备段在灵敏度上相配合的条件进行整定，即

$$I_{\text{op.0}} = K_{\text{rel}} K_{\text{b}} I_{\text{op.0.L}} \qquad (5\text{-}25)$$

式中，K_{rel}为可靠系数，取 1.1~1.2；K_{b}为零序电流分支系数；$I_{\text{op.0.L}}$为出线零序电流保护后备段的动作电流。

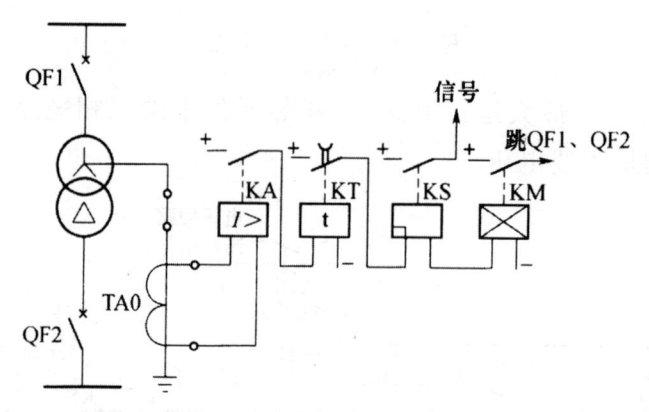

图 5-29　单台变压器零序电流保护原理图

保护的灵敏度按零序电流后备保护范围末端接地短路校验,要求 $K_s \geqslant 1.2$。

2. 两台变压器并列运行的变电所

对两台变压器并列运行的变电所,如图 5-30 所示,一般采用一台变压器中性点接地运行(如 T1),另一台中性点不接地运行(如 T2)的方式。这时,若在高压系统发生接地短路,T1 跳闸后,T2 仍将带故障运行,则将产生危险的过电压,T2 的绝缘将遭到损坏。

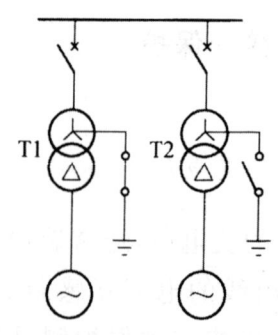

图 5-30　变电所两台变压器并列运行

图 5-31 为部分变压器接地运行的变电所常用的零序接地保护原理图。保护由零序电流元件和零序电压元件两部分组成,每台变压器都装有同样的接地保护,零序电流保护的整定时间

(KT1)要比零序电压保护的整定时间(KT2)大 Δt。

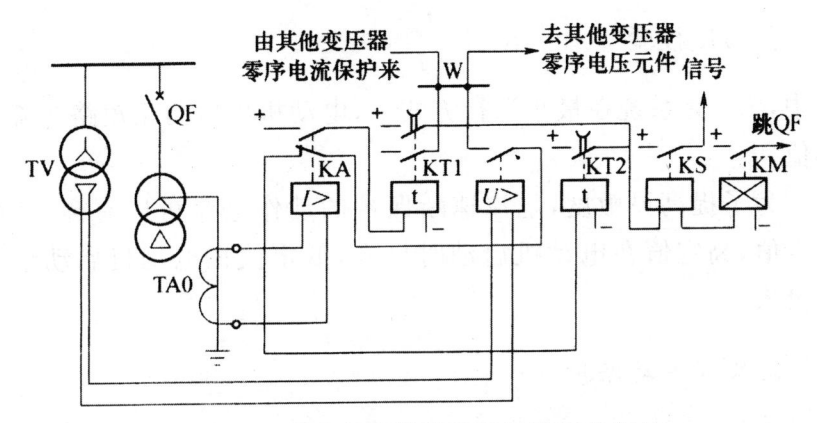

图 5-31 部分变压器接地运行的零序保护

5.4 电动机保护

5.4.1 电动机的相间短路保护

1. 电流速断保护

电流速断保护作为电动机相间短路的主保护,为了能反应电动机与断路器连线的故障,电流互感器应尽量靠近断路器。电流互感器采用不完全星形接线,其构成与线路电流速断保护相同。

电流速断保护在电动机启动时不应动作,所以电流速断保护的动作电流为

$$I_{op} = K_{rel} I_{stmax} \tag{5-26}$$

式中,K_{rel} 可靠系数,$K_{rel} = 1.4 \sim 1.6$;I_{stmax} 为电动机最大启动电流。

若电动机的额定电流为 I_{NM},则

单笼型电动机 $\quad I_{stmax} = (5.5 \sim 7) I_{NM}$

双笼型电动机 $\quad I_{stmax} = (3.5 \sim 4) I_{NM}$

绕线转子电动机 $I_{stmax} = (2.0 \sim 2.5) I_{NM}$

灵敏度校验 $K_s = \dfrac{I_{kmin}^{(2)}}{I_{op}} \geqslant 2$

式中，$I_{min}^{(2)}$ 为系统在最小运行方式下，电动机出口两相短路电流最小值。

为了提高灵敏度，电流速断保护的动作电流可以有高、低两个定值，高定值在电动机启动时投入，低定值在电动机启动结束后投入。

2. 纵联差动保护

图 5-32 所示为电动机纵联差动保护原理接线图。

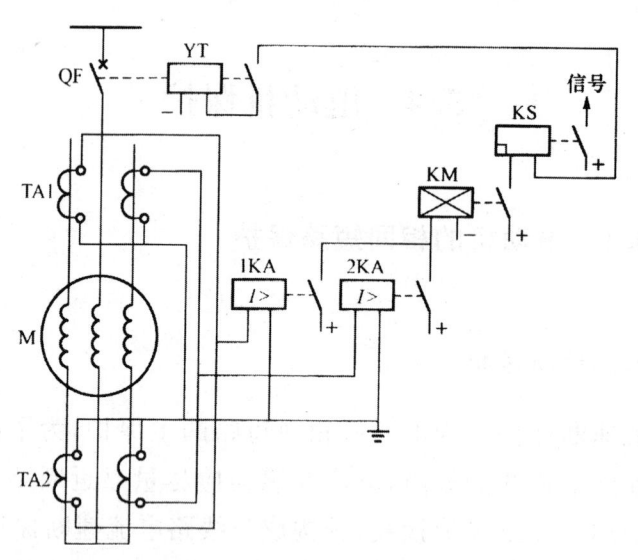

图 5-32 电动机纵联差动保护原理接线图

电动机容量在 5 MW 以下时，电流互感器采用两相式接线；在 5 MW 以上时，采用三相式接线，以保证一点在保护区内，另一点在保护区外的两点接地时快速跳闸。

保护的动作电流按躲过电动机的额定电流整定，即

$$I_{op} = K_{rel} I_{NM} \tag{5-27}$$

式中，K_{rel} 为可靠系数，对 BCH-2 继电器 K_{rel} 为 0.5~1，对 DL-11 继电器 K_{rel} 为 1.2~1.5。

保护灵敏度 $K_\text{s} = \dfrac{I_\text{kmin}^{(2)}}{I_\text{op}} \geqslant 2$

式中，$I_\text{min}^{(2)}$ 为电动机出口处最小两相短路电流。

5.4.2 电动机的单相接地保护

中性点非直接接地系统的高压电动机，当单相接地电流大于 5 A 时，应躲过电动机外部单相接地时流经被保护电动机回路的最大接地电容电流 I_Cmax，即

$$I_\text{op} = K_\text{rel} I_\text{NM}$$

式中，可靠系数 K_rel 取 4～5。

灵敏度校验

$$K_\text{s} = \dfrac{I_\text{Cmin}}{I_\text{op}} \geqslant 2$$

式中，I_Cmin 为电动机出口处发生单相接地短路时，流经保护的最小接地电容电流。

5.4.3 电动机过负荷保护

电动机的过负荷保护，一般都采用反时限特性。这是因为，通过电动机的过负荷电流越小，允许的时间越长；反之，过负荷越大，允许的时间越短。用反时限过电流继电器作为电动机的过负荷保护，其过负荷电流与工作时间关系的反时限特性曲线示于图 5-33 中。图中，曲线 1 为电动机允许的过负荷特性，曲线 2 为反时限过电流继电器的动作特性。

过负荷保护的动作电流，按躲过电动机的额定电流 I_NM 来整定，即

$$I_\text{op} = \dfrac{K_\text{rel}}{K_\text{re}} I_\text{NM} \tag{5-28}$$

式中，K_re 为可靠系数，当保护动作于信号时，取 1.05～1.1，动作于跳闸时取 1.2～1.25；K_re 为返回系数，取 0.85。

过负荷保护的动作时间,应大于电动机启动所需时间,一般为 10~15 s。

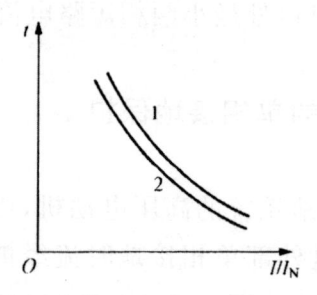

图 5-33　电动机允许过负荷及其保护的反时限特性

5.4.4　电动机的低电压保护

(1)当电源电压短时降低或中断后,根据生产过程不需要自启动的电动机,应装设低电压保护。

为保证重要电动机自启动有足够电压,保护装置的动作电压 U_{op} 一般整定为

$$U_{op} = (60\% \sim 70\%)U_N \tag{5-29}$$

其动作时限应取 0.5~1.5 s。

(2)需要自启动,但为保证人身和设备安全或由于生产工艺要求,在电源电压长时间消失后不允许再自启动的电动机也应装设低电压保护,但动作时限应足够大,一般取 5~10 s,其动作电压一般整定为

$$U_{op} = (40\% \sim 50\%)U_N$$

(3)低电压保护接线应满足的基本要求:

1)当电压互感器一次侧一相及两相断线,或二次侧各种断线时,保护装置不应误动作。为此,装设三相低电压启动元件,如图 5-34 所示。

2)电压互感器一次侧隔离开关断开时,保护装置应予闭锁,不致误动作。

TV 断线的判据为:TV 单相断线或两相断线时,电动机三相

均有电流而无负序电流,但有负序电压,其值大于 8 V;TV 三相断线时,三相均有电流而无正序电压。

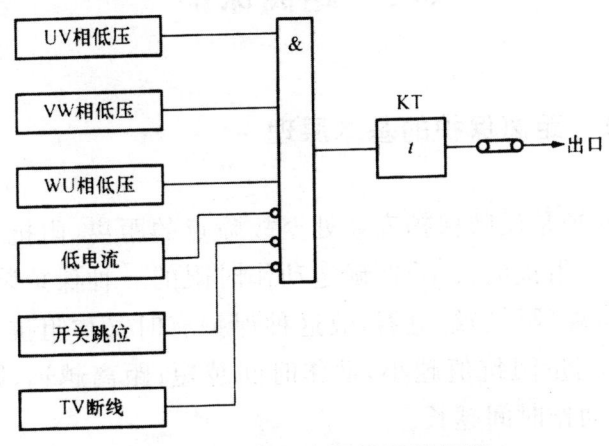

图 5-34 低电压保护逻辑框图

5.4.5 同步电动机的失步保护

图 5-35 所示为同步电动机失步保护逻辑框图。失步保护在同步电动机启动结束后投入。TV 断线,低电流(为额定值的 50%)时闭锁失步保护。失步保护的动作延时以不大于去振荡周期为宜。判断同步电动机失步后,经适量延时后动作于再同步回路,不能再同步时,可动作于跳闸。

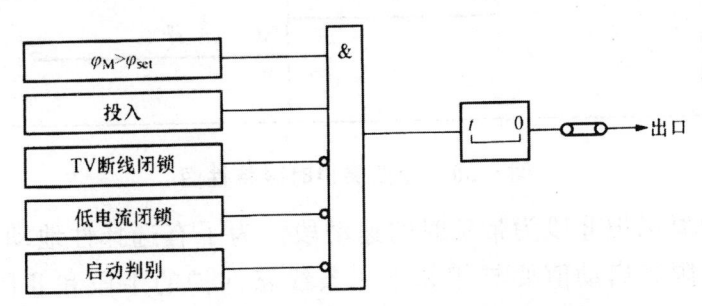

图 5-35 同步电动机失步保护逻辑框图

同步电动机失步保护原理还可以用反应转子回路出现交流分量,反应定子过负荷等构成。

5.5 距离保护

5.5.1 距离保护的基本原理

距离保护是反映保护安装处至故障点的距离(阻抗),并根据距离的远近(阻抗的大小)而确定动作时限的一种保护装置,其核心器件为距离(阻抗)继电器,故这种保护有时又称阻抗保护。距离越近,则测量阻抗值越小,动作时间越短;距离越远,则测量阻抗值越大,动作时间越长。

距离保护的动作时间 t 与保护装置安装地点与故障点之间距离 L 的关系,被称为距离保护的时限特性,如图 5-36 所示,共设有 3 个保护,分别为 1、2、3。

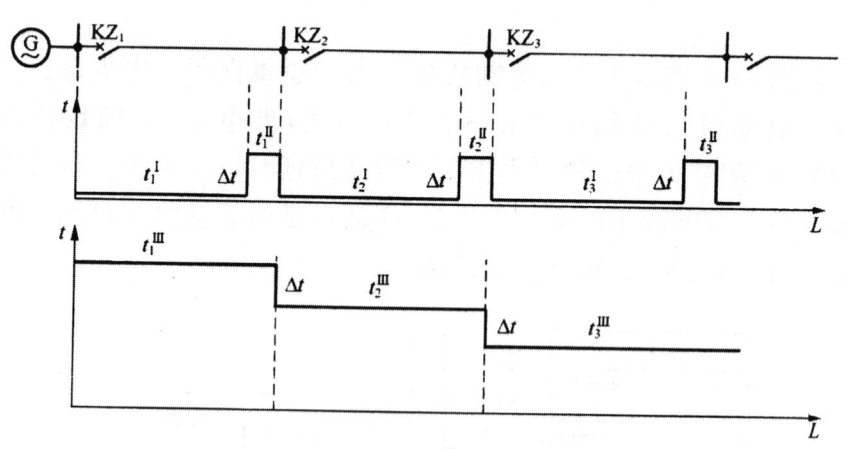

图 5-36 距离保护时限特性图

距离保护Ⅱ段为带延时的速动段。为了有选择性地动作,其动作时限和启动值要与相邻下一条线路保护的Ⅰ段和Ⅱ段相配合。相邻线路之间配合的原则为:保护范围重叠,则保护的动作时限不同;若动作时限相同,则保护范围不能重叠。因此,通常采取整定时限 t_1^{II} 大于下一线路保护Ⅰ段时间 t_2^{I} 一个 Δt 的措施。

5.5.2 影响距离保护正常工作的因素及其防止方法

1. 过渡电阻的影响

过渡电阻是相间短路时短路电流从一相流经另一相或接地短路时短路电流入地所经过途径电阻的总和,包括电弧电阻、中间物质电阻、导线与地间的接触电阻、金属杆塔的接地电阻等。国外的实验分析表明,当短路电流非常大时,电弧上的电压梯度几乎和电路无关,此时电弧电阻的近似计算公式为

$$R_{ac} = 1050 \times \frac{l_{ac}}{I_{ac}} \quad (\Omega) \tag{5-30}$$

其中,l_{ac}为电弧长度,单位 m;I_{ac}为电弧电流的有效值,单位 A。

2. 电力系统振荡的影响

电力系统振荡是电力系统的重大事故。振荡时,系统中各发电机电势间的相角差发生变化,电压、电流有效值大幅度变化,以这些量为测量对象的各种保护的测量元件就有可能因系统振荡而动作,对用户造成极大的影响,可能使系统瓦解,酿成大面积的停电。

(1)振荡对距离保护影响的具体分析

电力系统振荡时的等值电路如图 5-37 所示,设 $\dot{E}_M$ 的相角超前 $\dot{E}_N$ 为 δ,$|\dot{E}_M| = |\dot{E}_N|$,且系统中各元件阻抗角相等,则振荡电流为

$$\dot{I}_{zd} = \frac{\dot{E}_M - \dot{E}_N}{Z_M + Z_1 + Z_N} = \frac{\dot{E}_M - \dot{E}_N}{Z_\Sigma} \tag{5-32}$$

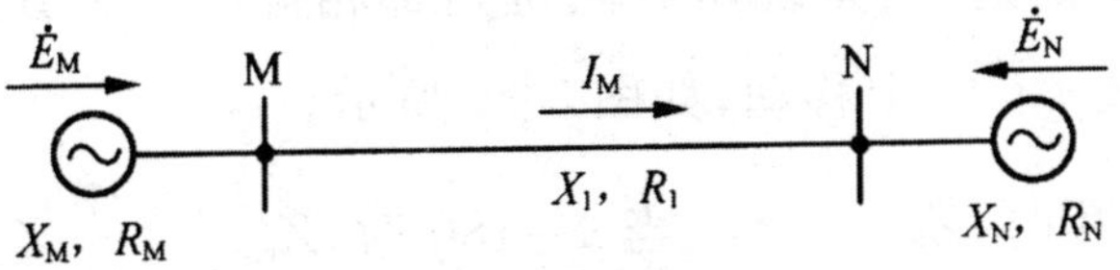

图 5-37 系统振荡等值电路图

而 M、N 点的母线电压分别为

$$\dot{U}_M = \dot{E}_M - \dot{I}_{zd} Z_M$$
$$\dot{U}_N = \dot{E}_N - \dot{I}_{zd} Z_N$$

系统振荡时的电压、电流相量图如图 5-38 所示。其中 z 点位于 $\frac{1}{2} Z_\Sigma$ 处,被称为电气中心或振荡中心。当 $\delta = 180°$ 时,$\dot{U}_z = 0$。因此,继电保护装置必须具备区别三相短路和系统振荡的能力,才能确保系统振荡时的正确工作。

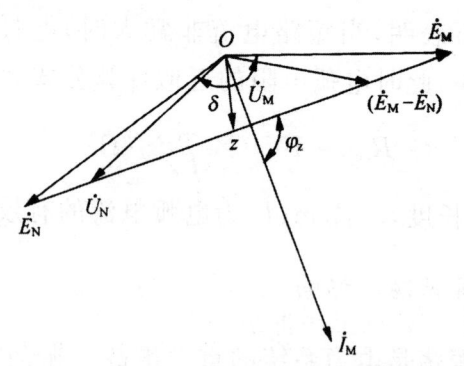

图 5-38 系统振荡时电压电流相量图

系统振荡时,M 点的阻抗继电器测量值为

$$Z_{K \cdot M} = \frac{\dot{U}_M}{\dot{I}_{zd}} = \frac{1}{1 - e^{-j\delta}} Z_\Sigma - Z_M$$

再利用欧拉公式和三角函数公式得

$$Z_{K \cdot M} = \left(\frac{1}{2} - \rho_m \right) Z_\Sigma - j \frac{1}{2} Z_\Sigma \cot \frac{\delta}{2}$$

其中,$\rho_m = \frac{Z_M}{Z_\Sigma}$。

将此测量阻抗值随 δ 的变化画在以保护安装地点 M 为原点的复阻抗平面上,当系统所有阻抗角都相等时,$Z_{K \cdot M}$ 将在 Z_Σ 的垂直平分线—$\overline{OO'}$ 上移动,如图 5-39 所示。

当 $\delta = 0°$ 时,$Z_{K \cdot M} = \infty$;当 $\delta = 180°$ 时,$Z_{K \cdot M} = \frac{1}{2} Z_\Sigma - Z_M$,等于 M 点到振荡中心 z 点的线路阻抗。若仍以变电站 M 处的保护

第5章 电力系统继电保护与安全自动装置

为例,其距离保护Ⅰ段的启动阻抗整定为 $0.85Z_1$,在图 5-40 中用 MA 表示,并由此作出各种继电器的动作特性曲线。

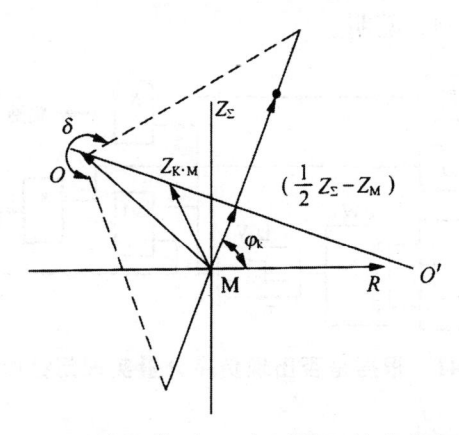

图 5-39 系统振荡时 M 点测量阻抗变化相量图

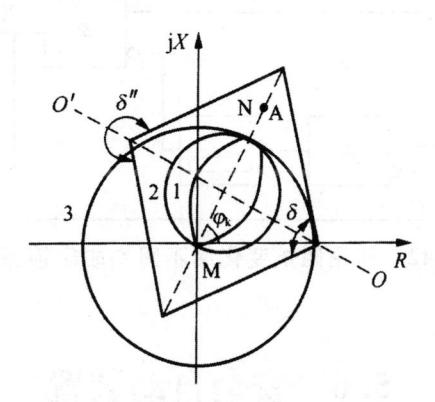

图 5-40 电阻对不同动作特性阻抗继电器的影响

(2)距离保护振荡闭锁

由于有的距离保护装置在电力系统发生振荡时,有可能产生误动作,因此有必要设置专门的振荡闭锁回路,以防止这种误动作。若电力系统发生振荡,当 $\delta=180°$ 时,距离保护受到的影响与振荡中心三相短路时的效果是相同的,因此构造的闭锁回路必须能够区分系统振荡和三相短路这两种不同状况。原理图如图 5-41 所示。

若系统短路时,测量阻抗由负荷阻抗突变为短路阻抗,而在振荡时,测量阻抗缓慢变为保护安装处到振荡中心点的线路阻抗,这样,根据测量阻抗的变化速度的不同就可构成振荡闭锁。其原理可用图 5-42 说明。

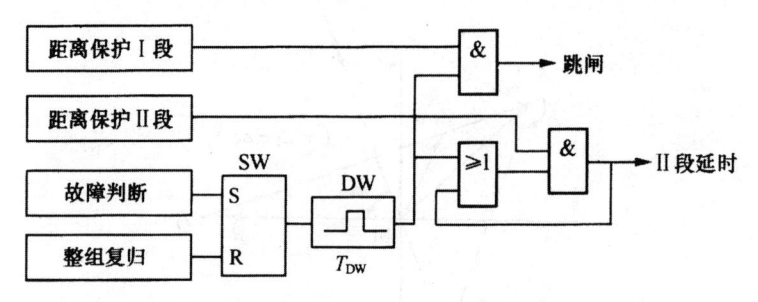

图 5-41　根据是否出现负序分量实现闭锁原理图

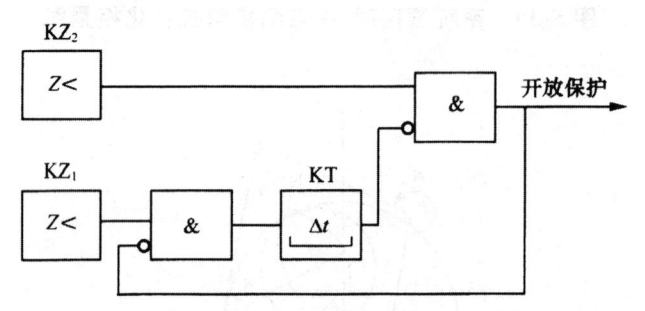

图 5-42　利用阻抗变化率不同构成闭锁原理图

5.6　安全自动装置

5.6.1　自动重合闸

1.三相一次自动重合闸的基本工作原理

图 5-43 为由电阻电容放电原理组成的三相一次自动重合闸装置的原理接线图,它采用"不对应原则"启动,可实现自动复归、后加速等功能。

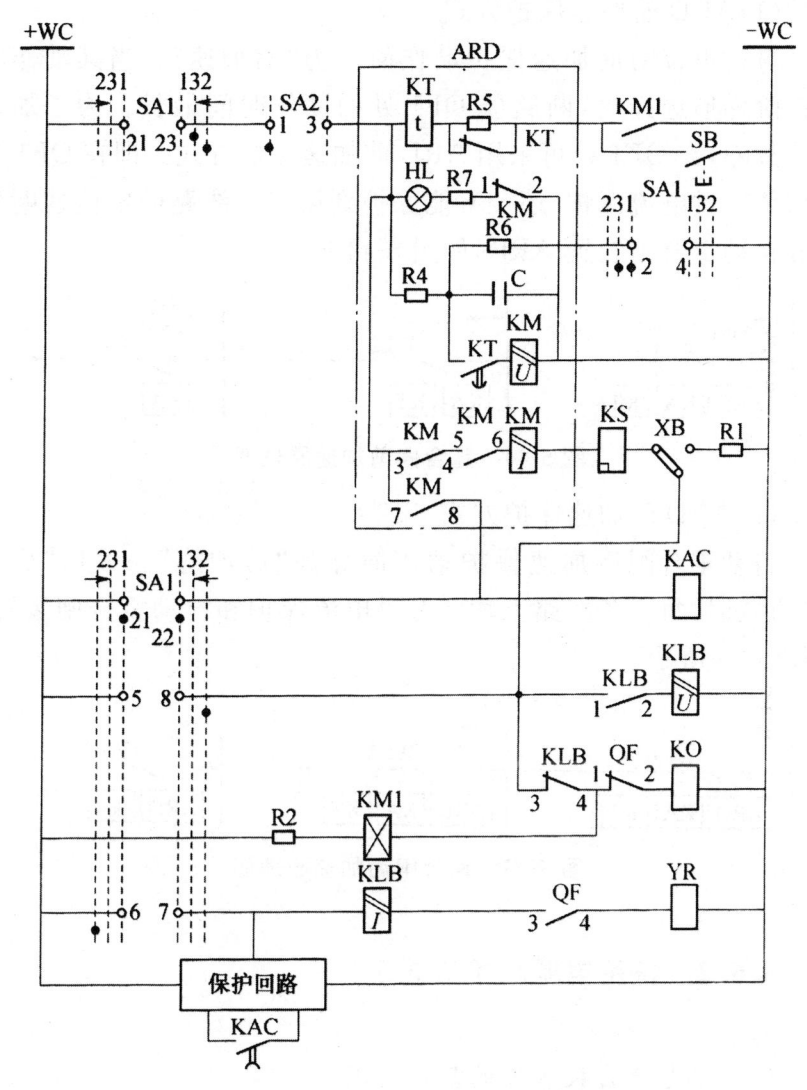

图 5-43　三相一次自动重合闸原理图

2. 自动重合闸与继电保护的配合

线路上装设了 ARD 后,可利用其与继电保护的配合来加快线路带时限继电保护的动作。ARD 与继电保护的配合主要有以下两种方式。

(1) ARD 前加速保护方式

自动重合闸前加速保护动作简称为"前加速"。当其动作时间按阶梯形选择时,断路器 QF1 处的动作时间最长。为了加速切除故障,在 QF1 处可采用 ARD 前加速保护方式。即在 QF1 处不仅装有过电流保护,还装有能保护到第三条线路的电流速断保护和自动重合闸装置 ARD,如图 5-44 所示。

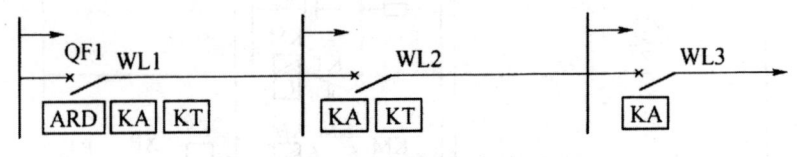

图 5-44 重合闸前加速原理图

(2) ARD 后加速保护方式

自动重合闸后加速保护动作简称为"后加速"。采用"后加速"方式时,每一条线路上均装有过电流保护和自动重合闸装置,如图 5-45 所示。

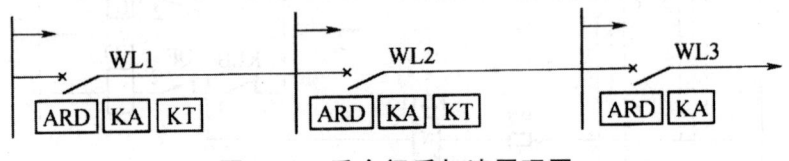

图 5-45 重合闸后加速原理图

5.6.2 备用电源自投装置

1. 备用电源自投装置的基本要求

在对供电可靠性要求较高的变电所中,往往采用两个独立电源供电,互为备用,采用能使备用电源自动投入运行的装置来切换,这种装置叫做备用电源自动投入装置,简称 APD。备用电源接线方式有明备用和暗备用两种(图 5-46)。

2. 备用电源自动投入装置原理接线图

备用电源自动投入装置按操作电源可分为直流操作和交流

第 5 章 电力系统继电保护与安全自动装置

操作两种，直流操作的 APD 采用电磁式操作机构，交流操作的 APD 采用弹簧式操作机构。

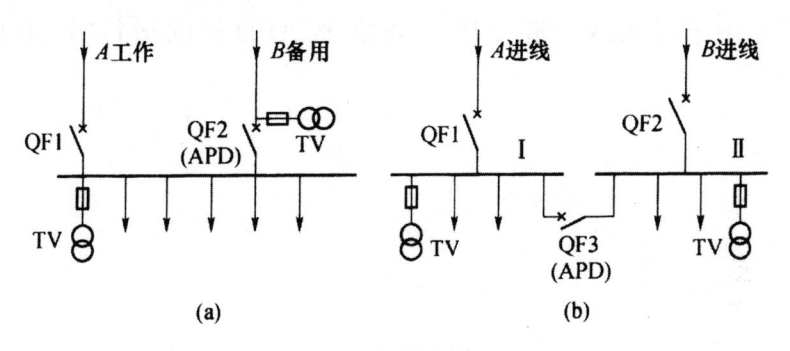

图 5-46 备用电源方式

(a) 明备用；(b) 暗备用

图 5-47 为采用直流操作电源的两电源互为暗备用的母线分段断路器 APD 原理接线图。图中 QF1、QF2 为两路电源进线的

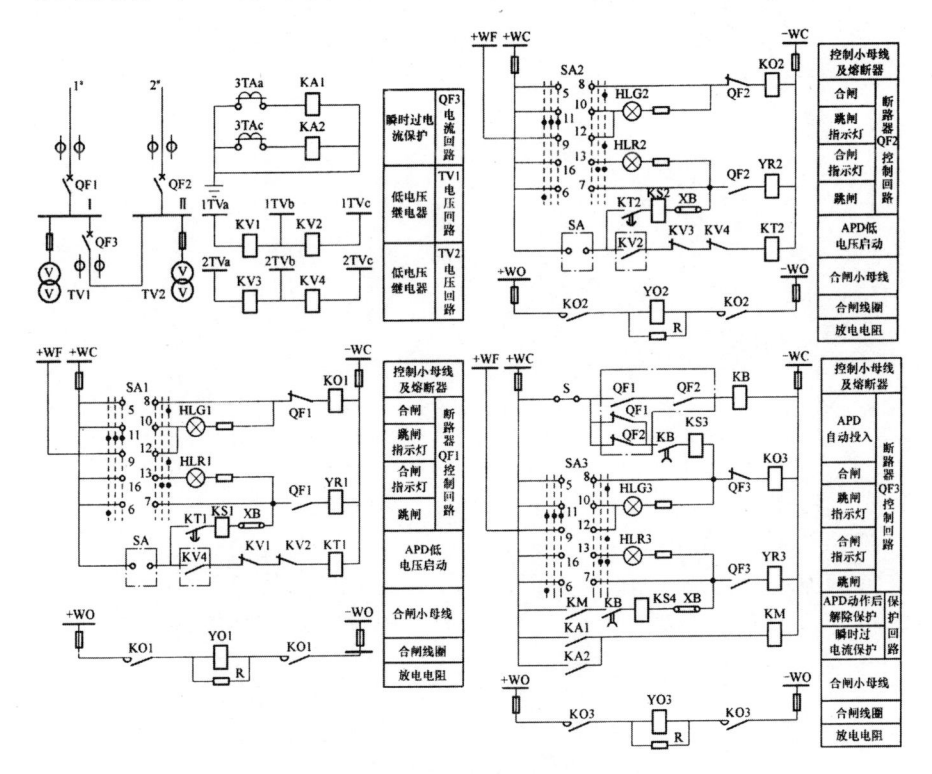

图 5-47 备用电源自投装置原理图

断路器，QF3 为母线分段断路器，信号继电器 KS1～KS4 分别用于 QF1 跳闸、QF2 跳闸、QF3 合闸和 QF3 跳闸的显示。选择开关 SA 用于投入或解除 APD。当需要 APD 解除运行时，将 SA 断开。

第6章 电气设计与设备选择

本章首先介绍了载流导体的发热和电动力计算,然后介绍了电气设备选择的一般原则;重点讲述了主变压器和主接线选择,以及电气主接线中的设备配置的具体选择条件和校验方法,给出了典型电气设备的选择实例。

6.1 载流导体的发热和电动力

6.1.1 概述

电气设备在运行中,电流通过导体时产生电能损耗,为了限制发热的有害影响,在国家标准中规定了载流导体和电器的长期发热和短时发热的最大允许温度,如表6-1所示。

表6-1 导体在正常和短路时的最高允许温度及热稳定系数

导体材料和种类		最高允许温度(℃)		热稳定系数 $C(A \cdot \sqrt{s}/mm^2)$
		正常	短路	
母线	铜芯	70	300	171
	铝芯	70	200	87
油浸纸绝缘电缆	铜芯	1~3 kV	80	250	148
		6 kV	65	250	150
		10 kV	60	250	153
		35 kV	50	175	—

续表

导体材料和种类		最高允许温度(℃)		热稳定系数
		正常	短路	$C(A \cdot \sqrt{s}/mm^2)$
油浸纸绝缘电缆	铝芯	1～3 kV 80	200	84
		6 kV 65	200	87
		10 kV 60	200	88
		35 kV 50	175	—
橡皮绝缘导线和电缆	铜芯	65	150	131
	铝芯	65	150	87
聚氯乙烯绝缘导线和电缆	铜芯	65	130	100
	铝芯	65	130	65
交联聚氯乙烯绝缘电缆	铜芯	90	250	135
	铝芯	90	200	80

6.1.2 均匀导体的长期发热

均匀导体是指各部分材料和截面都相同的导体，如母线、导线、电缆等。研究均匀导体的长期发热，是为了确定导体在正常工作时的最大允许载流量。

1. 均匀导体的发热过程

工作电流流过导体时，在电阻上产生的功率损耗 $I^2R\mathrm{d}t$ 几乎全部转化成热量。最初功率损耗产生的热量主要使导体本身的温度升高；在导体的温度高于周围环境温度后，功率损耗产生的热量主要通过辐射、对流的方式向外散发出去。伴随着导体温度的上升，散热量也随之增大，直到导体发热量等于散热量后，导体的温度不再上升。

导体温度稳定前的热平衡微分方程式为

$$I^2R\mathrm{d}t = mC\mathrm{d}\theta + aS(\theta - \theta_0)\mathrm{d}t \tag{6-1}$$

温度稳定后的热平衡微分方程式为

第6章 电气设计与设备选择

$$I^2R = aS(\theta - \theta_0) \tag{6-2}$$

式中,m 为导体的质量,kg;C 为导体的比热容,J/(kg·℃);a 为导体的总换热系数,W/(m²·℃);S 为导体的散热面积,m²;θ_0 为周围环境的温度,℃。

2. 导体的载流量

若导体长期发热的最高允许温度为 θ_{a1},实际环境温度为 θ_0,则导体的最大允许温升 $\tau_{st} = \theta_{a1} - \theta_0$。根据式(6-2),可计算导体的最大允许载流量

$$I = \sqrt{\frac{aS\tau_{st}}{R}} = \sqrt{\frac{aS(\theta_{a1} - \theta_0)}{R}} \tag{6-3}$$

为了提高导体的最大允许载流量,宜采用电阻率小、散热面积大、换热系数大的材料和散热效果好的布置方式。对于系统中常见的矩形、槽形、管形等形状的硬母线,按最高允许温度 70℃,额定环境温度 25℃,在无风、无日照条件下计算出的载流量。

6.1.3 导体的短时发热

1. 短时发热计算

导体短时发热是指从短路开始到短路切除为止这段时间内导体发热的过程。短时发热有两大特点:一是通过的短路电流大,导体温度上升快;二是短路时间短,可近似认为电流产生的热量来不及向周围扩散,而全用于导体本身的温度升高,是一个绝热的过程。短路时导体发热的热量平衡方程式为

$$I_{kt}^2 R_\theta dt = mC_\theta d\theta \tag{6-4}$$

式中,I_{kt} 为短路全电流,A;m 为导体的质量,kg,$m = \rho_w Sl$;R_θ 为温度 θ ℃时导体的电阻,Ω,$R_\theta = \rho_0(1+a\theta)\dfrac{l}{S}$;$C_\theta$ 为温度 θ ℃时导体的比热容,J/(kg·℃),$C_\theta = C_0(1+\beta\theta)$;$\rho_w$ 为导体材料的密度,kg/m³;l 为导体的长度,m;S 为导体的截面积,m²;ρ_0 为温

度 0℃时导体的电阻率，$\Omega \cdot m$；a 为 ρ_0 的温度系数，$℃^{-1}$；C_0 为温度 0℃时导体的比热容，$J/(kg \cdot ℃)$；β 为 C_0 的温度系数，$℃^{-1}$。

将 R_θ，m，C_θ 代入式(6-4)可得到

$$I_{kt}^2 \rho_0 (1 + a\theta) \frac{l}{S} dt = \rho_w S l C_0 (1 + \beta \theta) d\theta \tag{6-5}$$

将式(6-5)整理得

$$\frac{1}{S^2} I_{kt}^2 dt = \frac{\rho_w C_0}{\rho_0} \frac{1 + \beta \theta}{1 + a\theta} d\theta \tag{6-6}$$

在时间 $0 \sim t_k$（t_k 是短路切除时间），导体由起始温度 θ_i 上升到 θ_k，对式(6-6)两边积分得

$$\frac{1}{S^2} \int_0^{t_k} I_{kt}^2 dt = \frac{\rho_w C_0}{\rho_0} \int_{\theta_i}^{\theta_k} \frac{1 + \beta \theta}{1 + a\theta} d\theta$$

$$= \frac{\rho_w C_0}{\rho_0} \left[\frac{\alpha - \beta}{\alpha^2} \ln(1 + \alpha \theta_k) + \frac{\beta}{\alpha} \theta_k \right]$$

$$- \frac{\rho_w C_0}{\rho_0} \left[\frac{\alpha - \beta}{\alpha^2} \ln(1 + \alpha \theta_i) + \frac{\beta}{\alpha} \theta_i \right]$$

$$= A_k - A_i \tag{6-7}$$

式中，$\int_0^{t_k} I_{kt}^2 dt$ 是短路电流平方的积分，正比于电流产生的热量，称为短路电流热效应，用 Q_k 表示。

考虑式(6-7)中有

$$A_k = \frac{\rho_w C_0}{\rho_0} \left[\frac{\alpha - \beta}{\alpha^2} \ln(1 + \alpha \theta_k) + \frac{\beta}{\alpha} \theta_k \right] \tag{6-8}$$

$$A_i = \frac{\rho_w C_0}{\rho_0} \left[\frac{\alpha - \beta}{\alpha^2} \ln(1 + \alpha \theta_i) + \frac{\beta}{\alpha} \theta_i \right] \tag{6-9}$$

式(6-7)可写成

$$\frac{1}{S^2} Q_k = A_k - A_i \tag{6-10}$$

$$A_k = \frac{1}{S^2} Q_k + A_i \tag{6-11}$$

实用中常用材料的 θ 和 A 的关系已做成 $\theta = f(A)$ 的曲线，如图 6-1 所示。利用此曲线，计算短时发热最高温度的步骤是：根据初始温度 θ_i，在曲线横坐标上查得 A_i；由导体截面积、短路电流及

短路持续时间计算 $\frac{1}{S^2}Q_k$，与 A_i 相加得到 A_k；在纵坐标上查得导体的最高温度 θ_k。若 θ_k 小于短时发热最高允许温度，可认为导体短路时是热稳定的。短时发热最高允许温度对硬铝及铝锰合金可取 200℃，对硬铜可取 300℃。

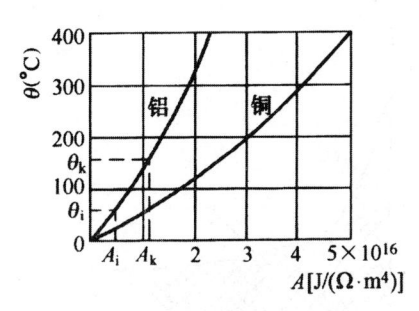

图 6-1　$\theta = f(A)$ 曲线

2. 热效应 Q_k 的计算

对热效应 Q_k 的较为准确的计算方法是解析法，但由于短路电流的变化规律复杂，故一般不予采用，常用的计算方法为近似数值积分法。工程上用的简化辛普森法，又称 1-10-1 法。

短路全电流为：

$$I_{kt} = \sqrt{2}\, I_{pt}\cos\omega t + i_{np0}\, e^{-\frac{\omega t}{T_a}} \tag{6-12}$$

代入热效应计算式，并由正弦周期函数的正交性，得

$$Q_k = \int_0^{t_k} I_{kt}^2 dt = \int_0^{t_k} (\sqrt{2}\, I_{pt}\cos\omega t + i_{np0}\, e^{-\frac{\omega t}{T_a}})^2 dt$$

$$\approx \int_0^{t_k} I_{pt}^2 dt + \frac{T_a}{2\omega}(1 - e^{-\frac{2\omega t_k}{T_a}}) i_{np0}^2 = Q_p + Q_{np} \tag{6-13}$$

式中，I_{pt} 为 t 时间的短路电流周期分量有效值，kA；i_{np0} 为短路电流非周期分量的起始值，kA；T_a 为非周期分量衰减的时间常数，rad；Q_p 为周期分量热效应；Q_{np} 为非周期分量热效应，如图 6-2 所示。

(1) 周期分量的热效应的计算。对于任意函数的定积分，可采用辛普森法计算，即

$$\int_a^b f(x)\mathrm{d}x = \frac{b-a}{3n}[(y_0 - y_n) + 2(y_2 + y_4 + \cdots + y_{n-1})]$$
(6-14)

式中，b，a 为积分上下限；n 为积分区间 $[a,b]$ 的等分数，n 必为偶数。

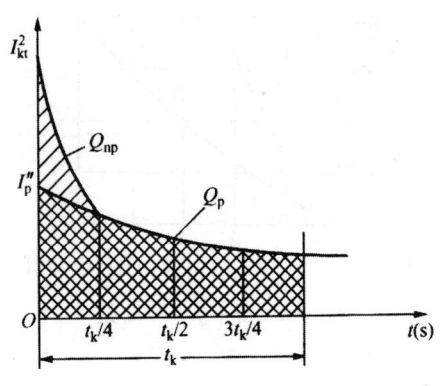

图 6-2 热效应 Q_k 的计算

取 $n = 4$，并近似认为 $y_2 = \dfrac{y_1 + y_3}{2}$，代入式(6-14)可得

$$\int_a^b f(x)\mathrm{d}x = \frac{b-a}{12}(y_0 + 10y_2 + y_4)$$
(6-15)

式(6-15)又称 1-10-1 法。

对于周期分量电流的发热效应，相应可得出

$$Q_\mathrm{p} = \frac{t_\mathrm{k}}{12}(I''^2 + 10 I_{t_\mathrm{k}/2}^2 + I_{t_\mathrm{k}}^2)$$
(6-16)

式中，I'' 为短路周期电流在 0 时间的有效值；$I_{t_\mathrm{k}/2}$ 为短路周期电流在 $0.5 t_\mathrm{k}$ 时间的有效值；I_{t_k} 为短路周期电流在 t_k 时间的有效值。

表 6-2 非周期分量等值时间 T

短路点	$T(\mathrm{s})$	
	$t_\mathrm{k} \leqslant 0.1$	$t_\mathrm{k} > 0.1$
发电机出口及母线	0.15	0.2
发电机升高电压母线及出线，发电机电压电抗器后	0.08	0.1
变电站各级电压母线及出线	0.05	

(2)非周期分量的热效应的计算。由式(6-13)及 $i_{np0}=\sqrt{2}\,I''$,可得

$$Q_{np} = \frac{T_a}{2\omega}(1-e^{-\frac{2\omega t_k}{T_a}})i_{np0}^2 = \frac{T_a}{\omega}(1-e^{-\frac{2\omega t_k}{T_a}})I''^2 = TI''^2$$

(6-17)

式中,T 为非周期分量等值时间,s,由表 6-2 查得。

6.1.4 短路时载流导体的电动力

导体中流过短路冲击电流,使处于磁场中的导体受到巨大的电动力,如果导体、电器或其支架的机械强度不够,就要产生永久变形或损坏。为此,应对短路时电动力的大小进行分析计算。

1.两根细长平行导体间的电动力

如图 6-3 所示,两条无限细长的平行导体 L1 和 L2,相距 a,直径 d,且长度 $L \gg a$,$a \gg d$,分别流过电流 i_1 和 i_2,并近似认为全部电流集中在导体的轴线上。

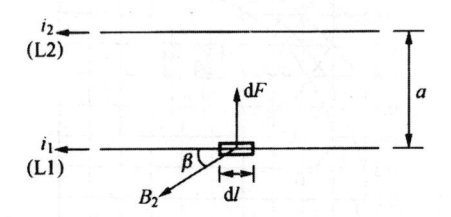

图 6-3 两条无限细长平行导体间的电动力

根据安培环流定律,电流 i_2 在导体 L2 周围产生的磁场强度 H_2,满足 $\oint H_2 \mathrm{d}l = i_2$,导体 L1 处的磁场强度 $H_2 = \dfrac{i_2}{2\pi a}$,同样电流 i_1 在导体 L2 处的磁场强度 $H_1 = \dfrac{i_1}{2\pi a}$。

图 6-3 中,L1 上取一线段 $\mathrm{d}l$,线段处磁感应强度 $B_2 = \mu_0 H_2$,根据电动力计算公式,该线段受到的力 $\mathrm{d}F = i_1 B_2 \sin\beta \mathrm{d}l$。其中,$B_2$ 与 $i_1 \mathrm{d}l$ 夹角 90°,故 $\sin\beta = 1$,$\mu_0 = 4\pi \times 10^{-7}$ H/m,作用

在导线 1 上的力

$$F = \int_0^L i_1 B_2 \mathrm{d}l = \int_0^L i_1 \mu_0 H_2 \mathrm{d}l = 2 \times 10^{-7} \frac{i_1 i_2}{a} L \qquad (6\text{-}18)$$

不难证明,导体 2 上也受到同样大小的作用力,电动力的方向决定于电流的方向,i_1,i_2 同方向时作用力相吸,电流异方向时相斥。式(6-18)是按无限细长的导体推导的,工程中使用的导体尚需考虑截面积的因素,故引入形状系数 K 对式(6-18)进行修正,即

$$F = 2 \times 10^{-7} K \frac{L}{a} i_1 i_2 \qquad (6\text{-}19)$$

K 表示实际形状导体所受的电动力与细长导体电动力之比。各种导体的形状系数可以查相关设计手册。图 6-4 所示为矩形截面导体的形状系数曲线。

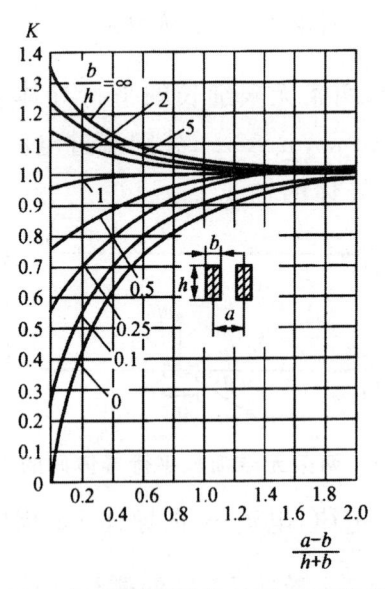

图 6-4 矩形截面导体的形状系数曲线

2. 三相导体短路时的电动力

由平行导体电动力计算公式,可推得布置在同一平面的三相导体短路时的电动力。在不计短路电流周期分量的衰减时,三相

第6章 电气设计与设备选择

短路电流可写成

$$\left. \begin{array}{l} i_A = I_m\left[\sin(\omega t + \varphi_A) - e^{-\frac{t}{T_a}}\sin\varphi_A\right] \\ i_B = I_m\left[\sin\left(\omega t + \varphi_A - \frac{2}{3}\pi\right) - e^{-\frac{t}{T_a}}\sin\left(\varphi_A - \frac{2}{3}\pi\right)\right] \\ i_C = I_m\left[\sin\left(\omega t + \varphi_A + \frac{2}{3}\pi\right) - e^{-\frac{t}{T_a}}\sin\left(\varphi_A - \frac{2}{3}\pi\right)\right] \end{array} \right\} \quad (6\text{-}20)$$

式中,I_m 为短路电流周期分量的最大值,$I_m = \sqrt{2}I''$;φ_A 为短路电流 A 相的初相角;T_a 为短路电流非周期分量衰减时间常数,s。

三相短路时,中间相(B 相)和边相(A、C 相)受力不一样。在图 6-5 中,作用在中间相的电动力 F_B 是两边相对其作用力之差,即

$$F_B = F_{BA} - F_{BC} = 2 \times 10^{-7} \frac{L}{a}(i_B i_A - i_B i_C)$$

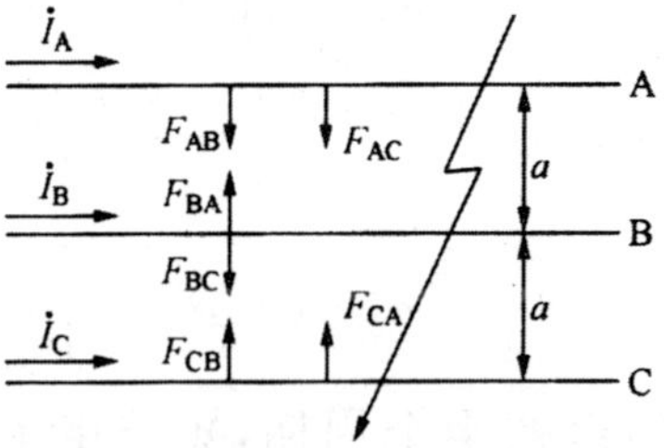

图 6-5 同一平面导体三相短路时的电动力

将式(6-20)代入,并化简得到

$$\begin{aligned} F_B = 2 \times 10^{-7} \frac{L}{a} I_m^2 \Big[& \frac{\sqrt{3}}{2} e^{-\frac{2t}{T_a}} \sin\left(2\varphi_A - \frac{4}{3}\pi\right) \\ & - \sqrt{3} e^{-\frac{t}{T_a}} \sin\left(\omega t + 2\varphi_A - \frac{4}{3}\pi\right) \\ & + \frac{\sqrt{3}}{2} \sin\left(2\omega t + 2\varphi_A - \frac{4}{3}\pi\right) \Big] \end{aligned} \quad (6\text{-}21)$$

同理,作用在边相(如 A 相)的电动力为:

$$\begin{aligned} F_A &= F_{AB} - F_{AC} = 2 \times 10^{-7} \frac{L}{a}\left(i_A i_B - \frac{1}{2} i_A i_C\right) \\ &= 2 \times 10^{-7} \frac{L}{a} I_m^2 \left\{ \frac{3}{8} + \left[\frac{3}{8} - \frac{\sqrt{3}}{4}\cos\left(2\varphi_A + \frac{1}{6}\pi\right)\right] e^{-\frac{2t}{T_a}} \right. \end{aligned}$$

$$-\left[\frac{3}{4}\cos\omega t - \frac{\sqrt{3}}{2}\cos\left(\omega t + 2\varphi_A + \frac{1}{6}\pi\right)\right]e^{-\frac{t}{T_a}}$$

$$-\frac{\sqrt{3}}{4}\cos\left(2\omega t + 2\varphi_A + \frac{1}{6}\pi\right)\bigg\} \tag{6-22}$$

对三相母线系统而言，工程上需计算电动力的最大值。F_B 的最大值应出现在 $\sin\left(2\varphi_A - \frac{4}{3}\pi\right) = \pm 1$，$\varphi_A$ 为 $75°,165°,255°$，…。将 $\varphi_A = 75°$，T_a 取平均值 0.05 s，代入式(6-21)得

$$F_B = 2 \times 10^{-7} \frac{L}{a} I_m^2 \left[\frac{\sqrt{3}}{2} e^{-\frac{2t}{0.05}} - \sqrt{3} e^{-\frac{t}{0.05}} \cos\omega t + \frac{\sqrt{3}}{2}\cos 2\omega t\right]$$
$$\tag{6-23}$$

同理，F_A 的最大值应出现在 $\cos\left(2\varphi_A + \frac{1}{6}\pi\right) = -1$，$\varphi_A = 75°$ 或 $255°$ 等。将 $\varphi_A = 75°$，T_a 取平均值 0.05 s，代入式(6-22)得

$$F_A = 2 \times 10^{-7} \frac{L}{a} I_m^2 \left[\frac{3}{8} + \frac{3+2\sqrt{3}}{8} e^{-\frac{2t}{0.05}}\right.$$

$$\left. - \frac{3+2\sqrt{3}}{4} e^{-\frac{t}{0.05}} \cos\omega t + \frac{\sqrt{3}}{4}\cos 2\omega t\right] \tag{6-24}$$

在短路发生后的最初半个周期，短路电流幅值最大。将 $t = 0.01$ s，冲击电流 $i_{sh} = 1.82 I_m$ 代入式(6-23)和式(6-24)，可得 B 相和 A 相的最大电动力分别为

$$F_{Bmax} \approx 1.729 \times 10^{-7} \frac{L}{a} i_{sh}^2 \approx 1.73 \times 10^{-7} \frac{L}{a} i_{sh}^2 \tag{6-25}$$

$$F_{Amax} = 1.616 \times 10^{-7} \frac{L}{a} i_{sh}^2 \tag{6-26}$$

同一地点两相短路与三相短路电流之比，$\frac{I''^{(2)}}{I''^{(3)}} = \frac{\sqrt{3}}{2}$，冲击电流之比 $\frac{i_{sh}^{(2)}}{i_{sh}^{(3)}} = \frac{\sqrt{3}}{2}$，代入式(6-18)，可得到两相短路时的最大电动力为

$$F_{max}^{(2)} = 2 \times 10^{-7} \frac{L}{a} (i_{sh}^{(2)})^2 = 2 \times 10^{-7} \frac{L}{a} \left[\frac{\sqrt{3}}{2} i_{sh}^{(3)}\right]^2$$

$$= 1.5 \times 10^{-7} \frac{L}{a} (i_{sh}^{(3)})^2 \qquad (6\text{-}27)$$

比较式(6-25)~式(6-27),可知同一地点短路的最大电动力,是作用于三相短路时的中间一相导体上,数值为

$$F_{max} = 1.73 \times 10^{-7} \frac{L}{a} i_{sh}^2 \qquad (6\text{-}28)$$

3. 导体的振动应力

凡连接发电机、主变压器以及配电装置的导体均为重要导体,这些导体和支持部分构成的三相母线系统,需要考虑共振的影响。

母线在外力的作用下会发生弹性形变,外力除去后母线会产生振动。三相母线受到的电动力,具有丰富的谐波成分,当较大的谐波分量与母线系统的固有振动频率接近或相等时,就会产生机械的共振,有可能使母线系统遭到破坏。

将支持绝缘子视为刚体时,母线的一阶固有振动频率 f_0 为

$$f_0 = 112 \times \frac{r_0}{L^2} \varepsilon \qquad (6\text{-}29)$$

式中,L 为绝缘子跨距,m;ε 为材料系数,铜为 1.14×10^2,铝为 1.55×10^2,钢为 1.64×10^2;r_0 为母线的惯性半径,m。

计算强迫振动系统的方法,一般采用修正静态计算法,即最大电动力 F_{max} 乘上动态应力系数 β,动态应力系数 β 与母线固有频率 f 的关系如图 6-6 所示。若固有频率 f_0 处在图 6-6 横坐标的中间范围内时,$\beta > 1$;固有频率较低时,$\beta < 1$;固有频率较高时,$\beta = 1$。为了避免导体产生危险的共振,对于重要导体,应使其固有频率在下述范围以外:

单条导体及母线组中的各条导体　　　　35~135 Hz
多条导体组及有引下线的单条导体　　　35~155 Hz

如固有频率在上述范围以外,取 $\beta = 1$;在上述范围以内时,最大电动力应乘上动态应力系数 β,于是式(6-28)成为

$$F_{max} = 1.73 \times 10^{-7} \frac{L}{a} i_{sh}^2 \beta \qquad (6\text{-}30)$$

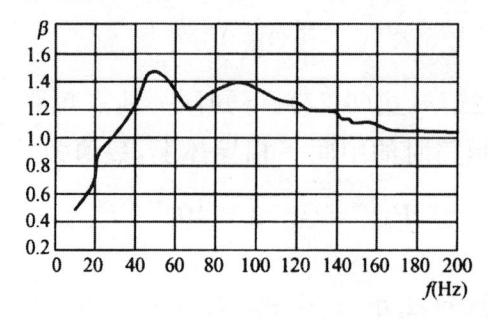

图 6-6 动态应力系数与母线固有频率的关系

6.2 主变压器和主接线的选择

6.2.1 主变压器型式选择

变电所、发电厂的电气主接线同样会受到变压器(自耦变压器)型式的影响,例如,变压器是三相或单相、三绕组或双绕组、中压侧或低压侧、带不带分裂绕组等。

1. 相数的确定

变压器按相数不同可分为单相和三相两种。在 330 kV 及以下的电力系统中,一般都采用三相变压器。采用三相变压器比单相变压器合理之处在于:三相变压器的损失比单相的平均低 12%～15%,有效材料重量方面的节省为 20%,同时在占地、配电装置复杂性上均有优越性。尽管近几年来三相变压器已广泛用于很多电压等级中,但由于制造水平、安装、运输等方面的原因,大型变压器有时仍选用单相型式。

2. 绕组数的确定

我国目前自行研究生产的电力变压器按绕组数分,有双绕组普通式、三绕组式、自耦式以及低压分裂绕组等型式。其中自耦变压器由于经济效益较好,广泛地应用于 110 kV 及以上电压等级的电网中,它所带来的短路电流较大的缺点可通过采取其他措施加以弥补,所以可以说自耦变取代三绕组变压器用作两级网络间的联络今后一段时期仍会是一种主流趋势。对于两绕组和三绕组变压器的选用应根据与之相连的发电机机组容量和各电压级负荷容量来确定。

3. 调压方式的确定

为了使系统在各种运行方式下,其供电电压在允许范围内变化,常采用如调节发电机出口电压、投切调相机、补偿电容等方式来进行电压调整。在系统无功功率充足,而分布不合理引起电压越限时,也可采用改变变压器变比方式来实现电压调整。改变变压器分接头位置调压有带负载切换,即有载调压和不带负载切换的无激磁调压两种。后者调节范围在 $\pm 2\times 2.5\%$ 以内,而前者虽然调整范围可这 30%。

6.2.2 有汇流母线的主接线

1. 单母线接线

典型的单母线(又称变通单母线)接线形式如图 6-7 所示(两组电源,三组出线)。在这种接线中所有电源和引出线回路都连接于同一组母线上,为便于每回路(进、出线)的投入或切除,在每条引线上均装有断路器和隔离开关。

紧靠母线的隔离开关称为母线隔离开关,如图中 QS1~QS5;靠近线路侧的隔离开关为线路隔离开关,如 QS6~QS8。

2. 单母分段主接线

单母分段主接线是通过在母线某一合适位置处装设断路器后,将母线分段而形成的,如图 6-8 所示为单母单分段接线,QF3

称为分段断路器。

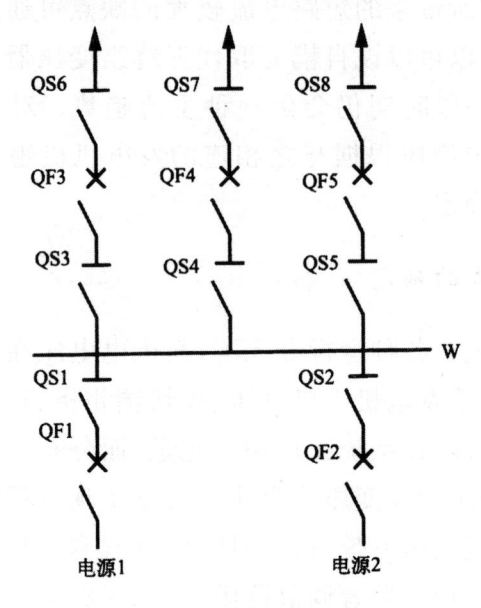

图 6-7 单母线接线

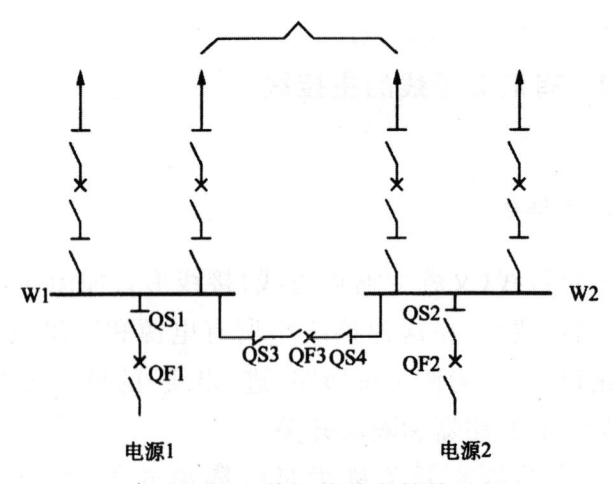

图 6-8 单母线分段接线

由于单母线分段接线既保留了单母线接线本身的一些优点,如简单、经济、方便等,又在一定程度上克服了它的缺点,故这种接线目前应用广泛。其主要适用于:

①6~10 kV 配电装置出线回路数为 6 回及以上时。

②35～63 kV 配电装置出线回路数为 4～8 回及以上时。

③110～220 kV 配电装置出线回路数为 3～4 回时。

3. 单母线带旁路接线

图 6-9 所示为单母线带旁路接线。图中母线 W2 为旁路母线，断路器 QF5 为旁路断路器，QS9、QS10、QS5、QS8、QS13 为旁路隔离开关。正常运行时，旁路母线 W2 不带电，所有旁路隔离开关及旁路断路器均断开，以单母线方式运行。若检修任一出线断路器时，如检修断路器 QF4 时，先闭合 QF5 两侧的隔离开关 QS9 和 QS10，再闭合 QF5 对旁母充电，然后在等电位的状态下闭合 QS8，使得由 QF4 供电回路可通过旁路母线进行供电，此时再断开 QF4 及其两侧隔离开关 QS6 和 QS7 进行安全检修。以上操作既不影响出线回路的正常供电，又能对经过长期运行和切断数次短路电流后的断路器进行检修，大大提高了供电可靠性。

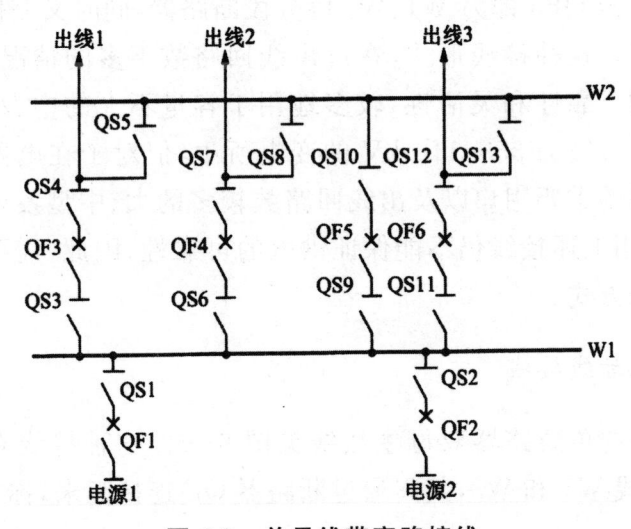

图 6-9 单母线带旁路接线

这种接线除了能以上述操作下停电检修出线断路器外，还可以不停电检修电源回路断路器，只需在电源回路加装与旁路母线相连的隔离开关即可。

图 6-9 中采用了专用的旁路断路器,虽然这样提高了供电可靠性但却增加了投资。若条件允许可以采用不设专用旁路断路器的接线,如图 6-10 中,以单母分段兼旁路的接线。

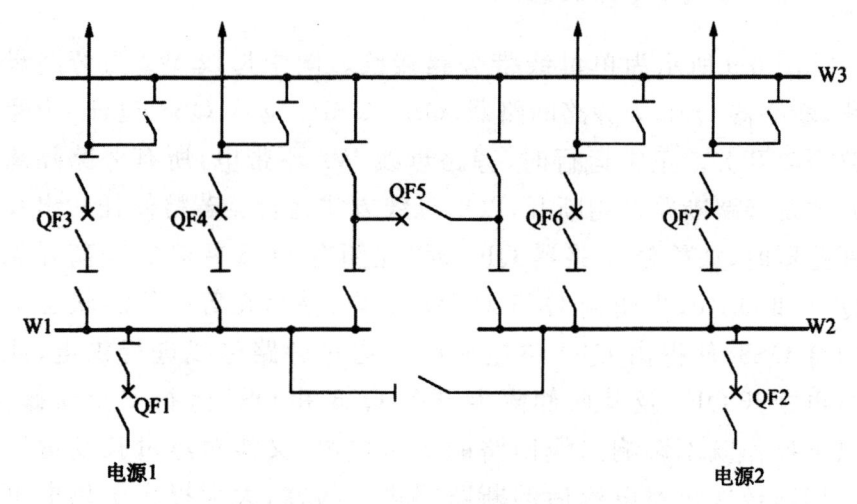

图 6-10 单母线分段兼旁路接线

断路器 QF5 即为 W1、W2 段分段断路器,同时又兼做公用旁路断路器。这种接线形式,在进出线回路数不多的情况下,具有足够高的可靠性和灵活性,较多地用于容量不大的中、小型发电厂和电压等级为 35~110 kV 的变电所中,但对于在电网中没有备用线路的重要用户以及出线回路数较多的大、中型发电厂和变电所,采用上述接线仍不能保证供电的可靠性,因此,需要采用双母线接线方式。

4. 双母线接线

普通的单断路器双母主接线见图 6-11。这种接线有两组母线,即母线 W1 和 W2,其间通过断路器 QF 连接起来,称 QF 为母联断路器。

采用将母线分段的方式来减少母线故障时造成的损失,缩小了停电范围,如图 6-12 所示。

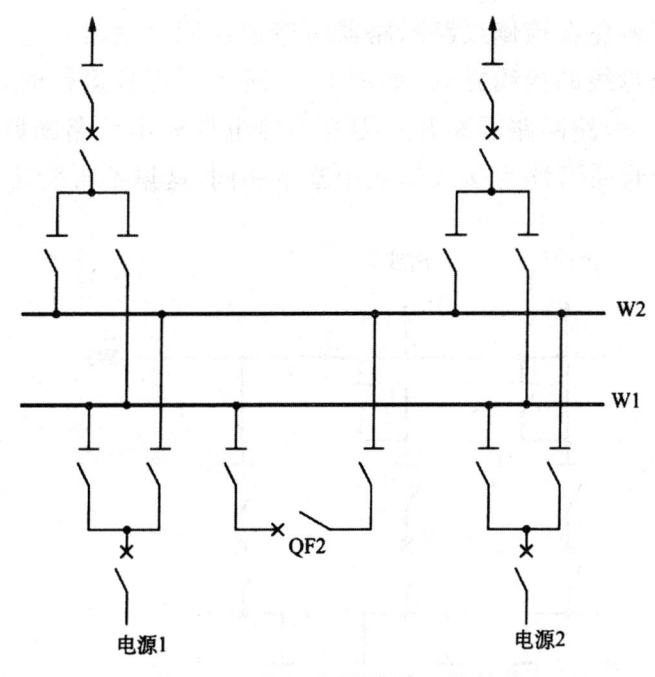

图 6-11 单断路器的双母线接线

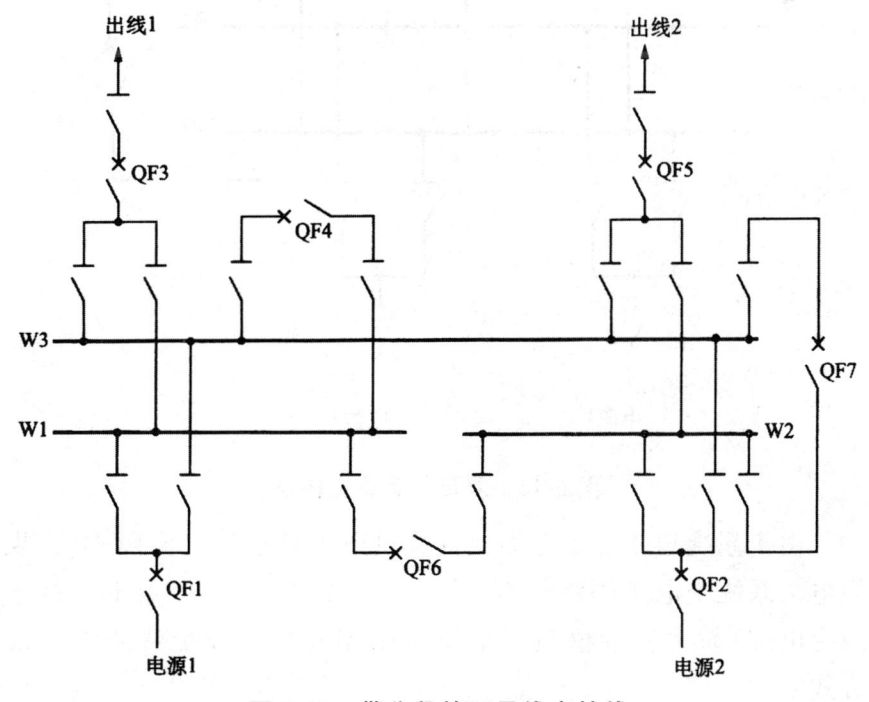

图 6-12 带分段的双母线主接线

为了避免在检修线路断路器时造成该回路短时停电,可采用加设旁路母线的接线方式,如图 6-13 所示。正常运行时,旁路母线不带电,旁路断路器断开。需要不停电检修出线路断路器时的操作与单母带旁路主接线形式中基本相同,这里不再赘述。

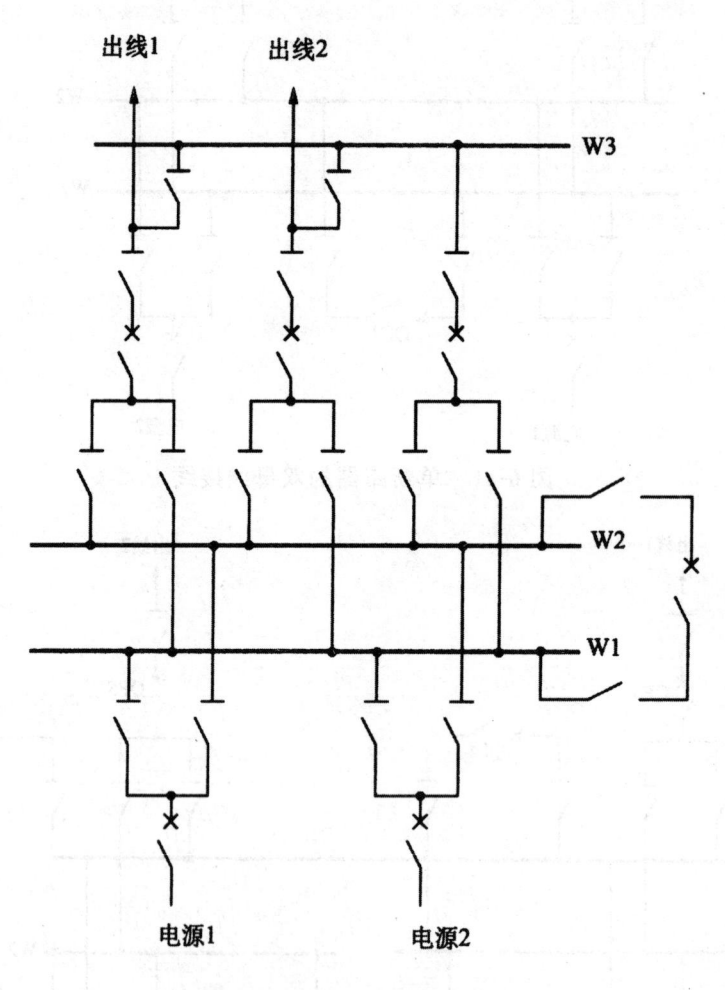

图 6-13　双母带旁路主接线

由于系统短路容量方面或提高供电可靠性等方面因素,大规模电力系统中电压等级较高,连接多个电源(发电厂或上一级电源变电站)的大容量枢纽变电所常采用双母分段带旁路的接线方式。

第6章 电气设计与设备选择

图 6-14 表示出了双母线四分段带旁路母线接线,它一般适用 330~500 kV 的超高压配电装置进出线达 6 回以上。由图可见,正常运行时电源和负荷均匀分配于各段母线上,当其中任一段母线故障或连在母线上的进出线断路器故障时停电范围仅限于一段母线,不会影响其余部分正常供电,大大缩小了故障范围。

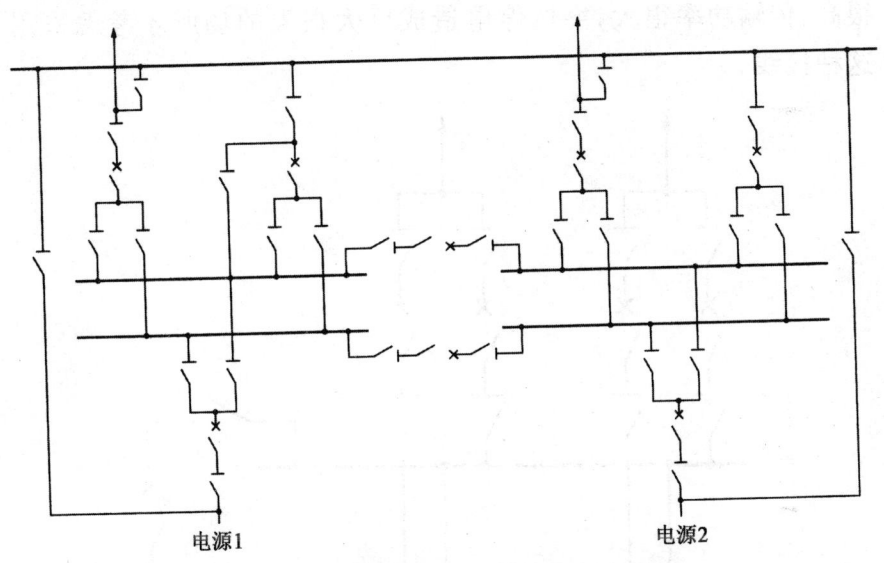

图 6-14 双母线四分段带旁路母线接线

显然,这种接线方式可提高供电可靠性,但经济性较差,同时也增加了母线保护配置的难度。

5. 双断路器双母线接线

在普通双母线接线中,任一进出线回路都仅通过一台断路器与母线相连(又称单断路器双母接线),因而在断路器本身故障可检修时,会造成该回路一定时间内的停电,对一些供电可靠性要求非常高的用户,即使较短时间的停电也不允许。因此可考虑采用所有元件均有备用的双断路器双母线接线,如图 6-15 所示。

这种接线正常运行时所有断路器均闭合,两组母线同时工作。它的主要优点是:任何一组运行母线或断路器发生故障或进行检修时,都不会造成装置停电;同时在切换到闸操作中用断路器来操作,隔离开关仅用作隔离电器。因此它运行灵活,可靠,检修操作方便。但由于使用的断路器台数及隔离开关数目较多,造成设备投资和占地面积增加,经济性较差,只有在一些超高压系统或大容量发电厂或极重要的枢纽变电所中,对运行可靠性要求很高,传输功率很大,突然停电造成巨大损失的场所才考虑采用这种接线。

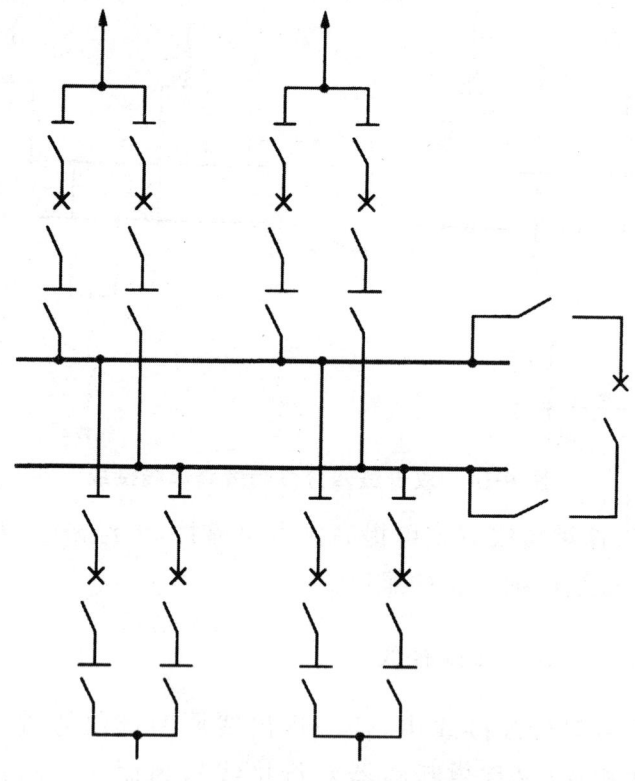

图 6-15　双断路器双母线接线

6."一个半"断路器接线(3/2 接线)

图 6-16 为 3/2 接线示意图。由图可见,这种接线方式中在两组母线间装有三台断路器。可引接两个回路,断路数与回路数之比为 3/2,故又称为 3/2 接线。

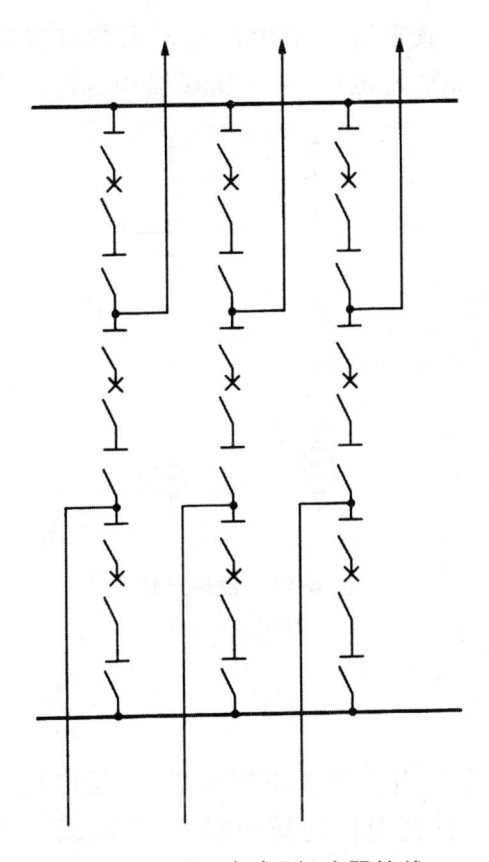

图 6-16 "一个半"断路器接线

6.2.3 无汇流母线主接线

1.桥形接线

桥形接线有内桥和外桥接线两种,它们的典型接线可见于图 6-17(a)、(b)。这两种接线从结构至适用范围上有一定的相似,也有较大差异,它们的命名是依据横向桥联断路器位于断路器的内侧还是外侧。

通过前面分析可以知道,桥形接线的可靠性不高,同时有时需用隔离开关作操作电器。但由于布置简单,具有一定的可靠性和灵活性,使用设备少,造价低,布置合适,较易发展成为双母线或单分段主接线,故它适合于用作初期工程过渡接线方式,目前在一些 35～220 kV 发电厂、变电所接线中也得到应用。

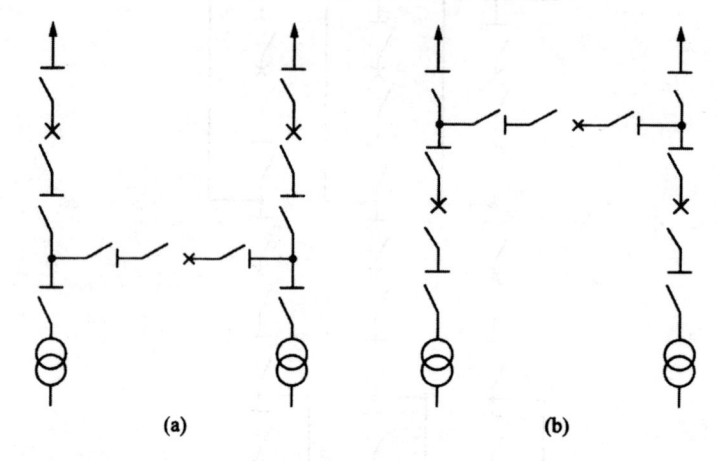

图 6-17　桥形接线

(a)内桥；(b)外桥

2. 单元接线

在单元接线中,几个主要电气元件(如发电机、变压器、线路、母线)直接串联,其间无任何横向联系,从而减少了电器数目,大大降低了造价和故障的可能性。同时随着电力工业的不断发展,发电机机组单机容量不断增大,供电可靠性要求也在上升,因此开始考虑采用单元接线以简单、清晰的结构获得可靠、经济的结果。它的接线方式主要是发电机-变压器单元接线。

图 6-18(a)、(b)、(c)为发电机、变压器直接相连构成的发电机-变压器单元接线。由于发电机和变压器组成了一个工作单元,只有当二者同时可用时方能保证该单元的工作。所以可不必在二者间设置断路器或开关电器,以提高单元经济性。同时这种接线的采用也在一定程度上缓解了大机组、大容量系统的短路电流过大问题,是一种比较经济、可行的短路电流限制措施。

这种接线方式的主要缺点是当单元中任一元件故障、检修,会引起整个单元的停运,但随着电器制造技术的日渐成熟及电网运行管理水平的提高和系统备用容量的充足,这已不足以再构成对系统运行的较大威胁。目前我国一些大容量,且当地负荷很少的机组常采用这种接线方式。

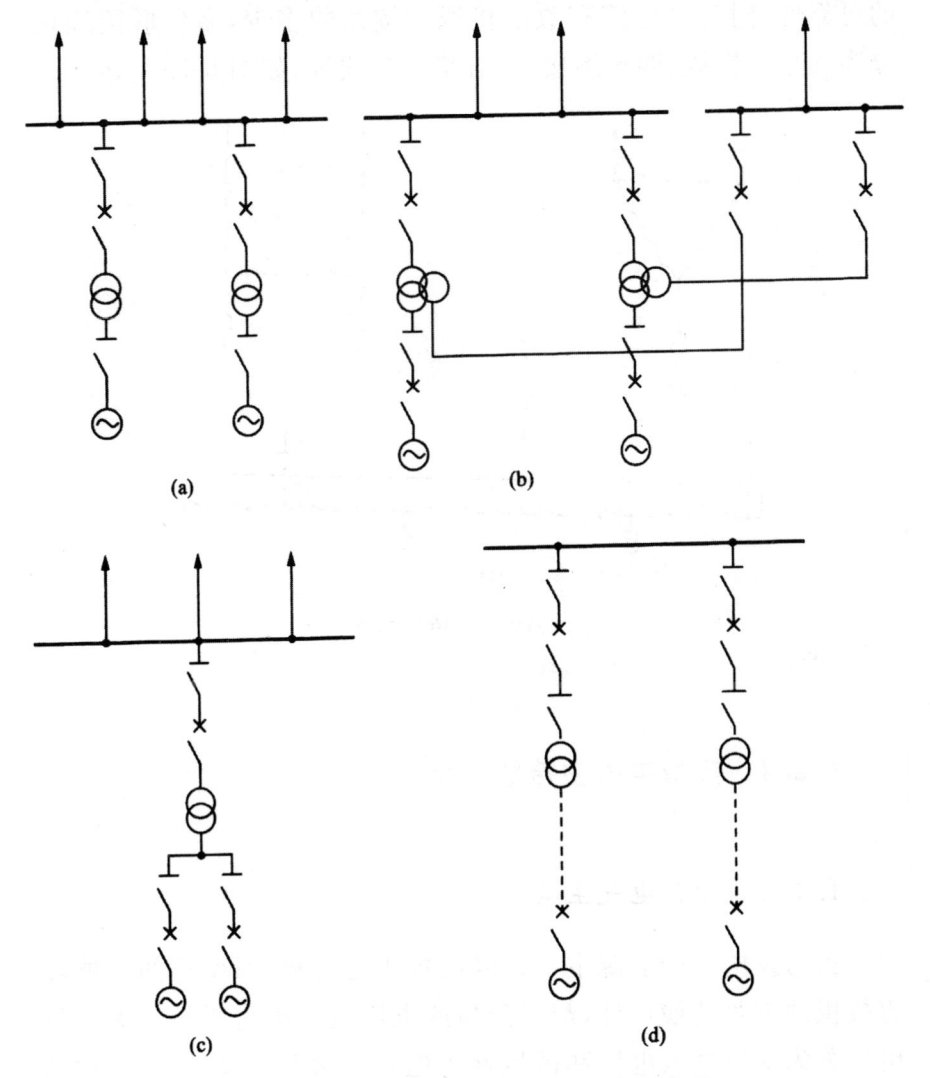

图 6-18 发电机、变压器直接相连构成图
(a)、(b)、(c)发电机-变压器单元接线;(d)发电机－变压器－线路单元接线

3. 多角形接线

多角形接线是一种将各断路器互相连接构成闭合环形的一种接线方式,其中没有集中母线,又称为多边形接线或单环形接

线。在设计现代电力系统的接线时,对于变电所和线路的一定组合方式,在所有带断路器接线方式中,环形接线是一种具有高度的可靠性,同时又经济有效的接线。按角的多少,多角形接线可分为三角形接线、四角形接线、五角形接线等,如图6-19所示。

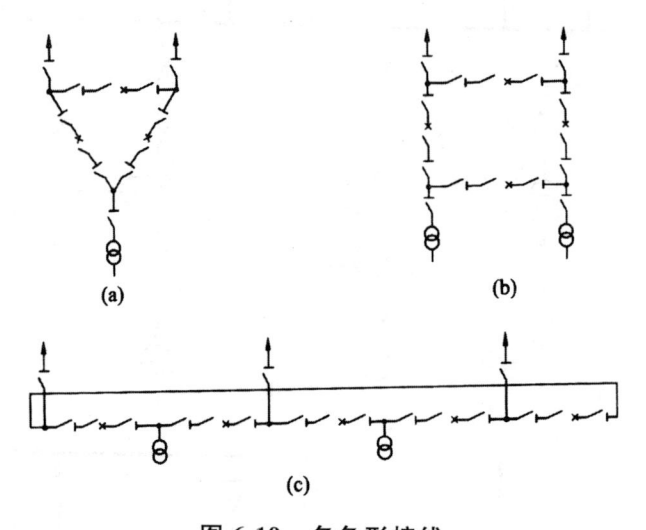

图 6-19 多角形接线

(a)三角形接线;(b)四角形接线;(c)环行接线

6.2.4 典型电气主接线分析

1. 火力发电厂电气主接线

火力发电厂的能源主要是以煤炭作为燃料,所生产的电能除直接供地方负荷使用外,都以升高的电压送往电力系统。火力发电厂分为地方性火电厂和区域性火电厂两大类。图6-20所示为某热电厂电气主接线。对于发电机容量为50 MW及以上,发电机电压10 kV母线采用双母线分段接线。

图6-21所示为6台300 MW大容量机组的凝汽式火电厂电气主接线。G1、G2分别组成的发电机-变压器单元接线,未采用封闭母线,在发电机与变压器之间装设了隔离开关。

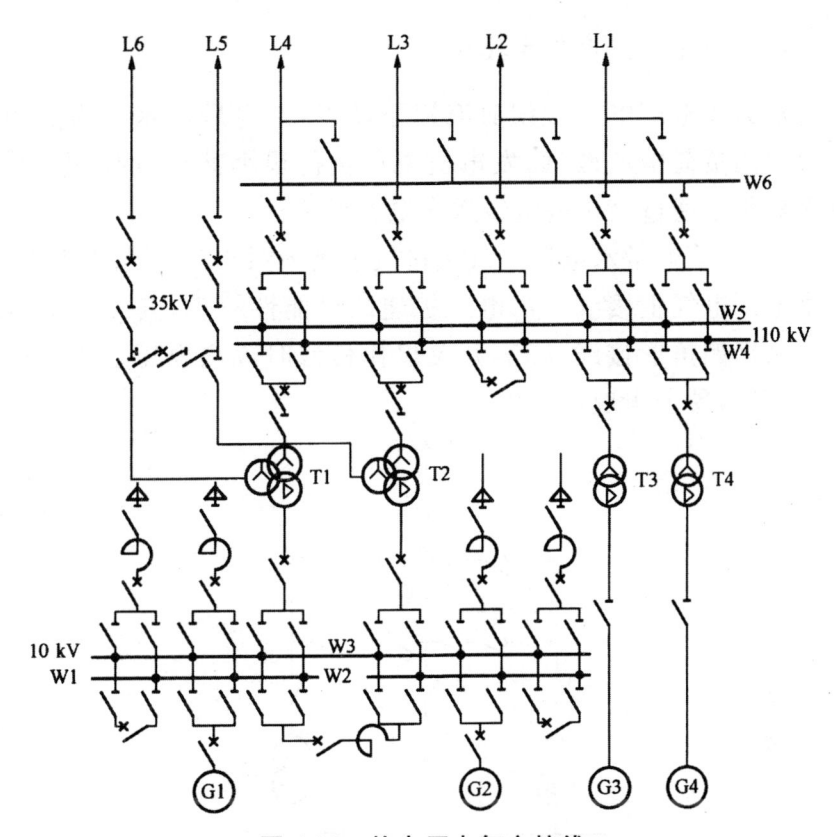

图 6-20　热电厂电气主接线

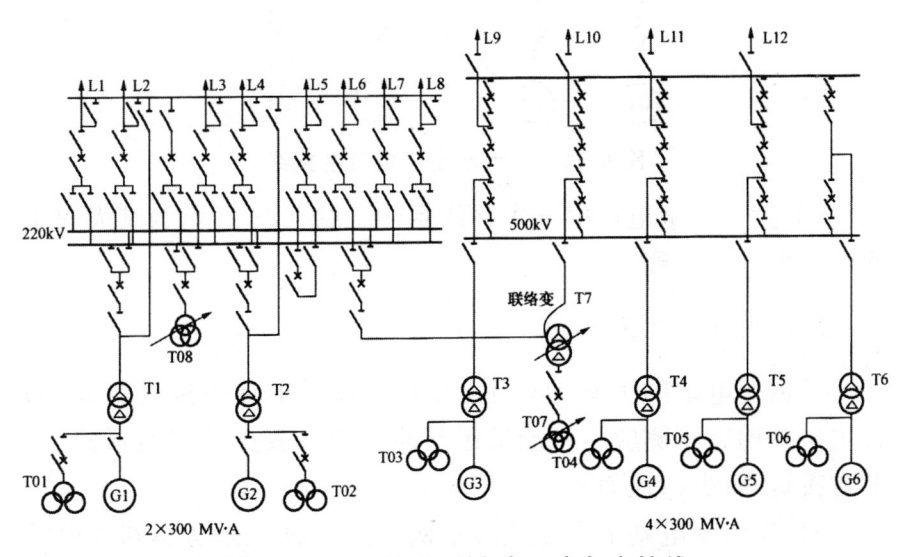

图 6-21　大型凝汽式火电厂电气主接线

2.水力发电厂电气主接线

水力发电厂电气接线具有以下特点：水电厂以水能为资源，一般距离负荷中心较远，发电机电压负荷很小甚至没有，电能绝大多数都是通过高压输电线送入电力系统。

(1)中等容量水电厂电气主接线示例。图6-22所示为中等容量水电厂电气主接线。水电厂扩建的可能性较小，其110 kV高压侧采用四角形接线，隔离开关仅作检修时隔离电压之用，不作操作电器，易于实现自动化。

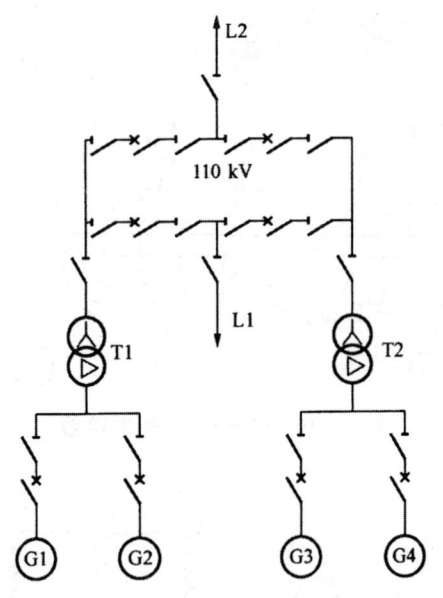

图6-22 中型水电厂电气主接线

(2)大容量水电厂电气主接线示例。图6-23所示为某大容量水电厂电气主接线。

3.变电站电气主接线

根据变电站的类别和要求，可分别采用相应的接线方式，通常主接线的高压侧应尽可能采用断路器数目较少的接线形式，以节省投资，减少占地面积。

(1)枢纽变电站电气主接线示例。图6-24所示为枢纽变电站电气主接线。采用两台自耦变压器和两台三绕组变压器连接两

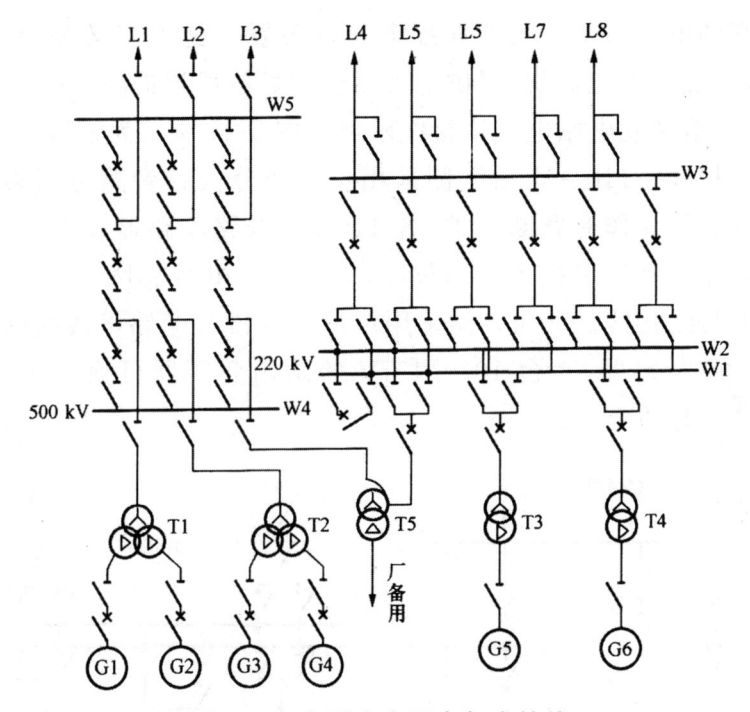

图 6-23　大型水电厂电气主接线

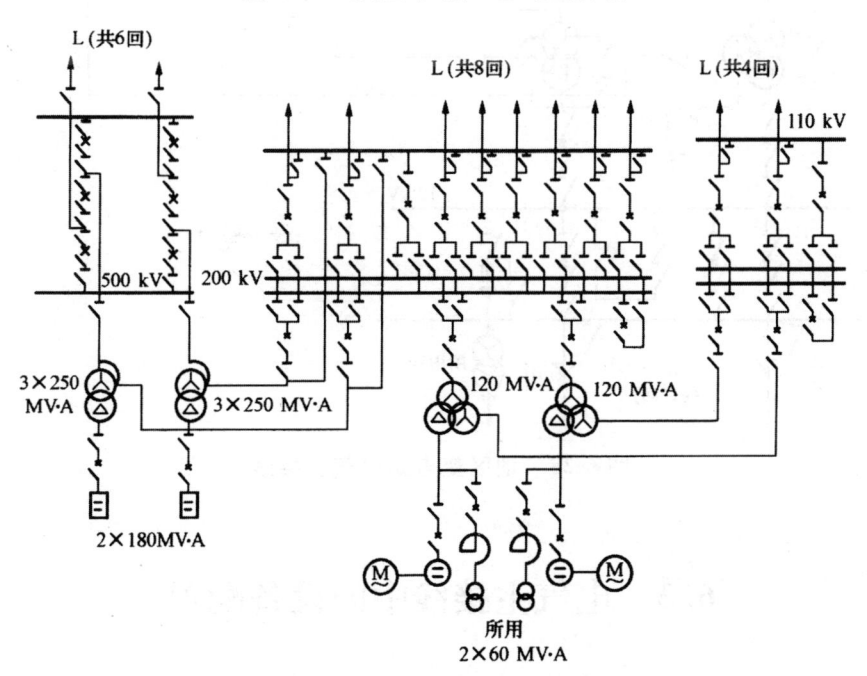

图 6-24　枢纽变电站电气主接线

种升高的电压系统。虽然在配电装置布置上比不交叉多用一个间隔，增加了占地面积，但供电可靠性明显地得到提高。

（2）地区变电站电气主接线示例。图 6-25 所示为地区变电站电气主接线。110 kV 高压侧采用单母线分段带旁路母线接线，分段断路器兼作旁路断路器，各 110 kV 线路断路器及主变压器高压侧断路器均可接入旁路母线，以提高供电可靠性。35 kV 侧采用双母线接线。10 kV 侧采用单母线分段带旁路母线接线，有专用旁路断路器，一台 10/0.4 kV 的站用变压器可换接于两段 10 kV 主母线上。

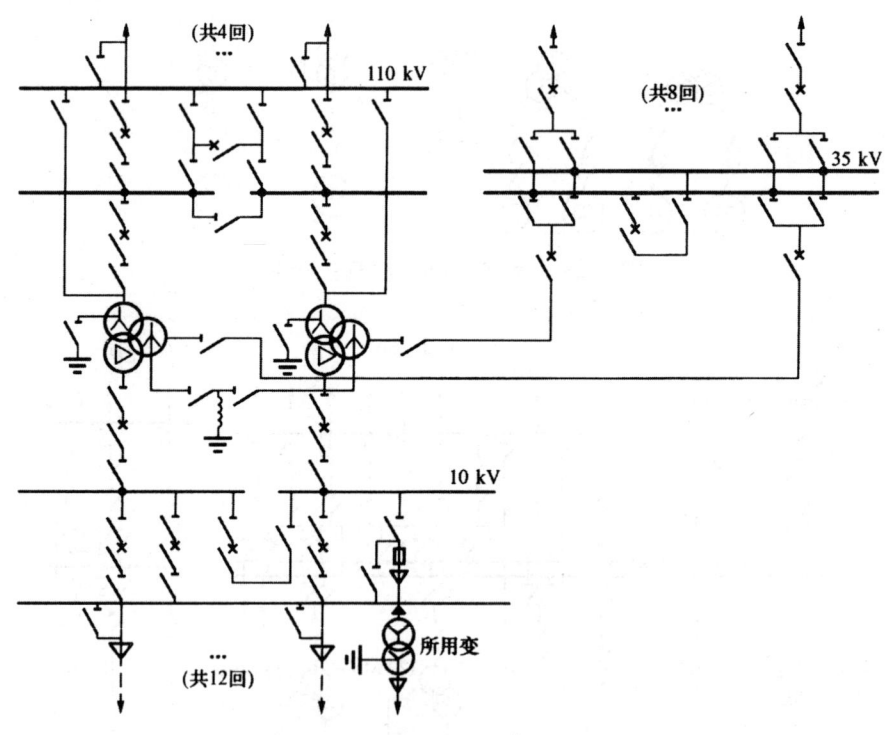

图 6-25　地区变电站电气主接线

6.3　电气主接线中的设备配置

为保证电力系统安全可靠地运行，并满足测量仪表、继电保

第 6 章　电气设计与设备选择

护和自动装置的要求,根据电力系统运行规程,电气主接线中电气一次设备的配置应该满足一定的要求。这里主要说明 220 kV 及以下电压等级的电气主接线中电气一次设备的配置要求,以便更全面地了解电气主接线。

某发电厂的主接线的电气设备配置示例见图 6-26。

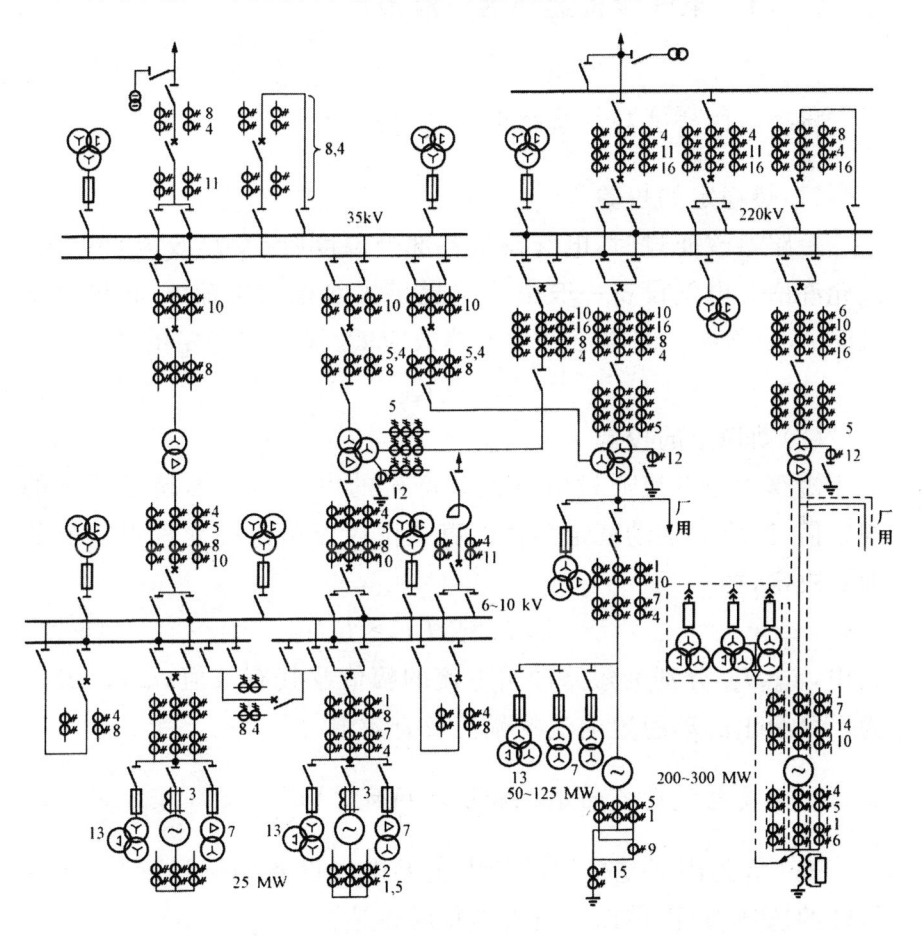

图 6-26　某发电厂主接线的电气设备配置示例(图中数字标明互感器用途)

1—发电机差动保护;2—测量仪表(机房);3—接地保护;4—测量仪表;5—过电流保护;
6—发电机—变压器差动保护;7—自动调节励磁;8—母线保护;9—发电机横差保护;
10—变压器差动保护;11—线路保护;12—零序保护;13—仪表和保护用;
14—发电机失步保护;15—发电机定子接地保护;16—断路器失灵保护

6.4 电气设备选择

6.4.1 电气设备选择的一般条件

1. 按短路情况校验热稳定和动稳定

(1)热稳定的校验

短路电流通过时,电气设备各部分温度(或发热效应)不应超过允许值。电气设备一般由厂家提供了热稳定电流 I_t 和热稳定时间 t ,回路中短路电流产生的热效应 Q_k 满足热稳定的条件为

$$I_t^2 t \geqslant Q_k \tag{6-31}$$

(2)动稳定的校验

短路冲击电流通过电气设备产生的电动力应不超过厂家的规定值,即应满足动稳定条件。算式由厂家给出的允许参数值的形式决定,如

$$i_{es} \geqslant i_{sh} \text{ 或 } I_{es} \geqslant I_{sh} \tag{6-32}$$

式中, i_{sh}, I_{sh} 分别为短路冲击电流的幅值及其有效值; i_{es}, I_{es} 分别为厂家给出的动稳定电流的幅值及有效值。

2. 主要电气设备的选择和校验项目

表 6-3 列出了主接线设计中主要电气设备的选择项目,一些特殊的选择项目,在以后设备选择时讲述。

表 6-3 各种电气设备的选择和校验项目

设备名称	一般选择条件				特殊选择项目
	额定电压	额定电流	热稳定	动稳定	
断路器	√	√	√	√	断流能力校验
隔离开关	√	√	√	√	—

续表

设备名称	一般选择条件				特殊选择项目
	额定电压	额定电流	热稳定	动稳定	
电抗器	√	√	√	√	—
电流互感器	√	√	—	√	准确度等级校验
电压互感器	√	—	—	—	准确度等级校验
高压熔断器	√	√	—	—	断流能力校验
硬母线	—	√	√	√	电晕电压校验[③]
软母线	—	√	√	—	电晕电压校验[③]
电缆	√	√	√	—	电压损失校验
支柱绝缘子	√	—	—	√	—
穿墙套管	√	√[①]	√[②]	√	—

"√"表示需要进行选择计算或校验;"—"表示不需要进行选择计算或校验。

[①]母线型穿墙套管选择管的大小。

[②]母线型穿墙套管不需要进行校验。

[③]表示电压等级为 110 kV 及以上的需要校验。

6.4.2 高压断路器及隔离开关的选择

1. 高压断路器的选择

热稳定和动稳定应按式(6-31)、式(6-32)校验。除此之外,特殊项目的选择方式如下。

(1)开断电流

高压断路器的额定开断电流 I_{Nbr},不应小于实际触头开断瞬间短路电流的有效值 I_{kt},即

$$I_{Nbr} \geqslant I_{kt} \tag{6-33}$$

当断路器的开断能力较系统短路电流大很多时,为了简化计算,也可用次暂态短路电流 I'' 进行选择,即

$$I_{\text{Nbr}} \geqslant I'' \quad (6\text{-}34)$$

(2)额定关合电流

额定关合电流是断路器的重要参数之一。在断路器合闸之前,为了保证断路器在关合短路电流时的安全,断路器的额定关合电流 i_{NCl}。不应小于短路冲击电流 i_{sh},即

$$i_{\text{NCl}} \geqslant i_{\text{sh}} \quad (6\text{-}35)$$

2. 隔离开关的选择

隔离开关与断路器相比,额定电压、额定电流的选择及短路热稳定、动稳定校验的项目相同。但由于隔离开关没有开断短路电流的要求,故不必校验开断电流和额定关合电流。

例 6.1 试选择容量为 25 MW、$U_N = 10.5$ kV、$\cos\varphi = 0.8$ 的发电机出口断路器及其隔离开关。已知发电机出口短路时,系统侧电抗 $x_{S*} = 0.2165$(基准容量 $S_d = 100$ MV·A),系统 S 等值机容量为 400 MV·A。发电机主保护时间 $t_{p1} = 0.05$ s,后备保护时间 $t_{p2} = 3.9$ s,配电装置内最高室温为 40℃。

解:发电机最大持续工作电流为

$$I_{\max} = \frac{1.05 P_N}{\sqrt{3} U_N \cos\varphi} = \frac{1.05 \times 25 \times 10^3}{\sqrt{3} \times 10.5 \times 0.8} = 1804 \text{ A}$$

根据发电机断路器 U_{SN},$I_{\max}$ 及安装在屋内的要求,可选 SN10-10Ⅲ/2000 型少油断路器,其额定电压 10 kV,额定电流 2000 A,额定开断电流 43.3 kA,4 s 热稳定电流 43.3 kA。若选 GN2-10/2000 型隔离开关,其额定电压 10 kV,额定电流 2000 A,5 s 热稳定电流 51 kA。

短路计算电抗 $\quad x_{sc} = x_{S*} \left(\dfrac{S_S}{S_d}\right) = 0.2165 \times \dfrac{400}{100} = 0.866$

短路计算时间 $\quad t_k = t_{p2} + t_{in} + t_a = 3.9 + 0.06 + 0.06$
$$= 4.02 \text{ s}$$

根据计算电抗查短路电流计算曲线或计算曲线数字表,并换算成有名值后,得到短路电流值为 $I'' = 26.4$ kA,$I_{2.01} = 29.3$ kA,$I_{4.02} = 29.3$ kA。

由于 $t_k > 1$ s,短路电流的热效应可不计非周期分量电流的影响,只考虑周期分量电流的热效应为

$$Q_k = Q_p = \frac{I''^2 + 10I_{2.01}^2 + I_{4.02}^2}{12} t_k$$

$$= \frac{26.4^2 + 10 \times 29.3^2 + 29.5^2}{12} \times 4.02 = 3401 \text{ (kA)}^2 \cdot \text{s}$$

冲击电流为

$$i_{sh} = 1.9\sqrt{2} I'' = 2.69 \times 26.4 = 71.0 \text{ kA}$$

6.4.3 限流电抗器的选择

当数台发电机或主变压器并列运行于 6~10 kV 母线上时,母线短路电流可达几万甚至十几万安培,超过了配电网馈线上轻型断路器的开断能力,为了节省投资,可通过安装限流电抗器来限制短路电流。线路上安装电抗器后,除限制短路电流外,还能维持短路时母线上的残压[残压大于 $(65\% \sim 70\%)U_{SN}$],这对非故障用户,特别是电动机用户是有利的。

1. 电抗百分值的选择

若要求将某一馈线的次暂态短路电流 I'' 限制到不超过轻型断路器 QF 的额定开断电流 I_{Nbr},如图 6-27 所示。

取基准电流 I_d,则电源到短路点的总电抗标幺值 $X_{*\Sigma}$ 为

$$X_{*\Sigma} = \frac{I_d}{I''} \tag{6-36}$$

已知轻型断路器的额定开断电流 I_{Nbr},令 $I'' = I_{Nbr}$,则

$$X_{*\Sigma} = \frac{I_d}{I_{Nbr}} \tag{6-37}$$

若已知电源到电抗器之间的电抗标幺值 $X'_{*\Sigma}$,所选电抗器的电抗值 X_{R*} 为

$$X_{R*} = X_{*\Sigma} - X'_{*\Sigma}$$

这样,以电抗器额定电压 U_{RN} 和额定电流 I_{RN} 为基准的电抗百分

值 $X_R\%$ 为

$$X_R\% = \left(\frac{I_d}{I_{Nbr}} - X'_{*\Sigma}\right)\frac{I_{RN}}{U_{RN}} \times \frac{I_d}{U_d} \times 100\% \qquad (6-38)$$

式中，U_d 为基准电压。

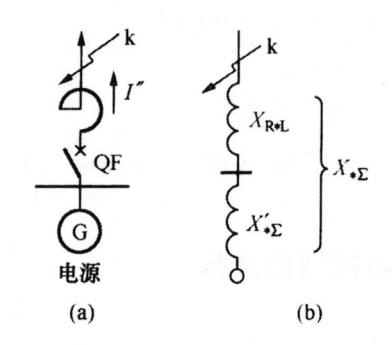

图 6-27 计算电抗百分值示意图

(a)接线示意图；(b)等值电路

2. 电压损失的校验

正常运行时，负荷电流流过电抗器将产生电压损失。考虑到电抗器电阻很小，电压损失主要是由电流的无功分量 $I_{max}\sin\varphi$ 产生，故正常工作时要求电抗器上的电压损失不应大于电网额定电压的 5%，有

$$\Delta U\% = \frac{I_{max}}{I_N} X_R\% \sin\varphi \leqslant 5\% \qquad (6-39)$$

式中，φ 为负荷的功率因数角，一般取 $\cos\varphi = 0.8$，$\sin\varphi = 0.6$。

3. 母线残压的校验

电抗器后发生短路，短路电流在电抗器上的压降，使母线维持一定残压，若残压大于 $(60\% \sim 70\%)U_{SN}$ 时，有利于母线上非故障线路的运行。残压的百分值计算式为

$$\Delta U_{re}\% = X_R\% \frac{I''}{I_N} \geqslant 60\% \sim 70\% \qquad (6-40)$$

如不满足残压要求，可增大电抗值或采用瞬时速断保护，切除故障线路。

6.4.4 母线、电缆和绝缘子的选择

1. 母线的选择

母线一般按下列各项选择和校验：导体的材料、截面形状，敷设方式；导体截面积；热稳定；动稳定。对重要的和大电流的母线，要校验其共振频率；对于 110 kV 及以上的母线，还要进行电晕校验。

（1）母线的材料、截面形状、布置方式

常用的母线材料有铜、铝和铝合金三种。铜的电阻率低，耐腐蚀性好，机械强度高，但价格高，且我国铜的储量有限。因此，铜材料一般用于母线持续电流大，布置尺寸特别受限制或安装地污秽大的场所。铝的电阻率为铜的 1.7～2 倍，但密度只有铜的 30%，易于加工，安装方便，且价格便宜，因此一般用铝或铝合金作为母线材料。

母线的结构和截面形状决定于母线的工作特点。常用的裸硬母线是铝母线，截面有矩形、槽形和管形，如图 6-28 所示。

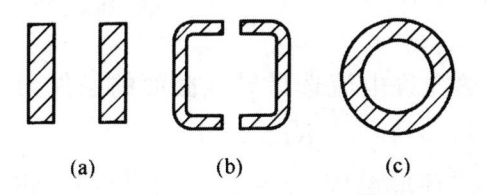

图 6-28 常见硬母线截面形状
(a)矩形；(b)双槽形；(c)管形

矩形导体散热条件好，便于固定和连接，但集肤效应大，每相母线可由 1～4 根矩形导体组成，矩形导体一般用于电压在 35 kV 及以下。电流在 4000 A 及以下的配电装置中。槽形导体机械强度大，载流量大，一般用于电流在 4000～8000 A 的配电装置中。管形导体，机械强度高，管内可通风或通水，可用于 8000 A 以上的大电流母线和 110 kV 及以上的配电装置中。矩形导体的布置

方式如图 6-29 所示。

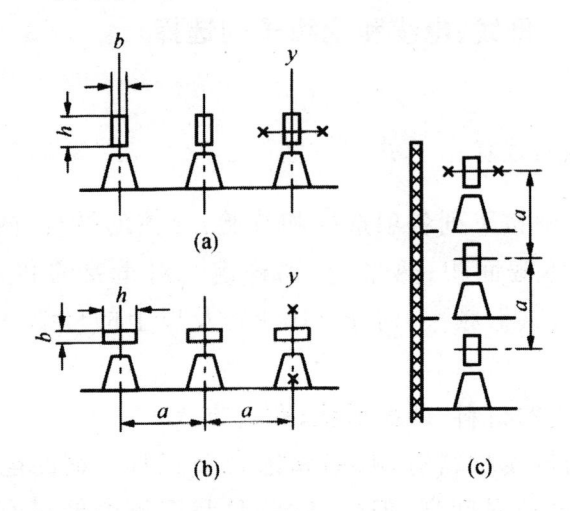

图 6-29　矩形导体的布置方式
(a)支柱绝缘子水平布置,导体竖放;(b)支柱绝缘子水平布置,导体平方;
(c)绝缘子垂直布置,导体竖放

(2)导体截面选择

导体截面可按长期发热允许电流或经济电流密度选择。除配电装置的汇流母线、长度在 20 m 以下的导体外,对于年负荷利用小时数大、传输容量大的导体,其截面一般按经济电流密度选择。

按长期发热允许电流选择导线截面的条件为：

$$KI_{al} \geqslant I_{max} \tag{6-41}$$

式中,I_{al} 为额定环境温度($\theta = 25 ℃$)时长期工作的允许电流;K 为温度修正系数;I_{max} 为导体所在回路的长期持续工作电流。

按经济电流密度选择导线截面,要综合考虑投资、年运行费和国家当时的技术经济政策,可使选择的导体年计算费用最小。若已知回路的最大负荷利用小时数 T_{max},在图 6-30 对应曲线上可查得电缆或导体的经济电流密度 J,则导体的经济截面积 S 为

$$S = \frac{I_{max}}{J} \tag{6-42}$$

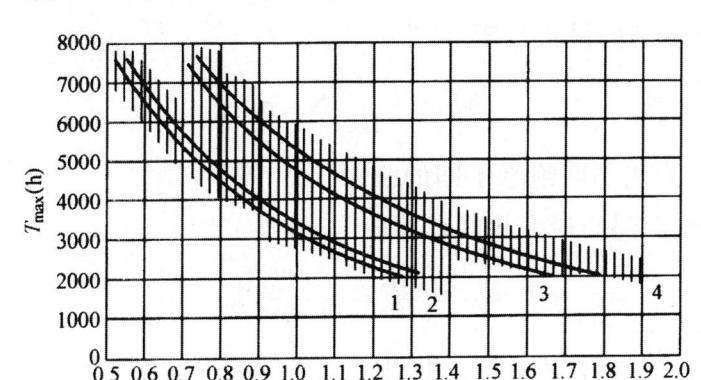

式中，I_{max} 为通过母线回路的电流，A。

图 6-30 经济电流密度
1—变电站用、工矿用及电缆线路的铝线纸包绝缘铅包、铝包、塑料护套及各种铠装电缆；
2—铝矩形、槽形母线及组合导线；
3—火电厂厂用铝心纸绝缘铅包、铝包、塑料护套及各种铠装电缆；
4—35～220 kV 线路的 LGJ、LGJQ 型钢心铝绞线

(3)热稳定校验

校验导体在短路时的热稳定性，若计及集肤效应系数 K_s 时，满足热稳定的导体最小截面为

$$S_{min} = \sqrt{\frac{K_s Q_k}{A_{a1} - A_i}} = \frac{1}{C}\sqrt{K_s Q_k} \ (m^2) \tag{6-43}$$

式中，C 为热稳定系数，$C = \sqrt{A_{a1} - A_i}$；A_{a1} 为与短路时发热最高允许温度对应的 A 值，$J/(\Omega \cdot m^4)$；A_i 为与短路前导体温度对应的 A 值。

(4)动稳定校验

软母线不需要进行动稳定校验。硬母线安装在支柱绝缘子上，当母线流过短路冲击电流时产生巨大的电动力，电流产生的电动力可能使固定在支柱绝缘子间的硬母线永久变形，因此硬母线应按弯曲时受到的应力校验其动稳定。单位长度三相母线的相间电动力 f_{ph} 为

$$f_{ph} = 1.73 i_{sh}^2 \frac{1}{a} \times 10^{-7} N/m \tag{6-44}$$

对于由多个支柱绝缘子支撑和夹持的母线,在电动力的作用下,母线受到的最大弯矩 M 为

$$M = \frac{f_{ph}L^2}{10} \text{N} \cdot \text{m} \tag{6-45}$$

式中,L 为相邻两绝缘子间的跨距,m。

母线受到的最大相间计算应力 σ_{ph} 为：

$$\sigma_{ph} = \frac{M}{W} = \frac{f_{ph}L^2}{10W} \text{Pa} \tag{6-46}$$

式中,W 为导体对垂直于作用力方向轴的抗弯截面系数,由表 6-4 查得。

表 6-4　导体截面系数和惯性半径

导体布置方式	界面系数	惯性半径
	$\frac{bh^2}{6}$	$0.289h$
	$\frac{b^2h}{6}$	$0.289h$
	$0.333bh^2$	$0.289h$
	$1.44b^2h$	$1.04b$

导体上的计算应力不应超过导体材料的最大允许应力 σ_{al},硬铝 $\sigma_{al} = 70 \times 10^6$ Pa,硬铜 $\sigma_{al} = 140 \times 10^6$ Pa,即

$$\sigma_{ph} \leqslant \sigma_{al} \tag{6-47}$$

如式(6-47)成立,则认为该导体是动稳定的。在设计中根据导体材料的最大允许应力,确定支柱绝缘子间的最大允许跨距,由式(6-46)得

$$L_{max} = \sqrt{\frac{10\sigma_{al}w}{f_{ph}}} \text{m}$$

2. 支柱绝缘子和穿墙套管的选择

(1) 按额定电压选择支柱绝缘子和穿墙套管

支柱绝缘子和穿墙套管的额定电压 U_N 应大于等于所在电网的额定电压 U_{NS}，即

$$U_N \geqslant U_{NS}$$

发电厂、变电站的 3~20 kV 屋外支柱绝缘子和套管，当有冰雪和污秽时，宜选用高一级额定电压的产品。

(2) 支柱绝缘子和穿墙套管的动稳定校验

布置在同一平面内的三相导体如图 6-31 所示，在发生三相短路时，支柱绝缘子或套管所受的力为该绝缘子相邻跨导体上电动力的平均值。例如，绝缘子 1 所受力为

$$F_{max} = \frac{F_1 + F_2}{2} = 1.73 i_{sh}^2 \frac{L_C}{a} \times 10^{-7}$$

式中，L_C 为计算跨距，m，$L_C = (L_1 + L_2)/2$，L_1，L_2 为与绝缘子相邻的跨距。对于套管，$L_2 =$ 套管长度 L_{ca}。

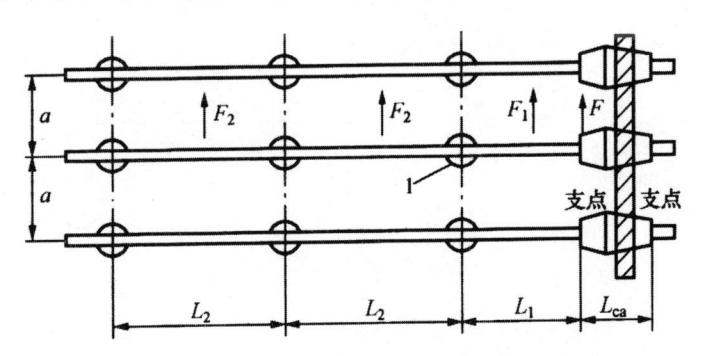

图 6-31 绝缘子和穿墙套管所受的电动力图
1—绝缘子

支柱绝缘子的抗弯破坏强度 F_{de} 是按作用在绝缘子高度 H 处给定的，如图 6-32 所示，而电动力 F_{max} 作用在导体截面中心线上，折算到绝缘子帽上的计算系数为 H_1/H，则应满足

$$0.6 F_{de} \geqslant H_1/H \cdot F_{max}$$

式中，0.6 为计及绝缘材料性能分散性的裕度系数；H_1 为绝缘子

底部导体水平中心线的高度,mm,$H_1 = H+b+\dfrac{h}{2}$,而 b 是到导体支持器的下片厚度,一般竖放矩形导体 $b=18$ mm,平放矩形导体及槽形导体 $b=12$ mm。

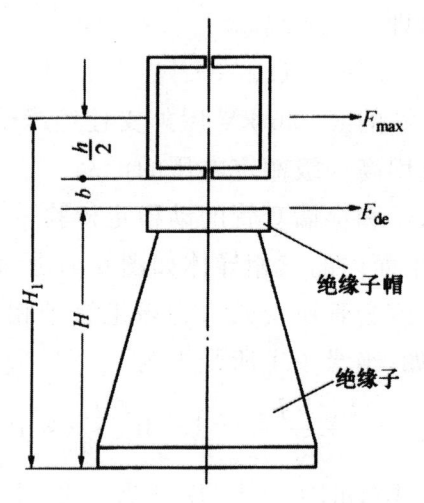

图 6-32 绝缘子受力示意图

第7章 电气工程发展

电气工程是为国民经济发展提供电力能源及其装备的战略性产业,是国家在世界经济发展中保持自主地位的关键产业之一。电力工业是国民经济发展的先行产业。优先和快速发展电力工业是社会进步、综合国力增强和人民物质文化生活现代化的必然要求。

7.1 我国电力工业发展概况及前景

7.1.1 我国电力工业发展概况

我国电力工业的历史可以追溯到1882年,1882年在上海建立了第一个发电厂。到1949年全国的发电设备总容量仅达到185万kW,年发电量约43亿kWh。

到2007年底,全国发电设备容量已达7.13亿kW。发电量达3.26万亿kWh,跃居世界第二位。我国2007年装机容量的构成情况可参看图7-1。我国对于核电及可再生能源发电的发展给予极大的关注,由图7-2可以看出,2007年这两类发电装机容量增长明显加快。

我国有6个区域电力系统,即东北、华北、西北、华中、华东和华南电力系统。关于我国的输电线路发展情况可参看表7-1。

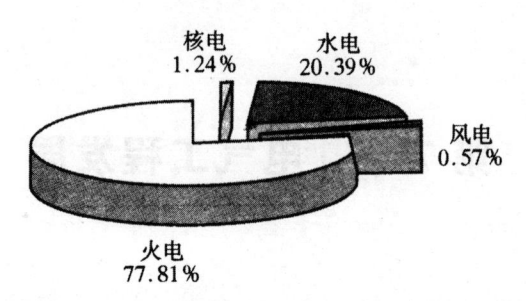

图 7-1 2007 年我国发电设备容量的构成情况

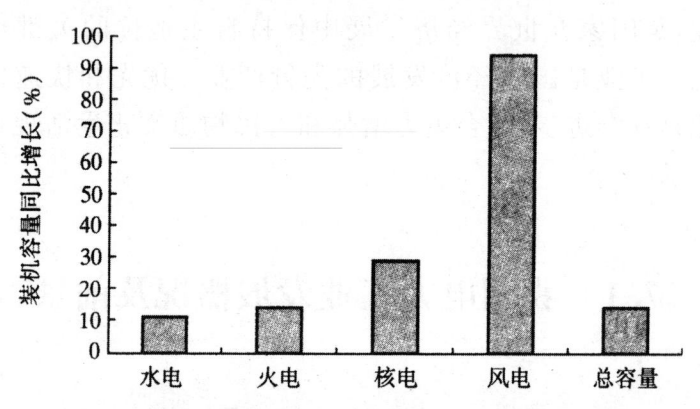

图 7-2 2007 年我国发电设备容量同比增长的百分比

表 7-1 我国高压架空输电线路的发展情况/km

年份	220 kV	330 kV	500 kV
1974	13426	534	—
1983	36824	1085	1594
1994	87399	4797	11172
2006	186538	13711	74416

我国的煤炭和水能资源分布很不均匀,如表 7-2 所示。

表 7-2 我国的煤炭及水能资源分布

地区	煤炭资源(标准煤)/亿 t	水能资源/万 kW
东北	140	1199
华北	3050	69
西北	1035	4194

续表

地区	煤炭资源(标准煤)/亿 t	水能资源/万 kW
中南	180	6743
西南	530	23234
华东	310	1790

虽然我国电力工业发展较快,但按人口平均仍远落后于发达国家。加速发展电力工业依然是发展我国国民经济的重要前提。

7.1.2 电力系统发展前景

1. 做好电力规划,加强电网建设

电力工业是能源工业、基础工业,在国家建设和国民经济发展中占据十分重要的地位,是实现国家现代化的战略重点。

2003 年 8 月 14 日(美国东北时间),美国东北部和加拿大东部联合电网发生了大面积停电事故。这次停电涉及美国俄亥俄州、纽约州、密歇根州等 6 个州和加拿大安大略省、魁北克省 2 个省,共计损失负荷 61.80 GW,多达 5000 万居民瞬间便失去了他们赖以生存的电力供应。在纽约,停电使整个交通系统陷入全面瘫痪;成千上万名乘客被困在漆黑的地铁隧道里;公共汽车就地停运,造成道路堵塞;许多人被长时间困在电梯里;空调停运,人们只能聚集在大街上,或在高温下冒着酷暑步行回家。这次停电,给美、加两国造成的经济损失是巨大的。因此,我们要吸取这次美、加大停电事故的经验教训,引以为鉴。

2. 电力工业现代化

要实现电力工业现代化,首先必须使电能满足"四化"建设的需要,满足工农业生产和人民生活用电不断增长的需要。其次,就是要用当代先进的科学技术装备和改造电力工业企业。目前电力技术的先进水平主要表现为特高压、大系统、大电厂、大机组、高度自动化及核电技术。

(1)特高压、大系统

系统容量在$(4000\sim8000)\times10^4$ kW以上,交流输电电压为超高压500 kV、750 kV和特高压1000 kV,直流输电电压为±500 kV和特高压±800 kV。

(2)大电厂、大机组

大电厂包含大火电基地、大水电基地、大核电基地和大可再生能源发电基地,火电厂容量为$(460\sim640)\times10^4$ kW,最大机组容量为$(100\sim160)\times10^4$ kW;水电厂容量为1260×10^4 kW,最大机组容量为$(70\sim80)\times10^4$ kW;核电厂容量为$(400\sim800)\times10^4$ kW,最大机组容量为$(100\sim170)\times10^4$ kW。

(3)高度自动化

我国电力工业今后发展的规划目标是:优化发展火电,规划以60×10^4 kW和100×10^4 kW火力发电机组为主干;优先开发水电,以总装机容量为1820×10^4 kW的长江三峡水利枢纽工程建设为龙头,加快我国的水电建设步伐;积极发展核电,在沿海和燃料短缺的地区,加快建设一批占地面积少,节省人力和燃料、不污染环境的大型核电厂。

3.联合电力系统

由于负荷的不断增长和电源建设的发展,以及负荷和能源资源分布的不均衡,使得一个电网与邻近的电网互联,是历史发展的必然趋势。

在我国,联网的经济效益也很大。如山西向华北送电,一年送出几十亿千瓦·时。特别在交通运输紧张的情况下,通过联网把电送出去,效益更大。从东到西联网,可以把早晚高峰错开,称为经度效益或时差效益。如果南北联网,则可把夏冬季高峰错开,称为纬度效益或温差效驻盈。

总的看来,发展联合电力系统,主要有下述效益。

(1)提高供电可靠性、减少系统备用容量

联网后,由于各系统的备用容量可以相互支援,互为备用,增强了抵抗事故的能力,提高了供电可靠性,减少了停电损失。由于联网降低了电网的最高负荷,因而也就降低了备用容量,同时,由于联合电力系统容量变大了,系统备用系数可降低一点,也可减少系统备用容量。

(2)各电力系统间负荷的错峰效益

由于各电网地理位置、负荷特性和生活习惯等情况的不同,利用时差,错开高峰用电,可削减尖峰,从而节约电力建设投资。

(3)有利于安装单机容量较大的机组

采用大容量机组可以降低单位容量的建设投资和单位电量的发电成本,有利于降低造价,节约能源,加快建设速度。合理的单机容量与电网容量之间大致有如表 7-3 所示的关系。

表 7-3 单机容量与电网容量的关系

电网可调容量/10^4 kW	25～60	60～200	200～500	300～750	750 以上
最大单机容量/10^4 kW	5	10～12.5	20	30	60

(4)进行电网的经济调度

电网互联后,利用这种差异进行经济调度,可以使每个电厂和每个地区电网的发供电成本都有所下降。

(5)进行水电跨流域调度

水电可以跨流域调度,在大范围内进行电网的经济调度。

(6)调峰能力互相支援

若电力系统孤立运行时,为了调峰需要装设调峰电厂或调峰机组,但其调峰能力并不一定能发挥出来。系统互联后,不仅因负荷率提高,也由于调峰容量可互相支援,调峰能力得到充分发挥,因此,系统调峰机组容量可以减少。

此外,还有提高高效率机组利用率和使用廉价燃料,能承受较大的冲击负荷,有利于改善电能质量等技术上和经济上的效益。

综上所述,由于各系统的具体情况不同,联网所获得的效益和所付出的代价也不会相同,总的说来,联网获得的效益将大于付出的代价。

全国各电力系统互联,走向联合电力系统,是我国电力系统发展的必然趋势,不仅三峡电站的建成要求联网,而且为满足未来的西电东送、南北互供的格局也要求全国联网。

4. IT 技术

IT 技术在电力系统中的应用,目前取得成功的集中在两个方面,第一方面是各类电气设备的微机化和智能化,在这一方面,人们针对交流采样、数字滤波、抗干扰能力、计算速度、传感技术等问题进行了大量的研究;第二方面是电力系统各类复杂计算由计算机自动实现。该领域的进展不仅大大提高了电力系统各类计算的精度,提高了工作效率,而且还使得以前不可能定量进行分析的计算成为可能,增加了电力系统分析计算的新内容。

上述两个方面研究的成熟和计算机技术的进一步发展,使得系统无缝集成成了新的研究热点。目前比较成功的有下述几个方面:SCADA(Supervisory Control and Data Acquisition)系统、EMS(Energy Management System)系统、DMS(Distribution Management System)系统,就地或区域的综合监控系统,MIS(Management Information System)系统,以及数字化变电站、数字化发电厂等。随着数字化、智能化和网络技术的进一步发展,系统无缝集成可以说刚刚起步,未来会有更广阔的发展空间。

5. 谐波治理

在电力系统中正弦波形被畸变的现象早已存在,只是由于其功率相对较小,因而危害并不明显。但是随着超大容量的电力电子装置的使用,它不但将电力电子装置快速、实时可控的优点应用于电能输送及运行;而且还有一些正在开发的独具电力领域特色的应用方向。目前,一些发达国家50%以上的负荷都是通过电力电子装置供电。

随着功率变换装置容量的不断增大,使用数量的迅速上升和控制方式的多样化,谐波问题已成为电气环境的一大公害,由其造成的谐波污染也日益严重,对电力系统的安全、稳定、经济运行造成极大的影响,因此,电力系统谐波及其治理的研究已经严峻地摆在电力科技工作者面前。

7.2 21世纪电力发展的目标与策略

7.2.1 节能减排、大力开发新能源、走绿色电力之路

在发电用一次能源的构成中,以煤、石油、天然气为主的局面在相当长的时间内还难以改变。但由于这类化石燃料的短期不可再生性,且储量在逐年减少,因此面临资源枯竭的危险。同时由于这些燃料(特别是煤)的低效"燃烧"使用,既浪费了能源,又产生大量的二氧化碳(CO_2)、二氧化硫(SO_2)、氮氧化物(NO_x)等温室气体及烟尘排放到大气中,导致气候变暖、冰层融化,将会给人类带来严重的灾难性后果。因此,世界各国都把节约能源、提高燃料的利用效率、减少温室气体排放、大力开发可再生新能源发电技术提上日程。

在未来的几十年乃至更长的时间内,研究洁净煤技术,包括洁净煤处理技术、洁净煤燃烧技术及煤的气化、液化等转化技术;研究采用高效率的大容量超临界发电机组及整体煤气化联合循环、增压流化床联合循环等高效发电技术,将在煤电领域节能减排中发挥更大的作用。然而,要真正解决温室气体排放和化石类资源枯竭问题,最根本的途径是走绿色电力之路。

7.2.2 建设以特高压为骨干网架的坚强电网

我国地域辽阔,建设以特高压为骨干网架的坚强电网,可以实现跨区域、远距离、大功率的电能输送和交易,做到更大范围的

资源优化配置,推动能源的高效开发利用,更好地调节电力平衡,培育和发展更加广阔的电力市场。

发展坚强的大电网是电力工业发展的客观规律,建设特高压电网是提高电力工业整体效益的必然选择。

7.2.3 组成联合电力系统

电力负荷的不断增长和电源建设的发展,以及负荷和能源分布的不均衡,必然需要把各个孤立电网与邻近电网互联,组成一个更大规模的电网,形成联合电力系统。

全国各电力系统互联,形成联合电力系统,是我国电力系统发展的必然趋势。根据规划,2020年我国将建成覆盖华北、华中和华东的1000 kV交流特高压同步电网,同时建成西南大型水电基地±800 kV的特高压直流送出工程,二者共同构成连接全国各大电源基地和主要负荷中心的特高压联合电力系统。

发展联合电力系统的优越性主要体现在以下几个方面。

(1)实现各电力系统间负荷的错峰

由于各电网地理位置、负荷特性和地区生活习惯等情况的不同,利用负荷的时间差、季节差,错开高峰用电,可削减负荷尖峰,因而联网后的最高负荷必然比原有各电网最高负荷之和为小,这样就可以减少全系统总装机容量,从而节约电力建设投资。

(2)有利于安装单机容量更大的发电机组

采用高效率的大容量发电机组可以降低单位容量的建设投资和单位发电量的发电成本,有利于降低造价,节约能源。通常电网总容量不宜小于最大单机容量的一定倍数,电网互联后,系统总容量增大就为安装大容量机组创造了条件。

(3)提高供电可靠性,减少系统备用容量

联网后,由于各系统的备用容量可以相互支援,互为备用,增强了抵御事故的能力,提高了供电可靠性,减少了停电损失。系统的备用容量是按照发电最大负荷来计算的,由于联网降低了电网的最大负荷,因而也就降低了备用容量。同时,由于联合电力系统容量变大了,系统备用系数也可降低,可进一步降低备用容量。

(4)实现水电跨流域调度

当一个电网具有丰富的发电能源,另一个电网的发电能源不足,或两个电网具有不同性质的季节性能源时,电网互联后可以互补余缺,相互调剂。例如,将红水河、长江和黄河水系进行跨流域调度,错开出现高峰负荷的时间和各流域的汛期,可减小备用容量,提高经济效益。

此外,在电网实际联合运行中,还有联网互供电价不合理,联网效益在各地区间如何合理分配等问题,有待进一步解决。

7.3 电气工程新技术

7.3.1 超导电工技术

超导电工技术涵盖了超导电力科学技术和超导强磁场科学技术,包括实用超导线与超导磁体技术与应用,以及初步产业化的实现。

1911年,荷兰科学家昂纳斯(H. Kamerlingh Onnes)发现了超导态的零电阻效应,它是超导态的基本性质之一。1933年,荷兰的迈斯纳和奥森菲尔德共同发现了超导体的另一个极为重要的性质,当金属处在超导状态时,这一超导体内的磁感应强度为零,也就是说,磁力线完全被排斥在超导体外面,如图7-3所示。人们将这种现象称为"迈斯纳效应"。

利用超导体的抗磁性可以实现磁悬浮。如图7-4所示,把一块磁铁放在超导体上,由于超导体把磁感应线排斥出去,超导体跟磁铁之间有排斥力,结果磁铁悬浮在超导盘的上方。这种超导磁悬浮在工程技术中是可以大大利用的,超导磁悬浮轴承就是一例。

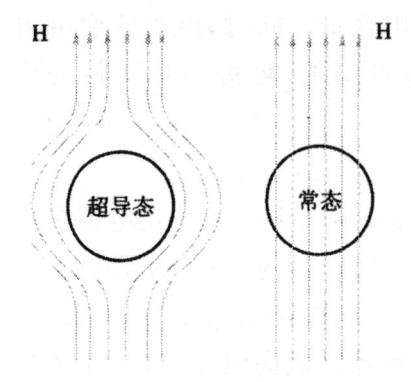

图 7-3　迈斯纳效应示意图　　图 7-4　超导磁悬浮实验

我国在电力领域也已开发出或正在研制开发超导装置的实用化样机,如高温超导输电电缆(见图 7-5)、高温超导限流器等,有的已投入试验运行。

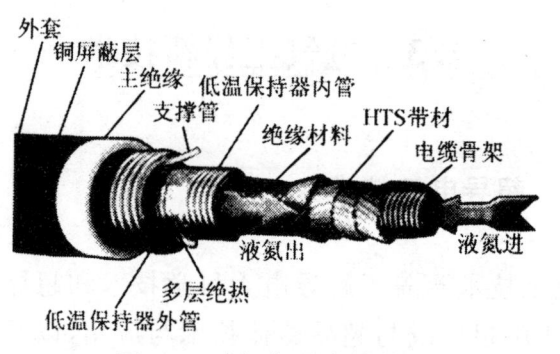

图 7-5　高温超导电缆结构

高温超导材料的用途非常广阔,正在研究和开发的大致可分为大电流应用(强电应用)、电子学应用(弱电应用)和抗磁性应用三类。

7.3.2　聚变[①]电工技术

把核裂变反应控制起来,让核能按需要释放,就可以建成核

---

① 最早被人发现的核能是重元素的原子核裂变时产生的能量,人们利用这一原理制造了原子弹。科学家们又从太阳上的热核反应受到启发,制造了氢弹,这就是核聚变。

裂变发电站,这一技术已经成熟。同理,把核聚变反应控制起来,也可以建成核聚变发电站。核聚变反应运行相对安全,因为核聚变反应堆不会产生大量强放射性物质,而且核聚变燃料用量极少,能从根本上解决人类能源、环境与生态的持续协调发展的问题。但是,核聚变的控制技术远比核裂变的控制技术复杂。目前,世界上还没有一座实用的核聚变电站,但世界各国都投入了巨大的人力物力进行研究。

实现受控核聚变反应的必要条件是:要把氘和氚加热到上亿摄氏度的超高温等离子体状态,这种等离子体粒子密度要达到每立方厘米 100 万亿个,并要使能量约束时间达到 1 s 以上。这也就是核聚变反应点火条件,此后只需补充燃料(每秒补充约 1 g),核聚变反应就能继续下去。在高温下,通过热交换产生蒸汽,就可以推动汽轮发电机发电。

人们研究得较多的是一种叫做托克马克的环形核聚变反应堆装置,如图 7-6 所示。

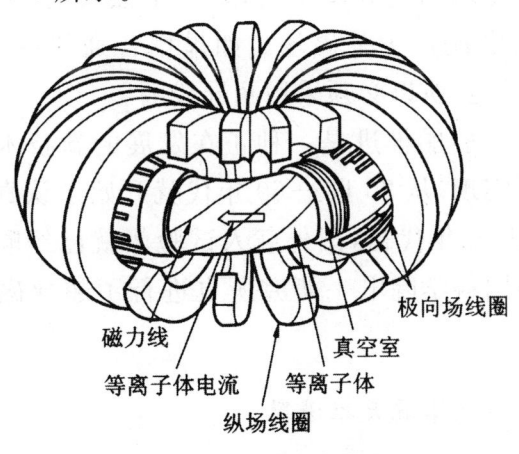

图 7-6 托克马克装置

7.3.3 磁流体推进技术

1. 磁流体推进船

磁流体推进船是在船底装有线圈和电极,当线圈通上电流,就会在海水中产生磁场,利用海水的导电特性,与电极形成通电回路,使海水带电。这样,带电的海水在强大磁场的作用下。产生使海水发生运动的电磁力,而船体就在反作用力的推动下向相反方向运动。由于超导电磁船是依靠电磁力作用而前进的,所以它不需要螺旋桨。

磁流体推进船的优点在于利用海水作为导电流体,而处在超导线圈形成的强磁场中的这些海水"导线",必然会受到电磁力的作用,其方向可以用物理学上的左手定则来判定。所以,在预先设计好的磁场和电流方向的配置下,海水这根"导线"被推向后方。同时,超导电磁船所获得的推力与通过海水的电流大小、超导线圈产生的磁场强度成正比。由此可知,只要控制进入超导线圈和电极的电流大小和方向,就可以控制船的速度和方向,并且可以做到瞬间启动、瞬时停止、瞬时改变航向,具有其他船舶无法与之相比的机动性。

但是由于海水的电导率不高,要产生强大的推力,线圈内必须通过强大的电流产生强磁场。如果用普通线圈,不仅体积庞大,而且极为耗能,所以必须采用超导线圈。

超导磁流体船舶推进是一种正在发展的新技术。随着超导强磁场的顺利实现,从 20 世纪 60 年代就开始了认真的研究发展工作。20 世纪 90 年代初,国外载人试验船就已经顺利地进行了海上试验。中国科学院电工研究所也进行了超导磁流体模型船试验。

2.等离子磁流体航天推进器

目前,航天器主要依靠燃烧火箭上装载的燃料推进,这使得火箭的发射质量很大,效率也比较低。为了节省燃料,提高效率,减小火箭发射质量,国外已经开始研发不需要燃料的新型电磁推进器。等离子磁流体推进器就是其中一种,它也称为离子发动机。与船舶的磁流体推进器不同,等离子磁流体推进器是利用等离子体作为导电流体。等离子磁流体推进器由同心的芯柱(阴极)与外环(阳极)构成,在两极之间施加高电压可同时产生等离子体和强磁场,在强磁场的作用下,等离子体将高速运动并喷射出去,推动航天器前进。1998年10月24日,美国发射了深空1号探测器,任务是探测小行星Braille和遥远的彗星Borrelly,主发动机就采用了离子发动机。

7.3.4 燃料电池技术

燃料电池主要由燃料电极和氧化剂电极及电解质组成,其工作原理如图7-7所示。

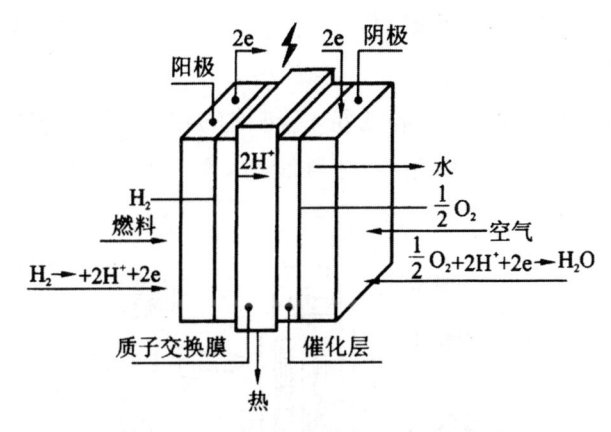

图7-7 燃料电池工作原理示意图

燃料电池与一般火力发电相比,具有许多优点:发电效率比目前应用的火力发电还高,既能发电,同时还可获得质量优良的水蒸气来供热,其总的热效率可达到80%;工作可靠,不产生污染和噪声;燃料电池可以就近安装,简化了输电设备,降低了输电线路的电损耗;几百上千瓦的发电部件可以预先在工厂里做好,然后再把它运到燃料电池发电站去进行组装,建造发电站所用的时间短;体积小、重量轻、使用寿命长,单位体积输出的功率大,可以实现大功率供电。

美国曾在20世纪70年代初期,建成了一座1000 kW的燃料电池发电装置。现在,输出直流电4.8 MW的燃料电池发电厂的试验已获成功,人们正在进一步研究设计 11 MW 的燃料电池发电厂。迄今为止,燃料电池已发展有碱性燃料电池、磷酸型燃料电池、熔融碳酸盐型燃料电池(MCFC)、固体电解质型燃料电池(SOFC)、聚合物电解质型薄膜燃料电池(PEMFC)等多种。

燃料电池的用途也不仅仅限于发电,它同时可以作为一般家庭用电源、电动汽车的动力源、携带用电源等。在宇航工业、海洋开发和电气货车、通信电源、计算机电源等方面得到实际应用,燃料电池推进船也正在开发研制之中。国外还准备将它用作战地发电机,并作为无声电动坦克和卫星上的电源。

7.3.5 飞轮储能技术

飞轮储能装置由高速飞轮和同轴的电动/发电机构成,飞轮常采用轻质高强度纤维复合材料制造,并用磁力轴承悬浮在真空罐内,其结构如图 7-8 所示。

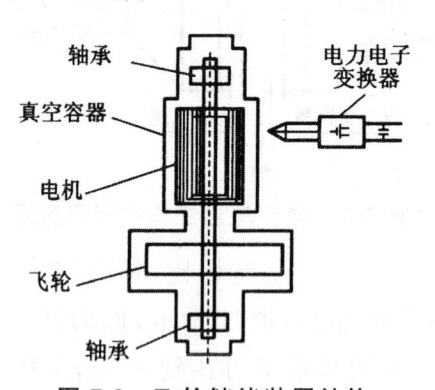

图 7-8 飞轮储能装置结构

飞轮储能原理是:飞轮储能时是通过高速电动机带动飞轮旋转,将电能转换成动能;释放能量时,再通过飞轮带动发电机发电,转换为电能输出。这样一来,飞轮的转速与接受能量的设备转速无关。根据牛顿定律,飞轮的储能为

$$W = \frac{1}{2}J\omega^2$$

显然,为了尽可能多地储能,主要应该增加飞轮的转速 ω,而

不是增加转动惯量 J。所以,现代飞轮转速每分钟至少几万转,以增加功率密度与能量密度。

飞轮储能还可用于大型航天器、轨道机车、城市公交车与卡车、民用飞机、电动轿车等。作为不间断供电系统,储能飞轮在太阳能发电、风力发电、潮汐发电、地热发电以及电信系统不间断电源中等有良好的应用前景。目前,世界上转速最高的飞轮最高转速可达 200000 r/min 以上,飞轮电池寿命为 15 年以上,效率约 90%,且充电迅速、无污染,是 21 世纪最有前途的绿色储能电源之一。

7.3.6 脉冲功率技术

脉冲功率技术是研究高电压、大电流、高功率短脉冲的产生和应用的技术,已发展成为电气工程一个非常有前途的分支。脉冲功率技术的原理是先以较慢的速度将从低功率能源中获得的能量储藏在电容器或电感线圈中,然后将这些能量经高功率脉冲发生器转变成幅值极高但持续时间极短的脉冲电压及脉冲电流,形成极高功率脉冲,并传给负荷。

脉冲功率技术已应用到许多科技领域,如闪光 X 射线照相、核爆炸模拟器、等离子体的加热和约束、惯性约束聚变驱动器、高功率激光器、强脉冲 X 射线、核电磁脉冲、高功率微波、强脉冲中子源和电磁发射器等。脉冲功率技术与国防建设及各种尖端技术紧密相连,已成为当前国际上非常活跃的一门前沿科学技术。

参考文献

[1] 吴文辉. 电气工程基础[M]. 武汉:华中科技大学出版社,2010.

[2] 王兆安,刘进军. 电力电子技术[M]. 5版. 北京:机械工业出版社,2009.

[3] 范瑜. 电气工程概论[M]. 北京:高等教育出版社,2006.

[4] 杨淑英. 电力系统概论[M]. 北京:中国电力出版社,2003.

[5] 马宏忠. 电力工程[M]. 北京:机械工业出版社,2009.

[6] 孙丽华. 电力工程基础[M]. 北京:机械工业出版社,2006.

[7] 韦钢,张永健,陆剑锋等. 电力工程概论[M]. 2版. 北京:中国电力出版社,2007.

[8] 张保会,尹项根. 电力系统继电保护[M]. 北京:中国电力出版社,2005.

[9] 邵玉槐. 电力系统继电保护原理[M]. 北京:中国电力出版社,2008.

[10] 丁坚勇,程建翼. 电力系统自动化[M]. 北京:中国电力出版社,2006.

[11] 韩富春. 电力系统自动化技术[M]. 北京:中国水利水电出版社,2003.

[12] 程逢科,王毅刚,侯清河. 中小型火力发电厂生产设备及运行[M]. 北京:中国电力出版社,2006.

[13] 孟祥忠,王博. 电力系统自动化[M]. 北京:北京大学出版社,2006.

[14]熊信银,张步涵.电力系统工程基础[M].武汉:华中科技大学出版社,2003.

[15]尹克宁.电力工程[M].北京:中国电力出版社,2005.

[16]陆敏政.电力工程[M].北京:中国电力出版社,1997.

[17]吴希再,熊信银,张国强.电力工程[M].武汉:华中科技大学出版社,1997.

[18]陈慈萱.电气工程基础[M].北京:中国电力出版社,2004.

[19]刘笙.电气工程基础[M].北京:科学出版社,2002.

[20]范锡普.发电厂电气部分[M].2版.北京:水利电力出版社,1995.

[21]涂光瑜.气轮发电机及电气设备[M].2版.北京:中国电力出版社,2007.

[22]熊信银.发电厂电气部分[M].4版.北京:中国电力出版社,2009.

[23]熊信银.发电机及电气系统[M].北京:中国电力出版社,2004.

[24]王锡凡.现代电力系统分析[M].北京:科学出版社,2003.

[25]周双喜,朱凌志,郭锡玖等.电力系统电压稳定性及其控制[M].北京:中国电力出版社,2004.